PROSPECTUS.

Verlag von R. Oldenbourg in München.

Die Naturkräfte.

Eine

naturwissenschaftliche Volksbibliothek.

Zweite Auflage.

Die Verlagshandlung hat sich die Aufgabe gestellt, in dem Unternehmen eine Reihe von Schriften hervorragender wissenschaftlicher Kräfte herauszugeben, welche in anregender Weise und in verständlicher Sprache dem Gebildeten **die Resultate der Naturforschung in ihrer Anwendung auf das Leben und auf die verschiedene menschliche Thätigkeit** vorführen, und gleichzeitig **die Kräfte der Natur in ihrem wechselseitigen, gesetzmäßigen Wirken, sowie die naturwissenschaftliche Forschungsmethode zur allgemeinen Kenntniß bringen sollen.**

Die Bände sollen ihre Stärke darin suchen, dem gereiften Verstande eine belehrende, hochinteressante Lectüre zu bieten, der Jugend aber als nicht ermüdende, durchaus zuverlässige und vollständige Lehrbücher zu dienen.

Der Umfang eines Bandes ist auf 18—20 Bogen im Format dieses Prospectus berechnet. Die Lieferungs-Ausgabe zerfällt in Lieferungen von je 6—7 Bogen. Zur Erläuterung des Textes werden zahlreiche Abbildungen in Holzschnitt, Karten, Pläne und Farbentafeln beigegeben.

Jeder Band kostet broschirt 3 Mark.
„ „ „ gebund. 4 Mark.
Jede Lieferung kostet 1 Mark.

Als die Verlagshandlung vor einigen Jahren mit dem Unternehmen „Die Naturkräfte“ vor die Oeffentlichkeit trat, geschah dies mit einigem Zagen, da ihr die geringe Neigung bekannt war, welche noch heute die Mehrzahl der Gebildeten hegt, sich mit den Aeußerungen der um uns waltenden Naturkräfte und mit deren Erkenntniß ernstlich zu beschäftigen.

Die sich dem Unternehmen schnell zuwendende Gunst des Publikums und der Kritik hat jedoch bald die Veranstaltung eines zweiten unveränderten Abdruckes dreier der erschienenen Bände (des 4., 5. und 6. Bandes) nothwendig gemacht, dem bald der Druck einer zweiten vielfach verbesserten Auflage zweier weiteren Bände (des 8. und 9.) folgen mußte.

Nachdem nun auch von den drei ersten Bänden des Unternehmens, welche in außergewöhnlich starker erster Auflage erschienen waren, die Veranstaltung neuer Auflagen nöthig geworden, sieht sich die Verlagsbuchhandlung veranlaßt, mit dem Erscheinen dieser **neuen Auflagen** eine **zweite**

Subscription

auf das Unternehmen

Die Naturkräfte

anzubahnen.

Es leitete sie dabei auch hauptsächlich der durch viele an sie gelangte Wünsche begründete Gedanke, daß einer großen Anzahl minder Bemittelter, welche das ganze Werk zu besitzen wünschen, die Erwerbung desselben in regelmäßig vertheilten Ausgabe-Terminen der Bände und Lieferungen am leichtesten fallen werde.

Von der

zweiten Auflage

des Unternehmens erscheint jeden Monat 1 Band oder 3 Lieferungen.

Bestellungen auf das Unternehmen werden von allen Buchhandlungen angenommen, auch direkt von der Verlagsbuchhandlung R. Oldenbourg in München.

Verzeichniß der erscheinenden Bände.

I. Band. **Die Lehre vom Schall.** Gemeinfaßliche Darstellung der Akustik von **R. Radau.** 20 Bogen Text und 108 Holzschnitten. Zweite Auflage.

II. Band. **Licht und Farbe.** Eine gemeinfaßliche Darstellung der Optik. Von Prof. **Dr. Fr. Jos. Pisko** in Wien. (Doppelband.) 37 Bogen Text mit 148 Holzschn. Zweite Auflage.

III. Band. **Die Wärme.** Nach dem Französischen des Prof. **Cazin** in Paris deutsch bearbeitet. Herausgegeben durch Prof. **Dr. Carl** in München. 19 Bogen Text mit 92 Holzschnitten und einer Farbendrucktafel.

IV. Band. **Das Wasser.** Von Prof. **Dr. Pfaff** in Erlangen, mit 21 Bogen Text und 57 meist größeren Holzschnitten.

V. Band. **Himmel und Erde.** Eine gemeinfaßliche Beschreibung des Weltalls von Prof. **Dr. Zech** in Stuttgart. 19 Bogen Text mit 45 Holzschnitten und 5 Tafeln.

VI. Band. **Die electrischen Naturkräfte.** Der Magnetismus, die Electricität, der galvanische Strom. Mit ihren hauptsächlichsten Anwendungen gemeinfaßlich dargestellt von Prof. **Dr. Ph. Carl** in München. 20 Bg. Text mit 114 Holzschn.

VII. Band. **Die vulkanischen Erscheinungen.** Von Prof. **Dr. Friedr. Pfaff** in Erlangen. 21 Bogen Text mit 37 Holzschn.

VIII. und IX. Band. **Aus der Urzeit.** Bilder aus der Schöpfungsgeschichte von Prof. **Dr. Zittel** in München. 2 Theile. 39 Bogen Text mit 183 Holzschn. Zweite vermehrte u. verb. Auflage.

X. Band. **Wind und Wetter.** Eine gemeinfaßliche Darstellung der Meteorologie von Prof. **Dr. Lommel** in Erlangen. 25 Bogen Text mit 66 Holzschnitten.

XI. Band. **Die Vorgeschichte des europäischen Menschen.** Von **Dr. Fr. Ratzel.** 19 Bogen Text mit 92 Holzschnitten.

XII. Band. **Bau und Leben der Pflanzen.** Von **Dr. O. W. Thomé** in Cöln. 21 Bogen Text mit 70 Holzschnitten.

XIII. Band. **Die Mechanik des menschlichen Körpers.** Von Prof. **Dr. Kollmann** in München. 20 Bgn. Text mit 60 Holzschn.

XIV. Band. **Das Mikroskop und seine Anwendung.** Von Prof. **Dr. Fr. Merkel** in Rostock. 20 Bogen Text mit 132 Holzschn.

XV. Band. **Das Spektrum und die Spektralanalyse.** Von **Dr. P. Zech,** Prof. der Physik am Polytechnikum in Stuttgart. 15 Bogen Text mit 33 Holzschnitten und einer Tafel.

XVI. Band. **Darwinismus und Thierproduktion.** Von Prof. **Dr. C. E. R. Hartmann.** 19 Bgn. Text mit 46 Holzschnitten.

XVII. Band. **Fels und Erdboden.** Von Hofrath, Prof. **Dr. Ferdinand Senft.** 26 Bogen. Text mit 17 Hozschnitten.

XVIII. Band. **Gesundheitslehre des menschlichen Körpers.** Von Dr. **P. Niemeyer** in Leipzig. 19 Bogen Text mit 31 Holzschn.
XIX. Band. **Die Ernährung des Menschen.** Von Dr. **Johannes Ranke** in München. 26 Bogen Text.
XX. Band. **Die Naturkräfte in ihrer Anwendung auf die Landwirthschaft.** Von Dr. **v. Hamm,** Ministerialrath in Wien. 22 Bogen Text mit 64 Holzschnitten.
Bollinger, Prof. Dr., in München. **Die Ursachen der Epidemien.**
Brefeld, Privatdocent Dr., in Berlin. **Bacterien und Pilze.**
Graber, Prof. Dr., in Gratz, **Insectenleben.**
Gudden, Prof. Dr., in München. **Physiologie des Gehirns und der Nerven.**
Heller, Prof. Dr., in Kiel. **Die Parasiten.**
Jäger, Prof. Dr. Gust., in Stuttgart. **Die menschliche Arbeitskraft.**
Immermann, Prof. Dr., in Basel. **Gesundheit und Krankheit.**
Krebs, Dr., in Frankfurt. **Die Wechselwirkung der Naturkräfte.**
Lorenz, Dr., Ministerialrath in Wien. **Der Wald, der Boden und das Klima.**
Mayer, Ministerialrath, Prof. Dr., in München. **Die Gesetzmäßigkeit im Gesellschaftsleben.**
Pfaff, Prof. Dr. Fr., in Erlangen. **Die Naturkräfte in den Alpen.**
Radau, Dr. R., in Paris. **Physisch-ökonomische Geographie.**
Zöller, Prof. Dr., in Wien. **Chemie und Leben.**

☞ Die Bände 1—20 sind sämmtlich in erster resp. zweiter Auflage schon erschienen. Soweit von denselben nicht gerade neue Auflagen unter der Presse sich befinden, oder vorbereitet werden, können sie jederzeit und von jeder Buchhandlung bezogen werden. **Jeder Band ist einzeln verkäuflich.** ☜

Für die nach Band 20 aufgeführten Bände ist eine bestimmte Reihenfolge noch nicht festgesetzt, da dieselbe in dem Maßstabe, als die Arbeiten der Autoren zum Abschluß gelangen, veröffentlicht werden.

Eine Vervollständigung des vorstehenden Verzeichnisses wird erfolgen, sobald verschiedene noch schwebende Unterhandlungen mit hervorragenden Gelehrten zum Abschlusse gelangt sein werden.

Durch die Herausgabe der neuen Auflage der älteren Bände der „Naturkräfte" erleidet natürlich die fortschreitende Veröffentlichung neuer Bände keinen Aufschub. Es erscheinen jedes Jahr mindestens 4—5 neue Bände.

Ein ausführlicher Prospectus wird auf Verlangen gratis zugesandt.

Naturkräfte.

Zwanzigster Band.

Die Naturkräfte

in ihrer Anwendung

auf die

Landwirthschaft.

Von

Dr. Wilhelm von Hamm.

Mit 61 Holzschnitten.

München.

Druck und Verlag von R. Oldenbourg.

1876.

Vorwort.

In dem Nachstehenden ist der Versuch gemacht, die Einwirkung und Anwendung der Naturkräfte auf die Landwirthschaft in übersichtlicher Darstellung so zu schildern, daß dadurch ein möglichst getreues Bild der naturwissenschaftlichen, vorzugsweise physikalischen Begründung der Bodencultur geliefert werde. Bei der außerordentlichen Fülle des Stoffes und dem beschränkt zugemessenen Raume ist es aber nicht möglich gewesen, dies anders zu thun, als in gewissermaßen erzählender Weise; was der Leser hier vorgelegt bekommt, sind Plaudereien über die wichtigsten Gegenstände der Naturlehre in Bezug auf landwirthschaftliche Verhältnisse, deren gründliche Basis er in den Specialwerken aufsuchen muß. Zu dem Studium der letzteren überzuleiten ist ein Hauptzweck meiner Zusammenstellung. Glücklicherweise bietet die naturwissenschaftliche Volksbibliothek, in deren Reihe das vorliegende Schriftchen zu treten die Ehre hat, in ihren einzelnen Bänden fast alles Das, was jene Grundlage in genügender Weise schaffen kann, so daß der Belehrung Suchende wenig über ihren Cyclus hinauszutreten braucht, um sich diejenigen Kenntnisse von Ursache und Wirkung der waltenden Kräfte anzueignen, die heutzutage jeder Gebildete besitzen muß, welcher seine Zeit mit ihren Erscheinungen verstehen will. Ich bin daher auch bemüht gewesen, allen Wiederholungen so viel als möglich auszuweichen, und, ohne auf die Grundlehren näher einzugehen, nur deren Beziehungen zur Agricultur unserer Epoche in den Vordergrund zu stellen. Wer von den Fachgenossen sich jene zu eigen machen will, dem empfehle ich die bezüglichen Theile dieser Sammlung; vor Allem „Fels und Erdboden“, ein Werk, welchem ich

Aehnliches aus unserer Literatur kaum an die Seite zu stellen wüßte; dann „Bau und Leben der Pflanzen", „das Wasser", „die Wärme", „Wind und Wetter", „Darwinismus und Thierproduction", lauter vorzügliche Darstellungen — ohne dabei die übrigen bedeutenden Erscheinungen der Reihe minder werth halten zu wollen. Der Nicht-Landwirth dagegen wird aus meiner bescheidenen Schrift einen Ueberblick der Größe des Gebietes gewinnen, welches die Bodencultur durchschreiten muß, um ihrer Aufgabe der Erhaltung des Menschengeschlechtes Genüge zu leisten. Möge mein Buch dazu beitragen, das leider noch viel verbreitete, selbst von sogenannten gebildeten Männern getheilte Vorurtheil zu beseitigen, als sei die Landwirthschaft ein kunstloses Gewerbe, welches nur des Sonnenscheines und des Regens zu rechter Zeit bedürfe, um Alles zu leisten, was von ihm gefordert wird. Noch nicht lange ist es, daß sie zögernden Fußes sich der Wissenschaft genaht hat, deren Gesetze ihr fortan für alle Jahrhunderte zur Richtschnur dienen müssen, aber in der denkwürdigen Periode, in welcher sie sich auf diesem Wege zur Hochcultur zu erheben bemüht gewesen ist, sind schon so viele Erfolge und Fortschritte zu verzeichnen, daß mit Vertrauen ihrer ferneren Entwickelung entgegen gewartet werden darf. Wer, wie ich, seit nunmehr gerade vierzig Jahren, die Phasen der Weiterbildung der Landwirthschaft aufmerksam beobachtet, hier und da auch ein wenig selbst daran mitgeholfen hat, der blickt mit voller Beruhigung in ihre Zukunft; denn Raum für Alle hat die Erde sobald wir in wissenschaftlichem Geiste und mit fleißigem Eifer ihre Production zu regeln wissen durch die Beherrschung der Naturkräfte.

Wien, Ostern 1876.

Dr. **Wilhelm Ritter von Hamm**
Ministerialrath im k. k. Ackerbauministerium.

Inhalt.

Einleitung.

Die Luft.

Das Wasser.

Das Licht.

Die Wärme.

Die Electricität.

Mechanik.

Einleitung.

Die Landwirthschaft ist nicht die älteste in der Reihe der menschlichen Erwerbs-Thätigkeiten. Es hat sicherlich der Jahrtausende bedurft, bis das allmählich sich ausbreitende und ausbildende Menschengeschlecht die Herrschaft über die Erde gewann, indem es sie zwang, ihm dienstbar zu sein und ihm diejenigen Güter für seinen Bedarf zu liefern, die es vorher nur nahm, wo sie der Zufall ihm bot, oder wo die Noth es lehrte, sie zu finden. Wenn auch das älteste Zeugniß, die vergleichende Sprachforschung, Kunde davon giebt, daß im urvordenklichen Alterthume Völker gelebt haben, welche den häuslichen Herd und den Acker besaßen, das Rind ausnützten und die Brodfrucht kannten, so waren sie doch nur Erben der herumziehenden Hirten vor ihnen und diese wiederum der Jäger, die auf der ersten Entwickelungsstufe aus den halbthierischen Anfängen standen. Bildete aber gleich die Bodencultur nicht den ersten Erwerbszweig des Menschen, so war sie doch derjenige, welcher ihn völlig von der urzeitlichen Verwandtschaft schied; der Anbau des Feldes bedang die Seßhaftigkeit, diese die Familie und aus ihr wuchs hervor die Veredlung, die Gemeinsamkeit, der Staat. Und so darf man mit Fug und Recht die Landwirthschaft die Mutter aller Cultur nennen.

Jedermann weiß oder glaubt wenigstens zu wissen, was Landwirthschaft" oder „Bodencultur" ist. Dennoch gibt fast jedes Lehrbuch eine andere, abweichende Erklärung des Begriffs. Es ist dabei zu bemerken, daß die wissenschaftliche Begründung des Gewerbes erst vor kaum einem Menschenalter begonnen worden und heute noch lange nicht vollendet ist. Nach ihrem gegenwärtigen Standpunkte kann aber die Deutung nicht anders lauten, als: „Landwirthschaft ist die Benutzung — oder Bekämpfung — der Naturkräfte zur Hervorbringung (oder Erzeugung) von Lebensbedürfnissen der Menschheit.“

In früheren Auslegungen war das Wesen der Landwirthschaft einzig und allein an den Boden gebunden. Man kann aber nicht sagen, daß dieser, wenn gleich selbstverständlich unentbehrlich, wichtiger sei, als Licht und Wärme, Luft und Wasser, Factoren, ohne welche sich das organische Leben, dessen Förderung Aufgabe des Landwirths ist, nicht zu entwickeln vermag. Es ist ein Verdienst der neueren Forschung, darauf hingewiesen zu haben, daß eine erfolgreiche Cultur der Organismen nicht ohne harmonisches Zusammenwirken aller Grundursachen möglich sei; zu ihnen zählen, außer den schon genannten, noch die chemischen — und die von ihnen kaum zu trennenden electrischen — endlich die mechanischen Kräfte. Kein Glied aus dieser Reihe ist zu missen in dem vielgestaltigen Betriebe der Pflanzenerzeugung, an welche die thierische Production gebunden ist. Daher kann sich der Landwirth, der sich Rechenschaft von seiner Thätigkeit geben will, — was er thun muß, wenn sie ihm glücken soll — der genaueren Kenntniß der Naturkräfte nicht entbrechen. In den Lehrbüchern seines Gewerbes wird sie ihm nur spärlich oder nicht geboten. Es ist insbesondere ein Nachtheil zu nennen, wenn seine naturwissenschaftliche Vorbildung sich hauptsächlich auf eine Disciplin beschränkt. Dies geschieht häufig, indem die Chemie als alleinige Grundlage der Agricultur betrachtet, gewählt und gelehrt wird. Ihre hervorragende Wichtigkeit ist keineswegs zu unterschätzen, jedoch darf sie auch nicht überschätzt werden. Die Physik bildet nicht minder ein wesentliches Fundament des Ackerbaus und ohne Einprägung ihrer Lehrsätze können diejenigen der Chemie niemals ordentlich verstanden werden. Leider haben seit Schuebler, dem ersten Bearbeiter der physikalischen Gesetze der Bodencultur, nur wenige Forscher sich selbstständigen Untersuchungen auf diesem dankbaren, aber schwierigen Gebiete gewidmet.

Die Aufgabe des Landwirths ist in erster Linie der Anbau von Pflanzen zur mittelbaren oder unmittelbaren Nahrung der Menschen, sodann zu anderen gewerblichen Zwecken. Vor Allem hat er daher in's Auge zu fassen diejenigen Bedingungen, unter welchen sich das Pflanzenwachsthum am glücklichsten und zugleich am nutzbarsten für ihn vollzieht. Denn er betreibt unter Anwendung von Naturgesetzen ein Gewerbe, dessen Endziel, wie bei jedem anderen, der Reinertrag, der höchstmögliche Zins von dem darin angelegten Kapital ist. Zur lohnenden Verwerthung der erzeugten Gewächse sowohl, als zur Herstellung des unumgänglichen Gleichgewichts zwischen Erschöpfung und Ersatz auf die billigste und der Vegetation gerechteste Weise bedarf er der Hausthiere; so tritt die Viehzucht in gleichen Rang neben den Ackerbau. Erst die neueste Zeit hat ihr denselben angewiesen, vordem war sie nur geduldet, so lange man es nicht verstanden hatte, durch weise Vertheilung der Bodenbenutzung auch sie zur Theilnahme am Reinertrage heranzuziehen. Die Landwirthschaft der Neuzeit ist daher ohne Viehzucht nicht gut zu denken, die unterschiedlichen Versuche, welche gemacht worden sind, durch Anwendung von künstlichen Düngerarten anstatt des Stallmistes den Ersatz der durch die Ernten dem Boden entzogenen Pflanzennährstoffe herzustellen, haben sich immer auf die Dauer als verfehlt erwiesen, wie denn auch die Wissenschaft klärlich dargethan hat, daß derselbe in keiner anderen Weise billiger und zweckentsprechender geboten werden kann, als eben durch die sachgemäße Benutzung der thierischen Auswürfe. Der Ackerbau beschäftigt sich an und für sich nur mit der Gewinnung der primären Erzeugnisse, ist aber, theils mit Rücksicht auf die Viehhaltung, theils des besseren Absatzes wegen häufig genöthigt, dieselben auch verarbeitet, also in secundärer Form, auf den Markt zu bringen. Somit verbindet er denn mit seinem Betrieb eine Reihe von Industrieen, welche vorzugsweise „landwirthschaftlich-technische Gewerbe" genannt werden. Man zählt zu ihnen die Rübenzuckerfabrikation, die Bierbrauerei, die Spiritusbrennerei und die Stärkefabrikation. In der Gegenwart haben sich dieselben von dem eigentlichen Gebiet der Bodencultur insofern vielfach emancipirt, als sie dieses blos als Lieferanten des Rohmaterials ausnutzen, sich selber aber auf den rein industriellen Standpunkt stellen. Allein es sind nicht blos diese wenigen Betriebszweige, in welchen der Landwirth die reine Urproduction verläßt; er thut dies auch, sobald er seinen Lein zu Flachs verarbeitet, aus Getreide Mehl mahlt, seine Oelfrüchte selber schlägt, die Ernte seiner Obst- und Weingärten in Most und Wein verwandelt, Butter und Käse aus der Milch seiner Thiere erzeugt u. s. w. Es ist deshalb die Landwirthschaft der Neuzeit, deren höchste Stufe eben der industrielle Betrieb ist, keineswegs mehr eine bloße Urproduction, so wenig wie der Bergbau, welcher sich bekanntlich mit dem Hüttenwesen auf das Engste verbündet hat.

Die Forstwirthschaft ist von der Landwirthschaft nicht zu scheiden, obgleich dies häufig, und zwar zunächst von Seiten der Forstwirthe, versucht worden ist; sie hat vollkommen den gleichen Zweck, wie der Ackerbau, operirt nur mit anderen Pflanzen und in längeren Fristen. In ihrer fortschreitenden Entwickelung nähert sie sich daher auch immer mehr den agricolen Betriebsweisen und adoptirt deren Hülfsmittel: im Laufe der Zeiten wird sogar die Einzelnpflege der Forstobjecte nicht ausbleiben. Durch diese letztere unterscheiden sich Gartenbau, Obstbau und Weinbau vorläufig noch vom Ackerbau, wenn sie gleich nicht minder ächt landwirthschaftliche Erwerbszweige sind. Sie lassen dem pflanzlichen Individuum die gleiche, wenn nicht eine gesteigerte Pflege angedeihen, wie dies die Landwirthschaft im Großen nur den Massen gewähren kann; die übrigen Unterscheidungsmerkmale sind hinfällig, da sich die Grenzen verwischen. Die intensive Zuckerrübencultur ist bis auf die Spatenarbeit gärtnerisch, und der Großanbau von Sämereien der Handelsgärtner, der sich zur Bestellung und Bearbeitung des Pfluges, wie der Pferdehacke bedient, ist agricol. Von der Obstbaumzucht im Großen zur südlichen Plantagenwirthschaft mit Oliven und anderen Früchten und von dieser zur reinen Forstwirthschaft ist nur ein kurzer Schritt. Ebenso läßt sich der Weinbau mit der Baumwollecultur und anderen Pflanzenproductionen leicht in eine Reihe stellen. Sie alle fußen auf denselben Bedingungen ihrer Existenz, mit den gebotenen Modificationen, wie jede einzelne ökonomische Nutzpflanze.

Gewöhnlich trennt man auch von der Agricultur nicht jene Erwerbszweige, welche eigentlich mit ihr nur wenig zu thun haben, jedoch häufig mit ihr verbunden sind, weil sie einen Theil der Bedingungen für ihren Bestand bietet und ihnen des leichten und lucrativen Gewinns halber eine Stelle in ihrem Ringe gönnt. Dahin sind zu rechnen: Bienenzucht, Seidenzucht, Fischzucht (von anderen geringeren Ranges zu schweigen). Der Großlandwirth ist zuweilen geneigt, auf diese Branchen etwas geringschätzig herabzusehen, er vergißt aber, daß dieselben unter den richtigen Verhältnissen eine mindestens ebenso hohe Bedeutung haben, als Rübencultur, Gespinnstpflanzenbau und Viehmästung. Die Bienenzucht wirft in geeigneten Lagen die höchste Rente von allen landwirthschaftlichen Unternehmungen ab, weil sie, wenige aber aufmerksame Pflege beanspruchend, für sich selber sorgt; die Seidencultur ist bekanntlich in südlichen Ländern, wo sie allein am Platze ist, die Grundlage des Wohlstandes einer kleinbäuerlichen Bevölkerung; und die Fischzucht, die hinwiederum fast ein Monopol des Großgrundbesitzes ist, verwerthet höchlichst Stoffe, welche in keiner anderen Weise nutzbar zu machen gewesen wären. Deshalb ist auch auf dem weiten Felde der Landwirthschaft kein einzelner Gegenstand ihrer Aufgabe als absolut groß oder klein zu bezeichnen, um so weniger also irgend einer zu vernachlässigen. Im Gegentheile entsprießt nur aus dem geregelten, zweckmäßig begründeten Ineinandergreifen ihrer verschiedenen Richtungen nach Maßgabe der bestehenden Verhältnisse das Heil und die Wohlfahrt für die Gesammtheit, welche zu befestigen ihr schönes Ziel ist.

Der Boden, die in größerem oder geringerem Grade bis zur Feinheit des Staubs verwitterten Theile des Gesteines der Erdrinde, ist, wenn auch nicht der einzige Factor der Pflanzencultur, doch unbestreitbar die eigentliche Werkstätte des Landwirths. Denn nur auf ihn vermag er durch eine Reihe von Verfahren und Hülfsmitteln unmittelbar einzuwirken, ihn für seine Bestimmung zuzubereiten, während dies bei den bestehenden Naturthätigkeiten größtentheils nur mittelbar thunlich ist durch Leitung oder Abwehr. Er bildet den Standort der Pflanzen, deren Entwickelung an ihn gebunden ist. Allerdings giebt es Gewächse, welche im Wasser leben, ohne Zusammenhang mit dem Boden, allein sie bedürfen dennoch der Bestandtheile desselben zu ihrer Ernährung, die ihnen durch das flüssige Mittel zugeführt werden. Dergleichen Wasserpflanzen finden sich z. B. in der Familie der Hydrocharideen oder froschbißartigen Gewächse, deren Wurzeln anfangs im Schlamme unter dem Wasser lose hinkriechen, sich aber zeitlich daraus lösen und frei schwimmen. Gewöhnlich bilden sich dann an den eigentlichen Wurzeln Bärte oder Büschel von ganz feinen Saugewurzeln mit Spongiolen zur Vergrößerung des Assimilationsvermögens, wie bei dem gemeinen Froschbiß, Hydrocharis morsus ranae, Fig. 1., einer bekannten, wenn auch nicht gerade häufigen Wasserpflanze. Das Gleiche ist der Fall bei der in südlichen Gewässern heimischen schwimmen=

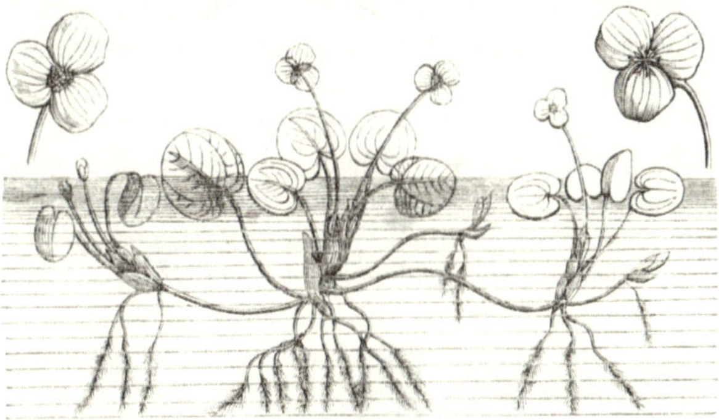

Fig. 1. Froschbiß.

den Vallisneria, Vallisneria spiralis, und bei der in Osteuropa auf stehenden Wassern vorkommenden gemeinen Wasseraloe; auch aloeartige Wasserscheer, Stratiodes aloides, Fig. 2.

Fig. 2. Wasseraloe.
a. b. Blüten. c. Blatt.

Die letztere, weißblütige Pflanze, wird von den Slaven gehegt und gepflegt als ein treffliches Viehfutter, welches, mit etwas Zugabe von Getreideschrot, besonders für die Mästung sehr geeignet ist. Die Besetzung der Seen und Teiche damit geschieht vermittelst der unter Wasser sich bildenden Rhizomknospen. Hier wäre also das Beispiel eines landwirthschaftlichen Betriebs, was doch die Viehzucht unbestreitbar ist, denkbar ohne jeden Boden, sobald das Futter nur dem Wasser entnommen wird, welches freilich die Bodenbestand=

theile enthalten muß. Ebenso zeigt der Chemiker durch die sogenannten Wasserculturen, bei welchen Gewächse alle Stufen ihres Wachsthums bis zur vollendeten Samenreife durchlaufen, daß der Boden an und für sich keineswegs eine Nothwendigkeit ist für die Entwickelung einer Pflanze. Allein diese lehrreichen Beispiele haben wenig zu thun mit dem gewerblichen Zwecke der Landwirthschaft, welche recht eigentlich eine Bodencultur ist und nichts anderes. Bei den erwähnten Versuchen werden dem Wasser sogenannte Nährstoffe zugesetzt, die sämmtlich in dem Boden enthalten sind; sonach ist er auch ein Nahrungsbehälter für die Pflanzen, welche die zum Aufbau ihres Gerüstes nothwendigen Stoffe ihm mittelst der Wurzeln entnehmen, während sie durch andere Organe ferneren Nahrungsbedarf aus der Luft schöpfen. Diese übergiebt aber einen Theil davon wiederum dem Boden, welcher zugleich der Sammelort für die der Vegetation unentbehrliche Feuchtigkeit ist. Nicht minder ist er Bewahrer und Rückstrahler der Wärme und Entwickler oder Leiter der Electricität. In seinem geheimnißvollen, noch lange nicht genügend aufgeschlossenen Schooße vollzieht sich eine Anzahl der wichtigsten Vorgänge zum Besten des Pflanzenwachsthums.

Wie es seine Entstehung mit sich bringt, zeigt der Boden eine sehr wechselnde Zusammensetzung, welche hinwiederum ihren Einfluß auf die Vegetation äußert. Seine mineralogischen Bestandtheile, wie Quarz, Feldspath, Glimmer, Hornblende, Thonerde, Talk, Kalke u. s. w. bedingen sein mechanisches Gefüge oder die Größenverhältnisse seiner einzelnen Theilchen in ihrer Lagerung zu einander, während unter den chemischen Bestandtheilen jene einfachen Körper verstanden werden, welche sich in der Asche der Pflanze finden; letztere bilden durch Verbindungen die sogenannten Bodensalze, welche die wichtigste Rolle bei der Pflanzenernährung spielen. Die meisten Bodenarten enthalten organische Stoffe, Reste von

Pflanzen und Thieren, unter dem Gesammtnamen Humus bekannt. Früher hielt man diesen für die alleinige oder doch hauptsächlichste Pflanzennahrung, die Wissenschaft hat aber unwiderlegbar dargethan, daß er nur einen Beitrag zu derselben liefert, indem die sich aus ihm entwickelnden Säuren Salze bilden, deren Wirkung auf die Löslichmachung mineralischer Nährstoffe im Boden sehr werthvoll ist. Denn es kommen die letzteren darin sowohl in löslicher als in unlöslicher Form vor, nur die erstere ist durch das Medium des Wassers den Gewächsen unmittelbar von Nutzen, während die unlöslichen Salze erst allmählich unter Einwirkung der Atmosphärilien zur Löslichkeit übergeführt werden. Die Kunst der Bodenbestellung bewirkt aber diese Umwandlung in kürzerem Zeitraum. Der Humus ist außerdem für eine kräftige Vegetation unentbehrlich vermöge der physikalischen Eigenschaften, welche er einem Boden verleiht, er kann deshalb keineswegs entbehrt werden und erhöht den Culturwerth eines Grundstücks bis zu einem gewissen Grade, wird dieser überschritten, dann geht jener wieder zurück, theils wegen der überschüssigen Säuren, theils in Folge der für das Pflanzenwachsthum ungeeigneten mechanischen Zusammensetzung. Wie der Boden Säuren und Salze, so enthält er auch Gase, neben atmosphärischer Luft insbesondere Ammoniak, das sich zum Theile in Salpetersäure umbildet, und Kohlensäure, welche bekanntlich ein luftförmiger Körper ist; beide entwickeln sich bei dem Verwesungsproceß organischer Reste. Sie sind Nährstoffe und ihre genügende Zufuhr ist Aufgabe verständigen Betriebs. Ununterbrochen gehen in dem Boden chemische Processe vor sich, welche seine innere Beschaffenheit umgestalten; daß dies in einer Weise erfolge, welche eine möglichst sichere Gewähr für das Erträgniß liefert, ist das Ziel einer ganzen Reihe von Arbeiten in der Landwirthschaft.

Nicht minder wichtig, als die chemischen, sind die sogenannten physikalischen Verhältnisse eines Bodens welche sich aus der Lagerung seiner einzelnen Gemengtheile neben- und zueinander ergeben. Allerdings üben auch die chemischen Verhältnisse einen Einfluß darauf, vorzugsweise ist es aber der größere oder geringere Grad der Zertheilung, die Gestalt der Partikel, die gleich- oder ungleichartige Beschaffenheit und die Menge, welche vorwiegend den physikalischen Character eines Erdreichs bestimmen. Zunächst kommt hierbei in Betracht das specifische Gewicht und die Dichtigkeit, welche beide zwar nicht Eins sind, jedoch im engsten Zusammenhange stehen. Bezüglich des ersteren zeigt der Humus mit 1,22 das niederste, Kalk mit 2,9 das höchste, Quarzsand steht dem letzteren ziemlich gleich, Thon etwas tiefer. Das specifische Gewicht eines Bodens, nicht zu verwechseln mit derjenigen Eigenschaft, welche der Landwirth mit „leicht" oder „schwer" bezeichnet, resultirt aus der Form und Lagerung seiner Gemengtheilchen. Die Feinheit derselben in Verbindung mit ihrer chemischen Zusammensetzung bedingt die Dichtigkeit oder auch Cohäsion, die Zusammenhaltung, welche sich darin äußert, daß die einzelnen Theile sich fester oder loser aneinander schließen, leichter oder schwerer von einander getrennt werden können. Bei dem Thon ist die Cohäsion am größten, bei dem Sande, am geringsten. Besteht der Hauptgehalt eines Bodens aus Thon, so heißt er ein „schwerer" oder „gebundener", wenn aus Sand „leichter" oder „lockerer". Feuchtigkeit erhöht die Cohäsion bei den minder gebundenen Bodenarten, das Austrocknen vermindert sie; sogenannte „strenge" Böden verhalten sich in umgekehrter Weise; ein Lettenboden ist nur bei besonders günstigem Feuchtigkeitsverhältniß zu bearbeiten, immer aber mit Schwierigkeit. Mit dem Zusammenhaltungs-Vermögen verschwistert ist die Eigenschaft eines Bodens, das Wasser aufzunehmen und an sich zu halten oder auf eine gewisse Zeitdauer hinaus vor der Verdunstung zu bewahren. Humus und

Thon nehmen die Feuchtigkeit am meisten auf, letzterer hält sie am längsten. Mit „Durchlässigkeit" bezeichnet man die von seiner Lockerheit bedingte Fähigkeit eines Bodens, aufgenommenes Wasser in den Untergrund zu leiten, während man die Verdunstung desselben durch sein „Austrocknungsvermögen" bewerkstelligen läßt, welches dort am größten ist, wo Wind und Sonne freiesten Zugang finden. Die Saugekraft oder Capillarität bewirkt, daß die von der Oberfläche in die tieferen Schichten gesunkene Feuchtigkeit in den kleinen Canälen, welche sich in der Gegeneinanderlagerung der Bodengemengtheile gebildet haben, wieder emporsteigt und somit die eigentliche Culturschichte fortwährend speist. Je feiner jene Canäle sind, um so sicherer erfolgt die Zufuhr aus dem Untergrunde, bei Humus am entschiedensten, bei Sand am schwächsten. Das Vermögen eines Erdreichs, Wärme aufzunehmen und zu halten, steht in directer Beziehung zu seinem specifischen Gewichte, demnach besitzt der Humus es im geringsten, Sand im höchsten Maße. Die Feuchtigkeit hat hierbei einen in der Praxis zu berücksichtigenden Einfluß, großer Gehalt daran und bedeutende Verdunstung bringen Kältewirkung hervor. Endlich ist der Absorptionsfähigkeit des Bodens als einer besonders wichtigen Eigenschaft zu gedenken. Vermittelst ihrer hält er die Salze aus einer wässerigen Lösung fest, indem er dieselben aufsaugt und der Lösbarkeit mehr oder minder entrückt. Auf diese Weise verhindert er das Auslaugen und erhöht seinen Gehalt an werthvollen Pflanzennährstoffen. Zu der mechanischen Wirkung tritt bei diesem Vorgang übrigens auch eine rein chemische durch die Neubildung von Verbindungen, welche großentheils schwer oder nicht lösliche sind, so daß demnach mit der Absorptionsfähigkeit die Eignung des Bodens für das Pflanzenwachsthum allerdings wächst, aber vorausgesetzt, daß hinreichende Lösungsmittel vorhanden sind, welche diesem seinen Nahrungsbedarf zugängig machen. Am stärksten tritt sie auf in fein zertheilten Gemengen; wasserhaltende Doppelsilicate des Thons und des Kalks, dann Humus und Lehm absorbiren die Salze am meisten, körniger Sand am mindesten. Es ist diese Eigenschaft hauptsächlich, welche den Boden zu einem Nährstoffbehälter für die Pflanzen macht; aus ihr ist zu erklären, daß er oft eine lange Reihe von Jahren hindurch ohne Ersatz ausgebeutet werden kann, ohne völlig unfruchtbar zu werden. Fruchtbar aber heißt ein Boden, welcher Pflanzennährstoffe in löslicher Form so reichlich enthält, daß er das Bedürfniß einer vollen Ernte zu decken vermag, außerdem aber noch einen Ueberschuß daran, sowie ein bedeutendes Reservequantum an ungelösten Nährstoffen in sich birgt.

Außer den Bestandtheilen und den physikalischen Eigenschaften kommen bei jedem Boden auch seine mechanischen Verhältnisse, nämlich die Größen seiner einzelnen Gemengtheile in Betracht, welche vom Steine bis zum Staube eine längere Stufenleiter überschreiten. Für die Bestellung sowohl, wie für die Vegetation selber sind sie von hoher Wichtigkeit; nur wenige Gewächse gedeihen im reinen Geschiebe oder im Flugsande, viele verlangen einen möglichst lockeren, andere einen festen Grund, die Wurzeln der Rebe und der Luzerne durchdringen den festesten Löß und bohren sich in die Ritzen der Kalkgesteine, diejenigen der Gräser, der Rüben, des Leins weichen dem Widerstande aus in flacher oder untiefer Verbreitung. Ein mit Steinen überdeckter Acker hindert die Anwendung der Culturmittel, wo ein Felsbrocken liegt, ist nicht Raum für eine Nutzpflanze. Den staubförmigen, der Feuchtigkeit entbehrenden Boden tragen die Winde weit weg, das Gerölle absorbirt die Wärme ebenso rasch, als es sie wieder abgibt.

Der Boden des Landwirths bildet nur eine dünne Schale der Erdrinde. Wenn auch einzelne nutzbare Gewächse, so die Forstbäume, ihre unterirdischen Organe bis in beträchtliche

Tiefen senden, so begnügt sich doch weitaus die größte Mehrzahl mit geringeren. Der Ackerboden reicht blos so weit hinab, als er den Pflanzen Nahrung bietet. Diejenige Schichte, in welcher sie dieselbe zuerst und zunächst finden ist die Krume, die oberste, welche auch das Artland heißt (von dem alten „Arten" fruchtbar machen, pflegen und warten.) Ihr gilt vorzugsweise die Bearbeitung; je mächtiger sie ist, um so sicherer ist der Erfolg der letzteren, sonstige günstige Verhältnisse vorausgesetzt; sie enthält die meisten organischen Reste und Bodensalze, bedingt also den eigentlichen Werth eines Ackers. Durch Bearbeitung und Zufuhr kann die Mächtigkeit der Krume verstärkt werden; ihre Vertiefung ist daher eine der wesentlichen Aufgabe der Kunst verständigen Ackerbaus. Wer es versteht, den flachwurzelnden Gewächsen bei der jedesmaligen Bestellung stets eine ausgeruhte, ein Jahr lang von den Wurzeln nur wenig in Anspruch genommene Schichte der Ackerkrume darzubieten, der bewirthschaftet gewissermaßen zwei Güter, deren Boden umschichtig in Thätigkeit tritt. In mächtiger oder tiefgründiger Ackerkrume gedeihen alle Pflanzen, in seichter dagegen nur solche ohne senkrechte Wurzelentwickelung; je geringer aber auch für letztere das Bereich ist, in welchem sie ihre Nahrung aufzusuchen haben, um so minder kräftig vermögen sie zu vegetiren. Unter der Krume beginnt der Untergrund, derjenige sogenannte todte Boden, welcher keine löslichen Salze oder diese nur in ganz geringer Menge enthält. Man unterscheidet in demselben eine Culturschichte, sobald sein oberer, an Bodensalzen reicherer Theil, werth ist, durch fortgesetzte Bearbeitung allmählich zur Krume herangezogen zu werden — und den eigentlichen todten Grund darunter, der für die Zwecke des Ackerbaus aber immerhin nicht gleichgültig ist, da er das Feuchtigkeitsreservoir für die artbare Schichte bildet und von vielen Pflanzenwurzeln, welche festen Halt suchen oder dem Wasser nachgehen, erreicht wird. In der Neuzeit hat man daher auch schon verschiedene, zum Theil erfolgreiche, Vorschläge gemacht, auch diese Tiefenschichte durch Anwendung großartiger Mittel dem Dienste des Anbau's zu erschließen.

Es ist schon darauf hingewiesen worden, daß nicht jeder Boden jeder Nutzpflanze zusagt; was die Erfahrung von Jahrtausenden ziemlich sicher festgestellt hatte, ohne die richtige Ursache zu kennen, hat die Wissenschaft der Neuzeit bekräftigt, erklärt. Seit Justus von Liebig, unsterblichen Andenkens, weiß man, wovon die Pflanze lebt, und was ihr demgemäß der Boden bieten muß, daß sie aber nicht bestehen, geschweige denn Erträge liefern kann, sobald Etwas in ihm nicht vorhanden ist, was sie zu ihrer vollkommenen Entwickelung nöthig hat. Die Knochen der Pflanzen, ihre unorganischen oder nicht verbrennbaren Bestandtheile, welche nach der Verbrennung als Asche übrig bleiben, entstammen dem Boden; es ist deren eine kleine Reihe von Körpern, welche aber in jedem Erdreich mehr oder minder enthalten sind. Sie sind Verbindungen von einfachen oder elementaren Stoffen, deren im Ganzen vierzehn auf die Pflanzenernährung Einfluß üben: Die Metalle Kalium, Natrium, Calcium, Magnesium, Eisen, Mangan; die Nichtmetalle Kohlenstoff, Sauerstoff, Phosphor, Schwefel, Chlor, Silicium, Wasserstoff und Stickstoff, wovon jedoch die beiden letzten sich in der Asche nicht finden. Von diesen Stoffen sind nicht alle gleich wichtig, wenn auch alle unentbehrlich sind. Vorzugsweise nothwendig für eine vollkommene Entwickelung der Nutzpflanzen sind Kali, Phosphorsäure, Kalk, Magnesia, Schwefelsäure und Eisen; von diesen sind die beiden ersten die wichtigsten, gerade sie jedoch finden sich in begrenzteren Mengen in dem Boden als die anderen, werden demselben durch die Ernten am reichlichsten entzogen und ersetzen sich am langsamsten wieder. Es kommen daher Fälle vor, in welchen ein Boden an diesen Nahrstoffen dermassen erschöpft ist, daß er dem Pflanzenwachsthum nicht mehr die nöthige Zufuhr daran zu bieten vermag. Da jedoch nicht alle Pflanzen den gleichen Bedarf an den genannten Stoffen haben, so hatte die Erfahrung längst gelehrt, daß eine Art noch ihr Gedeihen fand, wo die andere nicht mehr fort kam, daß z. B. noch ein Futterkraut gut wuchs, wo die Körnerbildung des Getreides versagte. Die Ursache wußte man nicht, allein man fand empirisch die Hülfe in der Abwechselung der Früchte, so daß sich zuerst auf Grund der Annahme einer Bereicherung, Schonung oder Aussaugung des Bodens durch die Gewächse selbst, die sogenannten Felder- oder Fruchtfolgesysteme herausbildeten, deren Gipfel man in der Wechselwirthschaft, zwischen zwei Getreidearten oder Handelsgewächsen eine Futterpflanze oder Hackfrucht, und damit das ganze Gesetz und Geheimniß der Pflanzenernährung gefunden zu haben wähnte. Im grauen Alterthume schon wußten die Landwirthe, daß ein Acker, nachdem er längere Zeit hindurch Früchte getragen und im Ertrage nachgelassen hatte, dann aber eine Zeit lang unbebaut geblieben war, sich so zu sagen erholte und die vordem versagten Ernten wieder aufs Neue lieferte. Die ihm gegönnte Ruhe nannte man die Brache und erhob dieselbe zu einer unantastbaren Culturvorschrift. Gegenwärtig weiß man mit Bestimmtheit, daß diese durch Jahrtausende treulich fortgesponnenen Ansichten falsch gewesen sind. Ganz natürlich erklärt sich die sogenannte Müdigkeit des Bodens, der die eine Nutzpflanze noch trägt, die andere nicht, aus dem Mangel eines wichtigen Bestandtheils, dessen die letztere durchaus bedarf; die abnehmende Fruchtbarkeit überhaupt aber aus demjenigen mehrerer unentbehrlichen Nährstoffe, die durch die unter Einwirkung der Atmosphärilien vor sich gehenden Zufuhren und Lösungsprocesse allmählig wiederum sich sammeln. Auf diesen vollkommen deutlichen Erscheinungen beruht aber das Grundgesetz des Ackerbaues, die Herstellung des richtigen

Gleichgewichts zwischen Erschöpfung und Ersatz der im Boden befindlichen Pflanzennährstoffe.

Mit anderen Worten: Will der Landwirth nicht Raubwirthschaft treiben, welche dem Boden stets entzieht ohne ihm in genügender Weise wieder zu geben, so daß er entschieden, früher oder später, verarmen muß, so hat er dafür zu sorgen, daß demselben nicht blos alle jene Mengen an wichtigen Pflanzennährstoffen, die er mit den Ernten aus ihm nimmt, zurückgegeben werden, sondern daß immer noch ein Ueberschuß daran in ihm vorhanden ist, der selbst in ungünstigen Verhältnissen seine dauernde Fruchtbarkeit verbürgt. Da jedoch die Producte des Bodens eben aus jenen Stoffen gebildet sind, und deren Ausfuhr den Gewinn des Unternehmers bedingt, so besteht die Kunst verständiger Cultur darin, dem Boden Ersatz durch Stoffe zu bieten, welche weniger kosten, als der Werth der ihm entnommenen beträgt. Sie wendet zu diesem Zwecke an das directe Mittel der Düngung, die indirecten der Bearbeitung und der Bepflanzung.

Unter Dünger hat man jeden Stoff zu verstehen, welcher, dem Boden künstlich zugeführt, ihm die durch den Anbau entzogenen Pflanzennährstoffe wieder gibt. Von Alters her wurden Materalien aus allen drei Naturreichen zu diesem Zwecke benutzt, vorzugsweise aber die Auswürfe der Hausthiere, welche, mit der Lagerstreu gemischt, Stallmist heißen, bis heutzutage ihren Vorrang behauptet haben und ihn auch behalten werden. Denn in ihnen sind die Bodensalze, welche mit dem Futter die Verdauungsorgane der Thiere passirt haben, in einem Zustande der Löslichkeit vorhanden, welcher sie dem Aneignungsvermögen (Assimilation) der Pflanzen gerade gerecht macht, außerdem enthalten sie den wesentlichen Nahrungsbestandtheil Stickstoff, und haben auf die physikalische Beschaffenheit des Bodens eine Wirkung, welche in anderer Weise nicht zu ersetzen ist. Als die junge Wissenschaft der Agriculturchemie noch zu mancherlei Mißverständnissen Anlaß gab, hat es auch nicht an Versuchen gefehlt, die althergebrachte Mistdüngung ihres Ranges zu ent- und durch andere Stoffe zu ersetzen, allein sie schlugen sämmtlich fehl und werden schwerlich wiederholt werden. Ihr zunächst an Wirkung stehen, wenn wir die Vogeldünger bei Seite lassen, die menschlichen Abgänge. In ihrer richtigen und umfassenden Verwendung bleibt der Landwirthschaft noch eine große Aufgabe zu lösen, wenn der Kreislauf der Stoffe sich naturgemäß, ohne fehlendes Glied in der Kette, vollziehen soll; eine Aufgabe, welche zugleich in den Ländern der Civilisation mit den höchsten Gütern des Menschengeschlechts, Reinlichkeit und Gesundheit, in zu innigem Verbande steht, als daß nicht unablässig daran gearbeitet werden müßte. Daß es möglich sei, mit den verworfenen Stoffen die Pflanzenproduction dauernd zu kräftigen, haben ostasische Völker längst der Welt gezeigt, wenn gleich ihre Weise der Anwendung sich für europäische Verhältnisse unschicksam erweist. Auch der flüssige Dünger, die sogenannte Jauche, wird leider noch von der großen Menge der Landwirthe, insbesondere der bäuerlichen, viel geringer geachtet, als ihr Gehalt an Bodensalzen, namentlich an Kali, auch an Stickstoff, es wünschen läßt. Wo sie in braunen Bächlein durch die Dorfstraße fließt, da darf man getrost auf Mangel an Intelligenz und an die Herrschaft des alten Schlendrians glauben.

Nicht blos thierische Abfälle und Reste werden als Dünger verwendet, sondern auch pflanzliche mancherlei Art. Schon die alten Römer, welche in der Landwirthschaftskunst bedeutend vorgeschritten waren, bauten blattreiche Pflanzen ausdrücklich dazu an, um als Dünger untergebracht zu werden, ein Verfahren, das auch heute noch üblich ist. Eine Bereicherung der Ackerkrume an Nährstoffen erfolgt dabei insofern, als die von den Pflanzen aus der Luft aufgenommenen Bestandtheile dem Boden zugeführt werden, außerdem geben sie ihm die erhaltenen Stoffe in einer präparirten Form zurück und ändern seine physikalischen Verhältnisse. Besonderer Werth auf diese Art der Düngung ist aber nur in seltenen Fällen zu legen, und es ist weit zweckmäßiger, Futter anzubauen, als Gründüngergewächse. Mancherlei andere Pflanzenstoffe finden, mehrentheils als Streumittel zum Auffang der thierischen Auswürfe, noch als Dünger Verwendung.

Was man unter mineralischen Düngemitteln versteht, wirkt theils als mechanische Verbesserung der Ackerkrume, theils direct chemisch durch Zubringung von Pflanzennährstoffen. Durch Bodenmischungen vermag der Landwirth seinem Felde die Eignung für eine gesteigerte Cultur zu geben, wenn sie ihm mangelt. Aufführung von Kalk und Mergel corrigirt vortheilhaft die ungenügende Zusammensetzung des Erdreichs, wirkt aber auch nur in einem solchen, dem die in jenen Materialien vorhandenen Stoffe fehlen. Der Kalk vollzieht die Aufgabe, die Bodensäuren zu binden und die Silicate löslich zu machen, der Mergel führt überdies in dem Thone dem Acker ein physikalisch wichtiges Bindemittel zu. Schwefelsaurer Kalk oder Gyps befördert die Bildung von löslichen Kalksalzen und bindet chemisch das aus der Zersetzung von organischen Resten sich entwickelnde Ammoniak, die Quelle der Stickstoffnahrung der Vegetabilien.

Seitdem die richtige Erkenntniß über die Ernährung der Gewächse sich Bahn gebrochen hat, haben dies auch gethan die sogenannten künstlichen Düngerarten, welche diesen Namen im Gegensatze zum Normaldünger, dem Stallmist erhalten haben, besser aber Nebendünger oder Beidünger genannt werden. Man versteht darunter im Allgemeinen Salze, Gesteine und zubereitete oder gewonnene Abfälle, welche dem Boden die drei wichtigsten Pflanzennährstoffe: Kali, Phosphorsäure und Stickstoff, zuführen. Es ist ganz das Verdienst der Wissenschaft, der Bodencultur durch derlei Hülfsdüngemittel den werthvollsten Schutz gegen den Raubbau und das geeignetste Material für den Ersatz in die Hände gegeben zu haben. Zwar hat man schon in der Vorzeit den Effect einzelner solcher Stoffe gekannt; so haben die Alten die Auswürfe von Geflügel und Fledermäusen in mancherlei Mengungen mit Vorliebe verwendet, seit jeher wurden im Süden die Olivenbäume mit Blut, wollenen Lumpen, andere Pflanzen mit Hornspänen, Scheerwolle und dgl. gedüngt; schon im Anfange dieses Jahrhunderts pries und versuchte man das Knochenmehl; allein System kam in die Benutzung der Beidünger erst, nachdem die Chemie den Weg dazu gewiesen hatte. Es gibt kein glänzenderes Beispiel von dem Einfluß der Wissenschaft auf die Praxis, als das hier gegebene, das in der Frist von wenigen Jahrzehnten eine wahrhaft großartige Industrie geschaffen hat, deren Erzeugnisse die Landwirthschaft für immer sicher stellen, indem sie ihr die Möglichkeit bieten, dem Boden billig wieder zu erstatten, was ihm in den Ernten genommen und hoch verwerthet wurde. Sie kann daher bei intensivem Betriebe ohne die Anwendung von Nebendüngern gar nicht mehr bestehen, zumal dort, wo sie sich mit Industrien verbindet, die wie die Zuckerfabrikation aus Rüben, die höchsten Ansprüche an den Boden stellen oder mit anderen Worten, ihn am gründlichsten ausrauben. Wo man auf diese Wechselbeziehung nicht bei Zeiten Rücksicht genommen hat, da kam es bald dazu, daß der Acker den Ertrag versagte, es trat der oben erwähnte Zustand der Müdigkeit auf so lange ein, bis er durch genügende Aufbringung von Beidünger und Stallmist wieder behoben war. Da der letztere jedoch in den erforderlichen Quanten ganz selten auf einmal zu beschaffen ist, so bringt die Vernachlässigung des Ersatz-Gesetzes dem Landwirth große Verluste. Die Beidünger heißen aber so, weil sie den Normaldünger — dessen unersetzliche Wirkung auf die Krume weiter unten gewürdigt werden wird — keineswegs entbehrlich machen, sie sollen ihn nur ergänzen durch die rasche und vermehrte Zufuhr von solchen Pflanzennährstoffen, die er selber nicht genügend enthält. Die Kalisalze, Phosphate, Nitrate und ihre Mischungen sind daher nicht mehr zu missen, ihre Verwendung ist das Kriterium der landwirthschaftlichen Hochcultur und wird sich immer mehr ausbreiten mit der gesteigerten Bildung und Kenntniß des Standes, der die Erde bebaut. Wirft man einen Blick auf die Bezugsquellen der Nebendünger, so entrollt sich ein wunderbares Bild, welches den Vätern nicht im Traume erschienen wäre; bis in die entlegensten Welttheile erstreckt sich in der Gegenwart die Suche nach jenen Stoffen; der „Böblinger Rapsbauer" düngt mit dem Guano der Südsee-Inseln; die Zuckerrübencultur im südlichen Rußland basirt auf dem Bezuge der Kalisalze aus Staßfurt und Kalusz; der englische Weizen bildet seine vollen, schweren Körner mit Hülfe des aus Spanien bezogenen Estremadura-Phosphorits; der aufgehäufte Unrath ostindischer Fledermaushöhlen wird in Schiffsladungen verführt nach den amerikanischen Plantagen; der salpeterhaltige Staub altägyptischer Leichenfelder kräftigt die Felder nordfranzösischer Industriebezirke. Und noch viel weiter hat die Speculation in dieser Richtung gegriffen. Während früher die Walfänger in den Polarmeeren den gewaltigen Cetaceen nur den Thran und die Barten nahmen, Fleisch und Knochen der Kolosse dagegen den Vögeln und Eisbären oder den Fischen überließen, ist man in der neueren Zeit zu der Einsicht gekommen, daß dies eine Verschleuderung werthvoller Stoffe sei; demzufolge haben sich im höchsten europäischen Norden Fabriken zu deren Verwerthung etablirt, und der sächsische Landmann verwendet Walfischdünger, der ihn billiger zu stehen kommt, als der Stallmist seiner Hausthiere. Zwischen Afrika und Amerika ist der atlantische Ocean auf Tausenden von Quadratmeilen dicht angefüllt mit einer aus dem stillen Meere herübergeschwemmten Alge, Sargassum bacciferum, so daß er einer unendlichen grünen Wiese gleicht, daher auch die Schiffer jenen Meerestheil die „Krautsee" nennen. Den Bestand derselben aber, der so reich ist, daß er sogar die Schifffahrt hindert, hat man vorgeschlagen, an Ort und Stelle zu ernten, zu trocknen, zu pressen und als kalireiches, werthvolles Streumaterial in die Länder der Hochcultur zu überführen. Wie lange wird es dauern, bis dieser Gedanke in die Wirklichkeit tritt und der britische Farmer seinen Shorthorns Sargasso zum Lager gibt anstatt des Stroh's bei dem immer minder einträglich sich gestaltenden Getreidebau, der sich in die dünnbevölkerten Gegenden der Welt zurückziehen wird und muß? Aber es ist noch gar nicht so lange her, daß Nationalökonomen der Bodencultur um deswillen einen untergeordneten Rang im Bereiche der menschlichen Thätigkeiten anweisen wollten, weil sie nicht geeignet sei, an dem Weltverkehre theilzunehmen. Heutzutage, wo der Europäer Brot aus amerikanischem Mehle ißt und Kleider von australischer Wolle trägt, wo ganze Flotten den Guano und Würfelsalpeter aus Peru und Chili holen, wird dies freilich nicht mehr gesagt werden.

Die Düngung kann man eine chemische Bodenzubereitung nennen, neben ihr hergehen muß eine mechanische, die eigentliche Bearbeitung mit Hülfe von Werkzeugen. Die Cultur verlangt, daß dem Pflanzenwachsthum die möglichst günstigen Bedingungen geboten werden, damit es sich entfalte zum möglichst günstigen Ertrage. Daher muß vor Allem sein Standort jene homogene Mischung besitzen, welche Gleichmäßigkeit der Vegetation erzielt; er muß jenen Zusammenhang haben, der die Bewegung der Nährstoffe gestattet und erleichtert, Wasser und Gase müssen Zutritt und Abwege finden, dem zarten Keim muß die Entwickelung nach Luft und Licht bequem gemacht, der Wurzel ein möglichst großes Nahrungsgebiet geschafft werden. Dazu soll der Boden jene Structur zeigen, welche die Aufnahme der Atmosphärilien begünstigt, mit einem Worte jenen vollendeten Zustand, welchen man mit dem Namen „Gahre“ bezeichnet und der als der geeignetste für die Entwickelung einer kräftigen Vegetation zu betrachten ist. Auch die Ausgleichung und Ebenung seiner Oberfläche, die Ableitung des Tagwassers, der Schutz gegen schädliche meteorische Einwirkungen und die Erhaltung der Bodenfeuchtigkeit verlangen besondere, mehr oder minder ausführliche Arbeiten. Diese werden ausgeführt durch die Kräfte von Menschen allein, oder unter Beiziehung von Thieren, endlich durch stärkere Motoren. Die Bodenbearbeitung mit der Hand, die gärtnerische, wird als die vollkommenste betrachtet; sie heißt Spatencultur, eignet sich aber nicht für die Production im Großen und kann durch kräftigere mechanische Mittel, in deren Construction es die Neuzeit weit gebracht hat, mehrentheils ganz oder nahezu ersetzt werden. Die Verwendung der Zugthiere zur Bodenbearbeitung charakterisirt den eigentlichen Ackerbau. Schon in den entferntesten Zeiten bediente sich der Landmann ihrer Hülfe; zwar sieht man auf den ältesten egyptischen Denkmalen noch Menschen vor das kunstlose, dem gekrümmten Baumast nachgebildete Pflugwerkzeug gespannt, allein nicht lange dauerte es und der Stier war in's Joch gezwungen, während das edle Pferd und andere Hausthiere — Esel, Kameele, Büffel — weit später zur Ackerarbeit eingelernt wurden. Erst in der jüngsten Periode ist es gelungen, die Signatur des Jahrhunderts, die Dampfkraft, auch diesem Zwecke dienstbar zu machen. Es wird weiter unten Gelegenheit gegeben sein, bei der Besprechung der Anwendung der mechanischen Kräfte auf die Landwirthschaft, der verschiedenen Bearbeitungsmethoden des Bodens eingehender zu gedenken.

Mit der Bedeckung der Saat ist die mechanische Pflege des Ackers keineswegs abgeschlossen. Während ihrer Vegetation bedürfen die Nutzpflanzen vielfach der Nachhülfe, eine ganze

Classe von ihnen hat ausdrücklich den Namen „Hackfrüchte" erhalten, weil während ihres Wachsthums ihnen durch Bodenbearbeitung neue Nahrung zugeführt, ihr Stand gefestigt, das Ueberwuchern des Unkrauts beseitigt werden muß, wenn sie entsprechenden Ertrag bringen sollen. Ebenso erfordert die Regulirung der Niederschläge, der wünschenswerthe Zutritt der Luft, die Erhaltung oder Abwehr der Wärme mannichfache Vorkehrungen, welche nur mittelst Anwendung von mechanischen Hülfsmitteln durchgeführt werden können. Alle diese wichtigen Arbeiten haben den Gesammtzweck, den Boden in einen Zustand zu versetzen, wie er in vielen von der Natur begünstigten Ländern unter tropischer Sonne vorkommt, wo er, fast ohne Nachhülfe des Menschen, fortwährend Ernten liefert ohne sichtliche Verarmung. Egypten war schon im fernsten Alterthume ein hochcultivirtes Land; es ist es noch heute, weil alljährlich der mächtige Nilstrom das ganze culturfähige Thalgelände überschwemmt und mit neuen Nährstoffen versieht. Den gleichen Vorgang ahmt die Bodenbestellung nach und wo sie dies in zweckmäßiger Weise thut, stehen ihre Erfolge unter gemäßigten Himmelsstrichen denjenigen der von der Sonne bevorzugten nicht nach. Der Landwirth weiß heutzutage noch nicht einmal, bis zu welchem Ertrag sein Boden durch die richtige Benutzung aller chemischen und mechanischen Hülfsmittel gebracht werden kann; jedenfalls steht so viel fest, daß derselbe viel höher hinaufgetrieben werden kann, als die gewöhnlichen Durchschnittsziffern besagen. Daher bestimmt auch in der Gegenwart nicht mehr so, wie früher, der Boden im Vereine mit der Lage und dem Klima, die Richtung der einzuschlagenden Bewirthschaftung; vielmehr sind es die Culturmittel in den Händen der Intelligenz, welche dies thun. Es ist auch eine landläufig irrige Ansicht, daß die verschiedenen Culturmethoden sich urwüchsig auf Grund gegebener Verhältnisse herausgebildet hätten, sondern es läßt sich historisch nachweisen, daß dieselben meistens importirt, nachgeahmt worden sind, und dies nicht selten in ganz unpassenden Formen und Lagen. Bei der Zähigkeit, mit welcher bekanntlich der Landmann, mehr wie jeder andere Gewerbtreibende, an dem einmal Ergriffenen festhält, ist dies ein eben so großer Schaden gewesen, als es unbegreiflich erscheinen muß, so lange man nicht die Geschichte nachschlägt, um daraus zu ersehen, unter welchen abscheulichen Zwangsmaßregeln jener Import in früheren Jahrhunderten bewerkstelligt wurde.

Die Bepflanzung an und für sich trägt endlich das Ihrige dazu bei, den Boden fortwährend zu verändern, ihn culturfähig zu erhalten oder das Gegentheil zu bewirken. Die Pflanzendecke übt einen bedeutenden Einfluß auf die Erwärmung des Erdreichs, auf den Zugang des Lichtes und der Feuchtigkeit, auf die Lockerung, die Austrocknung und die chemisch-physikalischen Verhältnisse überhaupt. Es ist bekannt, daß die Vegetation kräftigen Antheil an der fortschreitenden Verwitterung nimmt, wo sich erst nur Flechten mühsam auf das Gestein hefteten, fassen im Laufe der Zeit Gräser Fuß und ihnen folgen höhere Pflanzen nach, deren Wurzeln die merkwürdige Eigenschaft besitzen, durch Säure-Ausscheidungen selbst den harten Felsen anzugreifen, um sich auf diese Weise nach und nach den ihnen zusagenden Standort zuzubereiten und zu sichern. Die Aufschließung der Mineralstoffe im Boden durch die Pflanzenwurzeln begründet zu Theile die sogenannte Bereicherungsfähigkeit verschiedener blattreicher Nutzgewächse.

Die Luft.

Der Erdball schwimmt im Weltraume rings umgeben von einem unsichtbaren Mantel, der ihn auf seiner Sphärenbahn niemals verläßt. Das ist die Atmosphäre, deutsch: die Dunstkugel oder der Luftkreis. Wie hoch mag wohl der Himmel sein? fragen oft die Kinder, und die Alten können ihnen nur die nämliche Antwort geben, wie auf die Fragen: Welche Mächtigkeit besitzt der Luftkreis? In welcher senkrechten Entfernung von der Erde hört er auf? — Wir wissen es nicht. Der Mensch, der dem Vogel die Schwinge und der Gemse den Stahlfuß neidet, hat sie beide überholt; er ist an eisigen Bergen weiter empor geklettert, als irgend ein Thier; er hat den Luftballon erfunden und ist mit ihm so hoch in der furchtbaren Wolkenöde gestiegen, daß der kühnste Segler der Lüfte Tausende von Metern unter ihm blieb — aber stets fand er Luft, und zwar ganz dieselbe Luft, welche uns dicht an der Bodenfläche umspielt, nur dünner, vertheilter im Raume. Dem französischen Naturforscher Gay Lussac gelang es, aus einer Höhe von etwa 7000 Metern über dem Meeresspiegel eine Flasche voll Luft herabzubringen; die chemische Analyse erwies dieselbe genau von der gleichen Zusammensetzung, wie diejenige aus einem überfüllten Schauspielhause; letztere ist nur dicker, zusammengedrängter, der gleiche Raum enthält mehr Bestandtheile von ihr. Einstweilen, bis es dem vor nichts zurückschreckenden menschlichen Geiste gelingt — Zweifel sind in unserer Zeit der alltäglichen Wunder fast nicht mehr erlaubt — auch die Grenzen des Luftkreises zu beschreiten, wie er ja diejenigen der Erdkugel schon nahezu betreten hat, darf angenommen werden, daß der gesammte Weltraum gleichmäßig mit

Luft, dem Aether, angefüllt sei, freilich bis zu den Gestirnfernen in stets mehr verdünntem, dem Leben völlig feindlichen Zustande und von einer Kälte, welche auf 60° unter dem Gefrierpunkte geschätzt wird, wobei daran erinnert werden mag, daß bei — 39° das Quecksilber gefriert und sich hämmern läßt, wie Blei. Bei der unglücklichen Luftfahrt von Tissandier, Croce-Spinelli und Sivel am 21. März 1874 starben die beiden Letzteren in 8000 Meter Höhe den Erstickungstod und der Erstere entging nur durch einen Zufall dem gleichen Schicksal.

Die Alten zählten bekanntlich vier Elemente: Luft, Feuer, Erde, Wasser. Wir besitzen deren gegenwärtig einige sechzig und jene sind nicht darunter, dennoch haben wir die Gewohnheit beibehalten, von den „vier Elementen, innig gesellt" zu reden. Die Luft ist kein Element, kein unzerlegbarer oder einfacher Körper, wir kennen auf das Genaueste ihre Bestandtheile und deren Verhältnißmengen. Jener sind es zwei: Sauerstoff und Stickstoff, hundert Theile Luft enthalten von ersterem 21, von letzterem 79 Volum-Theile. Der Sauerstoff, ein einfaches, nicht zerlegbares Gas, ist die wahre Lebensluft, zugleich ermöglicht er, wenn gleich selber nicht brennbar, doch ganz allein die Verbrennung und Wärmeentwickelung der Körper. Stickstoff, die das Leben erstickende Luftart, ist gleichfalls ein Element, an und für sich nicht athembar, in ihm verlöscht augenblicklich die Flamme. Die Vereinigung dieser beiden elementaren Gase zu der athembaren Luft hat auf den ersten Anschein etwas überwältigend Wunderbares. Uebrigens hat die letztere noch andere Bestandtheile aufzuweisen: Zunächst Kohlensäure, eine Verbindung der Kohle mit dem Sauerstoff. Die Kohle oder der Kohlenstoff bildet den größten Theil der ungeheueren Masse der Organismen, tritt aber auch in der unorganischen Welt auf. Die Kohlensäure ist das prickelnde Gas der Mineralwasser und des Champagners, sie entwickelt sich in den Blasen des Mehlteigs, welchem Hefe oder Sauerteig zugesetzt worden ist und aus dem jungen Moste, der im Fasse tobt, bis er sich zur Edelreife des Weines abklärt, mit einem Worte bei der Gährung. Sie ist unathembar, daher das Betreten der Keller während der Gährungsdauer Vorsicht erheischt; in vielen Gegenden entwickelt sie sich aus der Erde; weil sie schwerer ist, als die atmosphärische Luft, so hält sie sich dort dicht am Boden und wird kleineren Thieren gefährlich, während größere und der Mensch unbelästigt bleiben. Durch die Processe der Athmung, der Verbrennung und Gährung werden ungeheuere Massen von Kohlensäure in die Atmosphäre befördert. Um einen Begriff von denselben zu geben, diene das Beispiel der Stadt London, welche jährlich über vier Millionen Tonnen Steinkohle verbrennt und zu diesem Behufe der Atmosphäre acht Millionen Tonnen Sauerstoff entziehen muß. Zu dieser Quelle der Kohlensäure-Erzeugung tritt dann aber noch diejenige der Beleuchtung durch Gas, Oel und Kerzen; außerdem sendet von den drei Millionen Bewohnern der Weltstadt ein Jeder im täglichen Durchschnitt zwei Kilogramm Kohlensäure in die Luft; zählt man dazu die Athmungsproducte aller Thiere, die Emanationen der Pflanzen und der unzähligen Gährungsvorgänge, so wird man eher zu knapp, als zu reichlich rechnen bei der Annahme, daß die einzige Stadt London den Luftkreis mit zwölf bis fünfzehn Millionen Tonnen Kohlensäure anfüllt! Und doch ist dieses ungeheuere Quantum verhältnißmäßig so unbedeutend, wird durch den Verbrauch so rasch ausgeglichen, daß in hundert Theilen Luft nie mehr als die verschwindend kleine Menge von fünf Hundertheilchen Kohlensäure enthalten ist. Hier tritt eines der schönsten Ausgleichungsgesetze der Naturkräfte oder des Stoffwechsels auf: alle jene unermeßlichen Massen werden von den Pflanzen wieder eingesogen, welche daraus ihren Körper bilden, indem sie den Kohlenstoff an sich behalten und den Sauerstoff der

Atmosphäre zurückgeben. Andere Bestandtheile der letzteren, aber in noch weit geringerem Maße, sind Salpetersäure und Ammoniak, Stickstoffverbindungen. Oertlich zeigt die Luft auch hier und da noch weitere Beimischungen von Gasen, z. B. solche, welche sich aus verwesenden Substanzen entwickeln, wie das gefährliche Schwefelwasserstoffgas, Sumpfgas u. A. Immer aber besitzt die Luft einen Gehalt an Wasserdämpfen und nicht gering ist dessen Einfluß auf das Wohlbefinden von Menschen und Thieren, insbesondere auch auf das Pflanzenwachsthum. Wer hat noch nicht an schönen Herbstabenden die Wiesen überlagert gesehen mit dampfenden Schwaden, so daß sie erschienen, gleich einem wogenden See? Es ist die Verdunstung des Wassers, das in die Atmosphäre emporsteigt zu jeder Zeit, wenn auch nicht immer sichtbar als Nebel; überall ist es in ihr vertheilt, schlüpft mit ihr in den Boden, durch die Haut und in die Lungen der Thiere, vielleicht auch in die Poren der grünen Pflanzentheile, was jedoch bis jetzt noch nicht mit Sicherheit erwiesen ist. Die Menge des Wasserdampfs in der unmeßbaren Masse des Luftkreises ist übrigens im Verhältniß unbedeutend, je nach der Temperatur beträgt sie ein Zweihunderttheil bis ein Sechzigtheil.

Wenn im Sommer ein Gewitter sich über die Erde entladen hat — mit welch' wonnigem Behagen treten wir dann hinaus in die erfrischte Natur! Sie scheint eine ganz andere, verjüngter, schöner geworden zu sein, die Pflanzen heben die gesenkten Blätter empor, lustiger, muthiger springt oder fliegt das Thier, der Mensch athmet freier mit einem Gefühle von Wohlsein, für welches er keinen anderen Grund anzugeben weiß, als das gebräuchliche Wort: „Die Luft hat sich gereinigt." Aber sie bedarf da draußen einer Reinigung nicht, eine andere Ursache ist für jene Wahrnehmung vorhanden. Es tritt in ihr das Ozon auf, ein räthselhafter Körper, nur durch seinen eigenthümlichen und schwer definirbaren Geruch, sowie durch seine Wirkung kenntlich. Er ist ein Sauerstoff in erhöhter Potenz, wird daher auch erregter, verdichteter, oder thätiger Sauerstoff genannt und äußert sich vorzugsweise durch eine weit kräftigere Oxydationsfähigkeit, als diejenige des gewöhnlichen oder inactiven Sauerstoffs ist. Das Ozon wird sowohl durch electrische und galvanische Strömungen, wie durch chemische Processe erzeugt; in der Atmosphäre ist es immer, wenn auch in veränderlichen Maßen enthalten und kann darin mittelst des Ozonometers nachgewiesen werden. Unzweifelhaft übt es einen mächtigen Einfluß auf die Organismen aus, ohne daß es bis jetzt gelungen wäre, denselben anders, als ganz allgemein nachzuweisen. Daß von den Pflanzen neben dem gewöhnlichen Sauerstoff auch Ozon ausgeathmet wird, scheint durch Versuche bewiesen, ebenso, daß dasselbe dort, wo große Blättermengen gegeben sind, z. B. über Wäldern, besonders reichlich in der Luft enthalten ist. Es wird derselben durch jede Oxydation zugeführt, verbindet sich aber so rasch mit anderen Körpern, daß seine constante Menge in der Luft nur äußerst gering ist. Eine hohe Wichtigkeit erhält es vermöge seiner großen Oxydationskraft bei der Bildung der für das Pflanzenwachsthum unentbehrlichen Salpetersäure in der Atmosphäre.

Der Sauerstoff ist nicht als unmittelbare Nahrung der Gewächse zu betrachten, dennoch ist er zu deren gesunder Entwickelung durchaus nothwendig, weil er den Uebergang anderer Stoffe in den Aneignungszustand, Assimilation, vermittelt. Allerdings behalten die Pflanzen aus der eingeathmeten Menge einen kleinen Theil freien Sauerstoffs bei sich, den größeren aber scheiden sie wieder aus. Besonderen Einfluß hat der Sauerstoff auf die ersten Lebensvorgänge der Pflanzen; die Keimung kann ohne sein Zuthun nicht vor sich gehen, später nehmen ihn sowohl die Wurzeln als die grünen Theile auf — die Blätter athmen ihn auch wieder aus — von den

Blüten, namentlich in deren Fortpflanzungsorganen, wird er unter wahrnehmbarer Wärmeentwickelung energisch absorbirt, minder von den Samen während ihrer Reife.

Die Pflanze baut ihr wesentliches Gerüste aus dem Kohlenstoff und ihn entnimmt sie der Kohlensäure. Dieses, schon als Bestandtheil der Luft erwähnte Gas, das aus 12 Kohle und 32 Sauerstoff besteht, wird vom Wasser in bedeutender Menge absorbirt und bildet in Verbindung mit Basen die Carbonate oder kohlensauren Salze, welche in unermeßlichen Mengen, als das Material von weitausgedehnten Gebirgsformationen sowohl, wie als Panzer winziger Schalthiere, auf dem Erdball vorkommen. Allein die Vegetabilien beziehen dieselbe nur aus der Atmosphäre, wo sie, wie schon oben nachgewiesen, in genügendem Quantum für den Bedarf der Myriaden Organismen unseres Weltkörpers vorhanden ist, und sich durch den Stoffwechsel stets und umwandelbar von Neuem ergänzt. Nichtsdestoweniger ist es wahrscheinlich, daß, ebenso wie dermaleinst in den ersten Jahrtausenden der jungfräulichen Erde deren Dunstkreis einen weit größeren Gehalt an Wasserdampf und Kohlensäure gehabt hat, als gegenwärtig — derjenige an der letzteren sich im Laufe freilich unmeßbarer Zeiten verringern muß bis zur gänzlichen Vernichtung jedes Lebens.

Der freie Stickstoff ist keine Pflanzennahrung. Zwar wird mehrfach behauptet, daß eine directe Absorption stattfinde, allein der Beweis ist bis heute nicht geführt; ebenso wenig wird er von den Gewächsen ausgeschieden. Dagegen ist er in seiner Verbindung mit dem Wasserstoff, als Ammoniak von höchster Bedeutung. Unter letzterem versteht die Chemie ein Gas von jenem eigenthümlich stechenden Geruche, wie er sich in Pferdeställen entwickelt, das unter stärkerem Druck und bei Abkühlung, ähnlich wie die Kohlensäure, zu einer wasserhellen Flüssigkeit verdichtet werden kann und aus 3 Wasserstoff und 1 Stickstoff besteht. Wie schon oben erwähnt, bildet es einen ständigen Bestandtheil der Luft, jedoch in verschwindend geringem Verhältniß, in 100 Millionen Theilen der letzteren kaum 2,5 Theile. Es wird aus derselben durch Thau und Regen herabgewaschen und gelangt auf diesem Wege zu den Pflanzen, welche es mittelst der Wurzeln, aber auch wohl durch die Blätter absorbiren ohne jedoch im letzteren Falle die wesentliche Ernährung durch die ersteren zu verkürzen. Es führt ihnen den nöthigen Stickstoff, vorzüglich zur Samenbildung zu.

Eine Verbindung des Stickstoffs mit dem Sauerstoff ist die Salpetersäure, deren wasserhaltende Form allgemein bekannt ist, sie besteht aus der wasserfreien Salpetersäure in Verbindung mit Wasser im Verhältniß von 85,8: 14,2 und kennzeichnet sich durch ätzend saueren Geschmack und die Zerstörung aller organischen, wie vieler unorganischen Stoffe. In der Atmosphäre ist sie stets, aber in noch geringeren Mengen als Ammoniak enthalten, theils frei, theils in Verbindung mit dem letzteren. Sie bildet sich vorzugsweise durch die Verbindung des electrischen oder den Pflanzen entströmenden Ozons mit dem Stickstoff. Gleich dem Ammoniak gelangt sie durch atmosphärische Niederschläge in den Boden, und ihre Salze — Nitrate — bilden neben denen des ersteren in wässerigen Lösungen die Hauptbezugsquelle für die stickstoffliche Pflanzennahrung. Diese schafft in dem Körper der Vegetabilien die sogenannten Proteinstoffe, welche in allen Theilen desselben, am meisten aber in den Früchten, vorkommen. Von den Pflanzen beziehen die Thiere, deren Körper am reichsten daran ist, die nämlichen Stoffe. Bei dem geringen Gehalte der Atmosphäre an den genannten Stickstoffverbindungen ist es erklärlich, daß sie allein den Gewächsen den Bedarf daran nicht zu liefern vermag, das Beste daran muß immer der Boden thun, in den sie nicht blos durch die Niederschläge gelangen, sondern worin sie sich auch als Salze an verschiedene

Basen gebunden stetig neu bilden, vorzugsweise durch die Zersetzung von organischen Substanzen. Hieraus ist denn auch der Werth und die Wirkung der Düngung mit den letzteren zu entnehmen. Fragt man, welche von beiden Stickstoffquellen, das Ammoniak oder die Salpetersäure, dem Pflanzenwachsthum mehr zu gut kommt, so wird man sich für das erstere entscheiden müssen, weil dasselbe bodenbeständiger ist, während die letztere leichter ausgelaugt wird, so daß sich also die Kunst der Nährstoffzufuhr vorzugsweise auf die Entwickelung und Erhaltung des Ammoniaks wird verlegen müssen. Nichtsdestoweniger ist aber auch die Anwesenheit von Nitraten in der pflanzentragenden Schichte von hohem Werthe, da sie den gleichen Erfolg bewirken und muß mit allen Mitteln die Salpeterbildung in einem Boden angestrebt werden. — Nach den Versuchen von Lehmann wäre anzunehmen, daß keineswegs alle Pflanzen das Ammoniak und die Salpetersäure in gleicher Weise zur Deckung ihres Stickstoffbedarfs verwenden. Er scheidet daher „Ammoniakpflanzen" welche vorzugsweise des ersteren, und „Salpetersäurepflanzen" die der letzteren zu ihrer vollendeten Entwickelung bedürfen, eine für die praktische Landwirthschaft sehr wichtige Beobachtung, weil, falls dieselbe begründet ist, sich die Nährstoffzufuhr oder der Ersatz dem bezeichneten Bedarf gemäß gestalten muß.

Nachdem Liebig die Bedeutung der Mineralnährstoffe, welche einzig aus dem Boden bezogen werden können, seinerzeit hervorgehoben und festgestellt hatte, entstand bekanntlich ein heftiger Streit darüber, welche von beiden Gattungen der Nährstoffe die wichtigeren seien, deren Beschaffung vorzugsweise angestrebt werden müsse. Dieser mit vieler Voreingenommenheit und Heftigkeit geführte Kampf, welcher heute noch nicht ganz aufgehört hat, führte bei den Einsichtigen zu dem gewiß richtigen Resultate, daß beide Gruppen als gleichwerthig zu betrachten, beide für das Gedeihen der Gewächse unentbehrlich seien. Und in diesem Sinne sorgt auch die Hochcultur unserer Tage, überall, wo die Gesetze der Pflanzenernährung begriffen worden sind, für das erforderliche Gleichgewicht zwischen Bodenerschöpfung und Ersatz.

Es ist noch eines Körpers zu gedenken, dessen die Pflanze nicht entrathen kann: es ist das Wasser, welches den Mehrtheil ihres Gewichtes bildet und an das ihre Existenz ebenso innig geknüpft ist, wie an irgend einen andern ihrer Baustoffe. Sein besonderes Verhältniß zu der landwirthschaftlichen Vegetation werden wir später kennen lernen.

Zur Ergänzung des Einflußes der Luft auf die wachsenden Pflanzen muß hier nach der Art und Weise der Aufnahme der Gase durch die letzteren gedacht werden. Alle gasförmigen Körper besitzen das Vermögen, sich in einem Raume mit einander derartig zu vermischen, daß eine vollkommen gleichmäßige Vertheilung oder Durchdringung derselben erfolgt ohne chemische Verbindung. Diese eigenthümliche Art der Vermischung, deren viele tropfbar flüssige Körper gleichfalls fähig sind, und welche namentlich z. B. bei der atmosphärischen Luft stattfindet, heißt die Diffusion. Sie geht auch vor sich, wenn die zu vermengenden Gase durch Scheidewände von einander getrennt und diese porös sind. In letzterem Falle, vorzüglich bei vegetabilischen oder animalischen Membranen, nennt man diesen Vorgang Osmose, die sich von der Diffusion nur dadurch unterscheidet, daß die Mischung der Gase bei ersterer weder so prompt, noch so gleichmäßig erfolgt, als ohne jedes Hemmniß, was natürlich auf das Mischungsverhältniß von Einfluß ist. Alle grünen Theile der wachsenden Pflanze sind mit zahllosen Poren und Spaltöffnungen versehen, vermittelst deren sich ihr sogenannter Athmungsprozeß vollzieht. Sie besitzen das Vermögen, sich die Gase, deren sie zur Erhaltung ihres Lebens bedürfen, anzueignen um sie entweder in den Zellen zu verdichten oder sie durch den nämlichen

Apparat wieder auszustoßen, wenn sie ihre Function erfüllt haben. Dieser Vorgang vollzieht sich aber unaufhörlich und zwar durch die Osmose, welche jeden im Pflanzeninnern stattgehabten Verbrauch aus dem unermeßlichen Vorrathsbehälter der atmosphärischen Luft wiederum ersetzt. —

Nachdem wir nunmehr in raschem Ueberblick die Nahrungsquellen der Pflanzen, welche der Landwirth anbaut, kennen gelernt, auch erfahren haben, auf welche Weise er ihnen dieselben am zweckmäßigsten und erfolgreichsten eröffnet, sind wir veranlaßt, noch eine weitere Umschau zu halten behufs der physikalischen Beziehungen der atmosphärischen Luft zur landwirthschaftlichen Praxis. Wir wissen, daß eine Aufgabe der Bearbeitung des Bodens darin besteht, denselben so zu lockern, daß die Luft in seinen Zwischenräumen oder Kanälen circuliren kann. Sie wird nicht blos von den Wurzeln direct aufgenommen — was man deutlich sieht an der Bildung von sogenannten Luftwurzeln bei verschiedenen Gewächsen — sondern veranlaßt auch Neubildungen von löslichen Nährstoffen. Die im Ackerboden befindliche Luft wird fortwährend concentrirt und zersetzt; es findet eine ununterbrochene Bewegung der Gase darin statt; der Wasserdampf verdunstet und dringt ein, das Ammoniak entwickelt sich aus den Organismen und wird zum Theile absorbirt; die Kohlensäure kommt und geht mit den Niederschlägen. Um der wohlthätigen Einwirkung der Luft auf den Boden einen größeren Spielraum zu verschaffen, als durch die bloße Bearbeitung möglich, insbesondere aber, um dieselbe auch während der Vegetationsperiode, wo jene bei vielen Früchten nicht stattfinden kann, aufrecht zu halten, hat man mehrfach das Verfahren der Durchlüftung des Bodens mittelst unterirdischer Kanäle in Anwendung gebracht. In Schottland, dessen Landwirthschaft eine weit vorgeschrittene ist, benutzt man zu dem Endzweck den sogenannten Maulwurfspflug (Fig. 3) ein starkes Instrument, dessen wirksamer Arbeitstheil ein kegelförmiges Schar an einer soliden, messerförmigen Griessäule ist. Auf dem mit fester Grasnarbe oder Stoppel be-

Fig 3. Maulwurfspflug.

standenen Feldstück werden in vorher ausgemessenen Entfernungen und Richtungen, Löcher bis zu einer Tiefe ausgegraben, welche der Höhe des Griessäule entspricht, in diese wird das Schar des Maulwurfspflugs so eingesetzt, daß sein breiter Pflugbaum auf dem Boden schleift, und sodann das Instrument mittelst eines Gespanns von 4, 6 und 8 Pferden nach dem correspondirenden Loche fortbewegt, wo es ausgehoben wird, um darnach eine folgende Linie vorzunehmen. Auf solche Weise werden, etwa 75 Cm. unter der Oberfläche, runde, röhrenförmige Kanäle geschaffen, welche in einigermaßen gebundenem Untergrund oft viele Jahre stehen, ohne erneuert werden zu müssen; dieselben führen nicht blos Luft zu, sondern auch Wasser ab, und werden als ein treffliches Mittel der Bodenverbesserung gerühmt. Die Lüftung der Krume mittelst unterirdisch gelegter thönerner Röhren — die sogenannte Luftdrainirung — ist mehrfach, insbesondere in gärtnerischen Etablissements, durchgeführt worden, über die Erfolge haben sich ebenso viele befriedigte, als ablehnende Stimmen hören lassen. Für den landwirthschaftlichen Betrieb wird unter allen Umständen die Tiefcultur, welche mit Hülfe vorhandener trefflicher Geräthe ausgeführt wird, genügen, um dem Boden jene Durchlüftung zu verschaffen, welche zur Aufschließung seiner Stoffe unentbehrlich ist. Neuerdings wurde übrigens auf Grund von Versuchen auch vorgeschlagen, einen besonders widerspenstigen Boden bis auf die größte Tiefe hinab durch die Anwendung von Sprengmitteln zu lockern und der Luft zugängig zu machen.

Der Sauerstoffgehalt der atmosphärischen Luft äußert seinen mächtigen Einfluß auf viele landwirthschaftliche Vornahmen, so z. B. auf den Proceß der Gährung und auf die Reife des Weins. In Lothringen hat man es seit alter Zeit verstanden, einen Rothwein zu fabriciren, der sich durch hohen Alkoholgehalt und besondere Haltbarkeit auszeichnete, ohne daß man anderweit aus dem gleichen Material das nämliche Resultat hätte erzielen können. Das Geheimniß kam endlich zu Tage; es bestand darin, daß der Most mittelst eiserner Schaufeln in offenen Kufen 48 Stunden lang ohne Unterbrechung energisch durcharbeitet wurde. Durch dieses Verfahren, welches mit minderem Arbeitsaufwand auch durch die Mostpeitsch-Maschine ausgeführt werden kann — wurde die Flüssigkeit dem Einflusse des Sauerstoffs der Luft in erhöhetem Grade ausgesetzt, und durch diesen werden Neubildungen von chemischen Verbindungen herbeigeführt, welche den „Schaufelweinen" die an ihnen gerühmte Stärke und die lieblichere Blume verleihen. Daher pflegt auch der Franzose zu sagen: „Der Sauerstoff macht den Wein." Auch bei der offenen oder bedeckten Gährung des Mostes spielt der Sauerstoff die Hauptrolle.

Die Schwere der Luft bewirkt den Druck derselben auf die Körper der Erdoberfläche; der Luftdruck ist es, welcher sowohl die Aufnahme der Gase im Boden als die Verdunstung des Wassers aus demselben fördert; seine Größe wird bekanntlich mit dem Barometer gemessen. Auf dem Schweregesetz der Luft beruht die Benutzung des Hebers und die Construction der Pumpe. Der Heber ist bekanntlich eine Knieröhre, welche zum Abfüllen von Flüssigkeiten gebraucht wird; durch Ansaugen wird in seinem längeren Schenkel ein nahezu luftleerer Raum geschaffen in welchen die Flüssigkeit eintritt, die sodann fortwährend weiter abfließt, weil der atmosphärische Druck auf ihre Fläche sie zwingt in dem kürzeren, in sie eintauchenden Heberarm empor zu steigen. Das System der Pumpe beruht gleichfalls nur auf dem aerostatischen Gesetz, wonach in einer in die Flüssigkeit reichenden Röhre erstere emporsteigt, sobald in der letzteren durch Aufwärtsbewegen eines Kolbens ein luftleerer oder mit verdünnter Luft angefüllter Raum geschaffen wird. Wir werden übrigens w. u. die nähere Einrichtung der verschiedenen Pumpen bei den Wasserhebungs-Vorrichtungen kennen lernen.

Der Luftdruck übt auf verschiedene Vorgänge des gewöhnlichen Lebens eine Wirkung aus, an deren Ursache wir selten denken. So kann eine jede Flüssigkeit in offenem Gefäß erst dann zum Sieden gelangen, wenn die Dämpfe, welche sich aus ihr entwickeln, ihn zu überwältigen vermögen; es geht daraus hervor, weshalb das Wasser in einem bedeckten Gefäße rascher kocht, eine Wahrnehmung, die jede Hausfrau gemacht hat, vielleicht ohne sich Rechenschaft darüber ablegen zu können. Aber auch in dem geschlossenen Gefäße muß immer noch ein Luftdruck überwunden werden, der das Sieden zu verzögern geeignet ist. Um ihn zu beseitigen, kocht man bei verschiedenen Gewerben im Vacuum, d. h. man erzeugt in dem geschlossenen Gefäße, worin die Flüssigkeit zum Sieden gebracht werden soll, einen luftleeren oder luftverdünnten Raum über derselben. Dies geschieht mittelst Anwendung einer Luftpumpe, deren Arbeit den atmosphärischen Druck auf eine genügende, an einem Manometer abzulesende Zahl von Graden (um 24—26" Quecksilberhöhe) vermindert, wodurch die Siedetemperatur im Vacuum beträchtlich erniedrigt wird. Besonders hat dies Verfahren bei der Rübenzuckerfabrication platzgegriffen, bei welcher die Einführung der Vacuumpfanne einer der bedeutendsten Fortschritte gewesen ist. Denn, nach Walkhoff, erschwert solche Erniedrigung der Temperatur die Umwandlung des crystallisationsfähigen Zuckers in uncrystallisirbaren oder Syrup, wodurch eine größere Ausbeute an dem ersteren resultirt. Je kräftiger die Luftpumpe angewendet

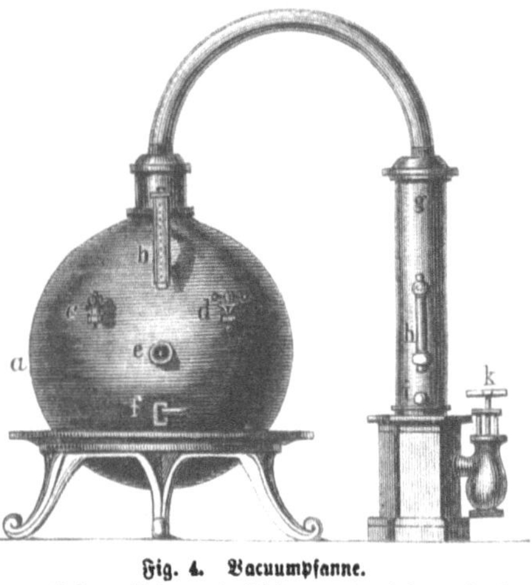

Fig. 4. Vacuumpfanne.

a. Vacuumpfanne mit Doppelboden und Schlangenrohrensystem. b. Manometer und Thermometer. c. Sicherheitsventil. d. Lufthahn. e. Glasscheibe zur Beobachtung. f. Probirhahn. g. Sicherheitssäule mit Condensator. h. Wasserstandszeiger. i. Einspritzhahn für das Condensationswasser. k. Die Luftpumpe.

wird, um so rascher geht das Verkochen von statten. — Die Vacuumpfanne, Fig 4. wird in verschiedener Construction gebaut und auch zu anderen Zwecken, als denen des Saftkochens bei der Rübenzuckerfabrikation verwendet.

Mit Vortheil geschieht dies u. a. beim Dämpfen der Knochen behufs Herstellung eines staubfeinen Knochenmehles als Dünger. Der Gebrauch der Luftpumpe ist in der neueren Zeit mehrfach eingeführt worden zur geruchlosen Entleerung der Senkgruben in den Städten behufs der Verwerthung der Fäcalien zu landwirthschaftlichen Zwecken ohne Belästigung der Bewohner oder Verbreitung von Krankheitsstoffen. Zu dem Ende werden starke Fässer aus Kesselblech, welche vorher geprüft und mit Ventilen versehen sind, mittelst einer Luftpumpe, welche daran befestigt oder stationär sein kann, möglichst luftleer gemacht; ein fester Kautschukschlauch über Eisenspiralen geht von ihnen aus mit einem Saugekorb bis auf die tiefste Stelle der Grube; wird nur dessen Schließehahn geöffnet, so schießt der volle Inhalt der letzteren in Folge des Luftdrucks mit einemmale in das Faß, der Hahn wird geschlossen, und die ganze Operation ist beendet. Verschiedene Städte haben dies Verfahren adoptirt, u. a. Innsbruck, woselbst die Luftpumpe eine stehende ist, deren Thätigkeit mittelst eines besonderen Kanals durch Wasserkraft regulirt wird. Die gewonnenen Fäcalien werden mit Küchenabfällen und Straßenkehricht zu einem Compost verarbeitet, der an die Landwirthe der Umgegend abgesetzt wird.

Eine besondere Anwendung der künstlich verdünnten Luft findet statt im Haushalt sowohl als im industriellen Großbetrieb zur Conservirung von Speisen, überhaupt leicht der Zersetzung unterworfenen organischen Gegenständen. Die Appert'sche Methode des Einkochens in Blechbüchsen oder Glasflaschen, welche dann hermetisch verschlossen werden müssen, beruht darauf. Dieselbe besteht bekanntlich darin, daß Gemüse, Fleisch, Suppen, Fisch ꝛc. sammt dem Gefäße in welchem sie aufbewahrt werden sollen, während einer halben Stunde lang bis auf 100 Grad erhitzt werden. Hierdurch wird den gleich zu erwähnenden Gährungserregern, welche etwa in den

Speisen enthalten sein können, Vernichtung gebracht, durch den luftdichten Verschluß aber wird der Zutritt von neuen gehindert. Auch im Großen zur Aufbewahrung von Getreide und Kartoffeln ist die Anwendung verdünnter Luft vorgeschlagen worden, um die feindlichen Insecten, sowie Fäulniß oder zu frühe Keimung hintanzuhalten, allein die Apparate zu diesem Verfahren sind meist zu kostspielig und schwer zu handhaben, als daß sich dasselbe jemals allgemeiner einbürgern könnte. In einzelnen Fällen mag ein derartiges Verfahren immerhin lohnen. Haberlandt hat vorgeschlagen, lufttrockene Samen 48 Stunden hindurch einer allmählich steigenden Temperatur bis 88° C. auszusetzen, wodurch dieselben keineswegs ihre Keimkraft verlieren und sie alsdann in luftdicht verschlossenen Gefäßen aufzubewahren. Es gehen auf diese Weise nicht allein Pilzsporen, Insecten und deren Eier zu Grunde, sondern die Samen halten sich auch jahrelang vollkommen gut und keimfähig, besser, als an der Luft. Nirgends in der Welt lassen sich die Samen leichter aufbewahren, als in regenlosen Gegenden, so z. B. im trockenen Boden der Wüste, in welchen die Bewohner der Tropenländer ihre von der Luft durchglühten und getrockneten Samenkörner versenken, indem sie zu dem Endzweck unterirdische Getreidemagazine oder Silos, Gruben von birnförmigem Durchschnitt anlegen, welche sorgsam geschlossen werden. Uebrigens kann schon durch einfache Verfahrungsweisen, wie z. B. festes Einstampfen von Futterstoffen, wie gekochte Kartoffeln, Biertrabern, Rübenpreßlinge, der Zutritt der Luft von der Hauptmasse abgeschlossen und diese lange verbrauchsfähig erhalten werden. Diese Methode ist denn auch in vielen Wirtschaften schon eingeführt. Ueberhaupt wird immer ein möglichster Abschluß der Luft nothwendig, sobald es gilt Verzehrungsgegenstände lang aufzubewahren. Salzen und Räuchern des Fleisches zielen dahin, der Wein und Obstwein muß durch guten Verschluß vor dem Sauerstoff und vor den Schwärmgeistern der Luft behütet werden; Steinobst kann man sehr lange erhalten, wenn man es dicht mit Fett umgibt; noch heute schließen südliche Völker ihre Fiasken oder Fogliettten mit einer Oelschicht, statt mit einem Korke; Eier halten sich sehr lange frisch, wenn man durch einen undurchlassenden Ueberzug — Fett, Paraffin, Wasserglas, Lösung von Schellack und dgl. ihre poröse Schale schützt vor dem Eindringen der Luft u. s. w. Jene erwähnten Schwärmgeister der Luft, welchen man erst in neuerer Zeit auf die Schliche gekommen ist, sind gefährliche Gesellen. Wir verstehen darunter nämlich in erster Linie die unsichtbaren Sporen von Pilzen, welche darin umherwirbeln, bis sie die geeignete Stelle für ihre Ansiedlung gefunden haben, sei es auf dem alten und trotzdem wasserhaltenden Brote oder auf der Tinte, oder auf stärkemehlhaltigen Gegenständen, wie gekochte Kartoffeln (der rothe Fadenpilz, blutende Hostien!) oder auf irgend anderem Boden, der ihnen Nahrung zu einer Entfaltung bietet, welche oft riesig ist. Es sei nur erinnert an den Pilz der Hefe und seine unbegreiflich colossale Vermehrung, an den Traubenpilz, der sich binnen wenigen Jahren von Syrien an bis nach den Azoreninseln verbreitet und die Rebenernte vielerorts total vernichtet hat, an den Kartoffelpilz, die Ursache der unbesiegbaren Kartoffelkrankheit, welcher binnen kürzester Frist alle Welttheile heimgesucht, Milliarden von Nahrungswerthen zerstört und zu einer ganz anderen Cultur der wichtigen Knollen gezwungen hat. Der Landwirth hat, wie schon aus dem Gesagten hervorgeht, den härtesten Kampf zu bestehen gegen die in der Luft schwärmenden Pilzsporen, welche ihm als Brand und Rost das Getreide schmarotzend befallen, als Oidium die Rebe, als Peronospora die Kartoffel, als Erysiphe die Hülsenfrüchte, als Rhizoctomia und Uromyces die Rüben, und welche ihm als Mycoderma sogar das schon gewonnene und geborgene

Product, den Wein, krank machen und verderben. Erst in neuerer Zeit ist uns die genauere Kenntniß von dem Wesen dieser verderblichen Schmarotzer geworden; daß ihre Samen (Sporen) durch die Luft verbreitet werden, fast allzeit zahllos in derselben schwimmen, haben Versuche dargethan, nach welchen Zuckersäfte in mit Baumwolle geschlossenen Glasröhren nicht in Gährung übergingen, während dies in offenen sofort erfolgte. Denn jene mikroskopischen Pilze sind Fermente oder Gährungserreger, werden als solche vielfach benutzt und sogar im Großen erzeugt, wie z. B. bei der Preßhefenfabrikation. Ein genügender Schutz konnte bei dieser Art der Verbreitung gegen die schlimmen Gäste der Schmarotzerpilze noch nicht gefunden werden; es muß darnach gestrebt werden, sich ihrer nach Thunlichkeit zu erledigen, beim Saatgut durch Beizen, bei den Kartoffeln durch Verbrennung des Laubs und Abwaschung der Knollen, bei dem Weinstock durch die Ueberpuderung mit Schwefelstaub, bei dem Weine endlich durch dessen Erhitzung bis auf 60 Grad, welche Operation, nach ihrem Erfinder Pasteurisiren genannt, die Pilzkeime tödtet und so den edlen Trank vor den Krankheiten des Stichs, des Langwerdens, des Kahnens und Umschlagens schützt. Untersucht man die sogenannten Sonnenstäubchen, in der Luft wirbelnden nur im Sonnenstrahle sichtbaren, winzigst kleinen Körperchen unter dem Aeroskop, einem eigens zu diesem Zwecke construirten Mikroskop, so entdeckt man darunter außer den Pilzsporen und Keimen niederer Pflanzen, dem Blütenstaube der Gräser, der Nadelhölzer u. s. w. auch noch zahlreiche andere Gegenstände, welche die Luft verunreinigen. Es sind dies meistens feinste Mineraltheilchen oder Abfälle von allerlei natürlichen oder gewerblichen Processen. Wahrscheinlich befinden sich aber auch kleinste lebende Wesen unter ihnen, sogenannte Bacterien, dem unbewaffneten Auge unentdeckbare Thierchen allereinfachster, unterster Ordnung, welche man für die Träger der Fäulnißerscheinungen in der organischen Welt zu halten geneigt ist. Diese mikroskopischen Geschöpfe sind aber wahrscheinlich auch die Verbreiter jener epidemischen Krankheiten oder Seuchen, über deren geheimnißvolles Auftreten und Ausdehnen sich der Mensch von Alters her den Kopf zerbrochen hat. Wenn diese immer mehr zur Geltung gelangende Ansicht richtig ist, dann schwimmt allerdings der Tod in der Luft und es ist nur ein Trost, daß alle diese ihre gefährlichen Schwärmgeister einen für ihre Entwickelung geeigneten Standpunct finden müssen, um sich lebensfähig ansiedeln zu können, während der gesunde thierische Organismus diesen den Bacterien in den meisten Fällen sicherlich nicht gewährt.

Eine besondere Fähigkeit der Gase, also auch der Luft, ist diejenige der Expansion, vermöge welcher sie sich unter einem bestimmten Druck zusammenpressen lassen und sich nach Aufhörung desselben wiederum ausdehnen. Diese Eigenschaft, bei welcher eine bewegende Kraft frei wird, ist in der neueren Zeit zur Betreibung von Motoren, Luftcompressionsmaschinen, benutzt worden, welche insbesondere dort am Platze sind, wo die Dampfmaschinen wegen ihrer Abgangsproducte — Wasserdampf, Rauch, Kohlengase — Gefahr für die Arbeiter bringen, also in geschlossenen Räumen ohne genügenden Abzug. So sind dieselben namentlich bei den Bohrarbeiten in dem Tunnel des Mont Cenis mit Erfolg thätig gewesen. Dies hat einen französischen Landwirth, Lecouteux, auf die Idee gebracht, ob es nicht möglich sei die comprimirte Luft zur Verrichtung der Bodenbearbeitung und anderen landwirthschaftlichen Diensten zu verwenden. Er schlägt die Errichtung von mehreren massiven Behältern auf einem Landgute zur Aufnahme der comprimirten Luft vor, welche durch eine kräftige Dampfmaschine hineingepumpt, durch Röhren und bewegliche Schläuche aber daraus entlassen wird, um den diversen Geräthen als motorische Kraft zu dienen. Ob dieses kühne

Project jemals realisirt werden wird, steht in Frage; daß die Ausführung möglich sei, kann nicht bezweifelt werden.

Die Luft ist das erste aller Bedürfnisse des thierischen Organismus; fehlt sie nur minutenlang, so hört das Leben auf, der Körper stellt seine Verrichtungen ein, es erfolgt der Tod. Darum muß sie auch dem Körper stets in vollem Maße zugänglich sein. Welche Aufgabe die Luft hat und erfüllt, dessen gedenkt der Mensch nur zu selten. Nicht umsonst spannt sie ihren Dom über uns in den Himmel, mit welchem sie ja im gewöhnlichen Sprachgebrauche eins und dasselbe ist. Sie umfluthet uns, wie der Apostel Johannes in der Offenbarung sagt „als ein gläsernes Meer, gleich dem Krystall." Und doch ist ihre Macht so furchtbar, daß sie im Sturme gewaltige Schiffe zerschellt, gleich armseligem Spielzeug, Städte bricht und Wälder niederknickt, wie schwache Halme. So beweglich ist sie, daß wir erst durch die Combination des Verstandes zur Erkenntniß ihres wirklichen Vorhandenseins gelangen; begreift es ja heute noch die Mehrzahl der Erdbewohner nicht, daß sie fortwährend badet in einer Luftsee. Ihr Gewicht ist so ungeheuer, daß unter ihrem Drucke Eisen zersplittert, gleich dünnem Glase, und doch fliegt eine Seifenblase ungefährdet durch sie hin und das kleinste Insect durchschneidet sie mit seinen Schwingen. Allen Sinnen dient sie mit ewig offener Hand. Wir fühlen sie nicht, und doch berührt sie uns überall; ihr warmer Hauch bringt die Farbe der Gesundheit zurück in das bleiche Gesicht des Krankheitserstandenen; ihre lauen Ströme erfrischen die brennende Stirne und die ermatteten Glieder; mit wonniger Empfindung trinkt die in dunstheißen Räumen gepreßt gewesene Lunge die kühle Luft der freien Außenwelt. Ihr verdankt das Auge alle die Pracht des Sonnenlichtes, die helle Klarheit des Mittags, die liebliche Morgenröthe und das Farbenspiel der Wolken vor der verschwindenden Sonne. Nur sie ermöglicht es, daß der

Regenbogen seine schimmernde Brücke am Himmelsgewölbe baut, sie sendet die Winde als flüchtige Boten vom Aequator zum Pol. Aus der kalten Höhe würde der Schnee der Erde nicht die schützende Decke senden, der Thau die Pflanzenwelt nicht erfrischen, kein Regen wäre möglich ohne Luft, kein Nebel, kein Gewitter. Der nackte Erdball würde sein schattenloses Antlitz traurig nach der Sonne wenden und in einer entsetzlichen Einförmigkeit von Licht und Hitze die Existenz lebender Wesen ganz unmöglich sein. Ohne die Atmosphäre würde die Abendsonne mit einem Schlage unter dem Horizonte verschwinden, die Erde plötzlich in das tiefste Dunkel hüllen, die trauliche Warnung der Dämmerung könnte nicht vorbereiten auf die Nacht. Jetzt aber ergreift die Luft einen Bündel der letzten Sonnenstrahlen und läßt sie nur allmählich verrinnen, so daß der Abendschatten nur stufenweise sich verstärken kann, und die Blumen Zeit gewinnen, ihre Kelche zu schließen, jede Creatur ein Nest oder ein Plätzchen zu finden für die Ruhe. Am Morgen würde die wiedererscheinende Sonne gleichfalls auf einmal aus dem Schooße der Nacht ans Firmament springen und alles Lebende blenden, aber die Luft erwartet ihr Kommen, fängt und sendet zuerst einen kleinen Strahl als Verkündiger ihrer Ankunft, und dann noch einen, mehr und mehr; langsam zieht sie den Vorhang des Dunkels hinweg und schonend leise läßt sie das Licht fallen auf das Angesicht der schlafenden Erde, bis alle Augenlider offen sind; dann beginnt sie, wie der Mensch, von Neuem ihr wandelbares, aber immer gesetzliches, immer nützliches Tagewerk. Und endlich: Enthält die Luft, sagt Alexander von Humboldt, im Sauerstoff das erste Element des physischen Thierlebens, so muß in ihrem Dasein noch eine andere Wohlthat, man möchte sagen höherer Art bezeichnet werden. Die Luft ist die Trägerin des Schalles, also auch die Trägerin der Sprache, der Mittheilung der Ideen, der Geselligkeit unter den Völkern.

Wäre der Erdball der Atmosphäre beraubt, wie unser Mond, so stellte er sich uns in der Phantasie als eine klanglose Einöde dar. — Braucht es mehr, um die unendliche Bedeutung der erdumwogenden Materie zu charakterisiren?

Frische Luft, d. h. stete Zufuhr von reiner atmosphärischer Luft zum Ersatze der verbrauchten, durch die Verbrennungsprocesse innerhalb und außerhalb der lebenden Körper mit schädlichen Gasen angefüllten, ist eine Lebensbedingung für die höher stehenden Organismen. Der Mensch muß sie nicht blos sich und den Seinigen, sondern auch seinen Hausthieren sichern, wenn dieselben gesund bleiben und gedeihen sollen. Hiergegen wird aber noch vielfach gefehlt; in den Ställen der Landleute herrscht häufig eine Stickluft, die den nicht daran Gewöhnten den Athem versetzt; es ist sogar das Vorurtheil verbreitet, der Zugang von frischer Luft sei schädlich, müsse verhütet werden, und zwar nicht blos in den Ställen, sondern auch in den Bauernstuben. Aber schon das Sprichwort: „Reinlichkeit ist halbes Futter" — deutet an, daß in einer verpesteten Atmosphäre, in einer stinkenden Cloake, wie so viele Viehställe auf dem Lande sich darstellen, ein Thier sich nicht wohlbefinden, nicht befriedigende Erträge liefern kann. Denn auch für dieses, wie für die Pflanze, bildet die Luft gewissermaßen ein Nahrungsmittel, weil sie einen großen Theil der Stoffe enthält, aus welchen sein Körper sich aufbaut. Zur Erzeugung und Erhaltung der zum Leben nothwendigen Wärme bedarf es der Aufnahme des Sauerstoffs aus der Luft in das Blut mittelst der Respiration und Diffusion, je minderen Gehalt daran die Luft hat, je sauerstoffärmer sie ist, um so ungeeigneter ist sie zu der ihr auferlegten Function im thierischen Körper. Fremde Bestandtheile, wie Kohlensäure, Schwefelwasserstoffgas, Kohlenoxydgas, verdrängen aber nicht blos den Sauerstoff, sondern vergiften auch, als lebenfeindliche Gase, die Luft, so daß ihre Einathmungen Krankheit oder im

Uebermaß den Tod bringen müssen. Je jünger ein Thier, um so größer ist sein Bedarf an frischer gesunder Luft, die Lungen der jungen Thiere sind noch nicht im Stande, die gehörige Menge Luft aufzunehmen, weshalb bekanntlich bei ihnen auch die Respiration noch theilweise durch die Haut erfolgt. Es ist also unbedingt nothwendig, daß solchen Individuen stets neue, gute Luft zugeführt werde. Junge Thiere sollen daher besonders in luftigen, nicht übermäßig, aber behaglich warmen Ställen gehegt werden. Da sie jedoch gleichzeitig vor kaltem Luftzug behütet werden müssen, so ist in jedem Stalle, für Nutzvieh und für Jungvieh, ein entsprechender Luftwechsel durch Ventilation herzustellen, welche so einzurichten ist, daß der damit verbundene Zug von den Thieren nicht empfunden wird. Es kann die letztere auf die verschiedenste Weise zweckentsprechend beschafft werden — am besten durch ein Röhrensystem — allein jedenfalls muß sie in dem Stalle eines jeden verständigen Landwirths vorhanden sein, woselbst sie sogar noch wichtiger ist, als in den Wohnungen, welche meistens durch die Feuerungen — namentlich in der Winterzeit, wo der Luftwechsel am nöthigsten und von den Unverständigen gefürchtetsten ist — schon einigermaßen genügend ventilirt sind, wobei jedoch bemerkt werden muß, daß der beste Ofen zugleich der schlechteste Ventilator ist. Bei der Einrichtung einer Ventilation darf nicht übersehen werden, daß die erwärmte Luft dünner, also leichter ist, als die kalte, daher immer in die Höhe strebt; da eine Umänderung dieser naturgesetzlichen Erscheinung unmöglich ist, so sind alle Vorrichtungen dagegen ziemlich werthlos. — Wo die Anbringung möglich, besteht eine der zweckmäßigsten Ventilationen in einer, durch die Decke des Raumes gehende senkrechte Röhre, welche durch eine dünne Scheidewand in zwei Schachte getheilt ist; es entwickeln sich dann von selber darin zwei Luftströmungen, eine aufsteigende, welche die erwärmte Luft ab-, und eine absteigende, welche frische zuführt. Wo ein Ofen im Raum vorhanden ist, da kann durch ein in dessen Rohr mündendes Ventil ein Luftwechsel hergestellt werden. Ventilationsfenster mit feinem Drahtnetz eignen sich für Küchen, Molkereilocale u. dgl., für Ställe sind Dunstkamine am praktischsten, welche mit Jalousieen und Ableitungsrinnen für das sich niederschlagende Wasser versehen sein müssen. Je nach der Höhe der Stallung rechnet man je einen solchen Luftfang auf 15 bis 30 Stück Großvieh. — Der natürlichen Ventilation, welche durch entsprechende Oeffnungen zur Entstehung eines Luftstroms, bei welchem die eindringende kalte Luft die erwärmte austreibt, hergestellt wird, steht die künstliche gegenüber, bei welcher mittelst besonderer Maschinen der Luftwechsel bewirkt wird, wie dies z. B. in Bergwerken und bei Tunnelbauten sehr häufig geschehen muß; übrigens ist jeder geheizte Ofen oder jede innerhalb einer ins Freie führenden Oeffnung brennende Flamme die künstliche Vermittelung einer Ventilation. Gerne richtet man ein System der steten Lufterneuerung auch dort ein, wo überhaupt sich schädliche Gase entwickeln, welche abgeführt werden müssen, z. B. in Gährlocalen, in Abfallorten, Kellern u. s. w. Wo große Vorräthe von Felderzeugnissen aufbewahrt werden, z. B. Heu in Feimen und auf Speichern, Wurzelfrüchte in Mieten und Kellern, ist es gerathen, durch sogenannte Dunstfänge dem Wasserdampf und anderen Gasen Abzug zu verschaffen: große Getreidehaufen drainirt man förmlich durch Einlage von gebrannten Thonröhren.

Der senkrechte Druck der Luft auf den Erdboden und Alles, was er trägt, wird verändert oder verrückt durch Strömungen, welche Winde heißen. Sie entstehen durch die Erwärmung der Luftschichten mittelst der von der Erde reflectirten Wirkung der Sonnenstrahlen ganz nach dem gleichen Gesetz, vermöge dessen eine Feuerungsanlage die Ventilation bewirkt. In der Art und Weise, wie sie sich regelmäßig einstellen und verbreiten, ist der klimatische Zustand einer Gegend vorzugsweise begründet und es sind die Luftströmungen überhaupt von hoher Bedeutung für den Culturcharacter eines Landstrichs. Auf den Boden üben sie zumeist einen austrocknenden Einfluß, wobei solcher mit feinzertheilter, thonhaltiger Erde gern in eine mehr oder minder feste Decke zusammenbackt, welche die Bearbeitung erschwert. Der Flugsand wird von den Winden wellenförmig bewegt und auf ziemlich weite Entfernungen fortgetragen; wenn er auch an und für sich keine geeignete Culturstätte bietet, so werden doch durch sein Verwehen tragbare Aecker damit überschüttet und unfruchtbar gemacht, anderer Belästigungen und Uebelstände nicht zu gedenken. Er muß daher gebunden werden, zunächst durch den Anbau von Gewächsen, welche wie Stechginster, Sandhafer, Sandrohr u. A. auch im reinen Sande noch ihr Fortkommen finden, in welchem sie ein vielfach verzweigtes oder verfilztes Wurzelgewebe ausbreiten, mittelst dessen sie ihn festhalten und seine Entführung durch die Winde verhüten. Durch ihre fortgesetzte Vegetation wird selbst der ausgesprochenste Flugsand mit der Zeit gebunden und bekommt einen Gehalt an Nährstoffen, der ihn zu etwas höheren Ernten befähigt. Es ist aber nicht rathsam, ihn allzuviel zu lockern, vielmehr sollte derartiger Boden stets zur Forstcultur mit Nadelhölzern benutzt werden, welche letztere, wenn einmal glücklich in die Höhe gebracht, zugleich einen Schutz gegen verderbliche Windwirkungen abgeben können. Unvorsichtige Ansaat eines beweglichen Bodens kann leicht Verluste bringen. Sehr anschaulich beschreibt Lady Barker in ihren lesenswerthen Schilderungen des Lebens auf einer Schäferei-Station in Neu-Seeland, wie zweimal in aufeinanderfolgenden Jahren große Strecken Landes hergerichtet und mit englischen Gräsern bestellt worden waren, allein nicht ein einzelner Halm ging auf. Dagegen hatten die Besitzer das Vergnügen, in meilenweiter Entfernung plötzlich englisches und italienisches Raygras erscheinen zu sehen, so weit hatte der Nordweststurm den Samen mitsammt seiner Erdbedeckung getragen, obgleich diese mit schweren Walzen möglichst gefestigt worden war. Die Einwirkung der Winde auf die Pflanzen selbst hat Jedermann schon zu beobachten Gelegenheit gehabt. Wo ihre Richtung eine herrschend regelmäßige ist, stellen sich die Gewächse und ihre Außentheile in die nämliche, sie erhalten eine einseitige Ausbreitung, so daß bei den Bäumen der Stamm nicht mehr den Mittelpunkt der Krone bildet, sondern diese ihre Aeste ganz excentrisch in einen seitlichen Knäuel verwirrt. Denn auch die letzteren winden und drehen sich, um dem steten Feinde zu entgehen, bis sie zuletzt knotig eng zusammenkriechen, sich zu gemeinsamer Abwehr ballen. Dies sieht man insbesondre deutlich an den Strandfichten der südlichen Küsten, wo die Bora und der Mistral hausen; an einzeln stehenden, dem Wind exponirten Laub- und Nadelholzbäumen kann man es aber allenthalben beobachten. Dabei erliegen jedoch solche mißhandelte Stämme keineswegs, sie entwickeln vielmehr ein ungewöhnlich starkes Wurzelvermögen, je heftiger der Wind sie umbraust, um so fester und tiefer versenken sie sich in das Gestein, zu dessen Verwitterung sie in dieser Weise nicht unwesentlich beitragen.

Der Schaden, welchen heftige Luftströmungen der Cultur bringen, ist hinlänglich bekannt. Meilenweite Gassen brechen sie durch die stolzesten Wälder; der ersten zusammenstürzenden Reihe der Stämme müssen die hinter ihr stehenden folgen, in einem Augenblicke sind viele Quadratmeilen der herrlichsten Forste niedergebrochen, ist das Nationalvermögen auf lange Zeit hinaus empfindlich geschädigt worden. Denn nun fehlt es an Händen zur Aufarbeitung der, zum Theile fast werthlosen Holzmassen, bis es gelingt, mit denselben einigermaßen aufzuräumen, haben sich die verderblichen Kerfe der Borke eingenistet und vermehren sich zu Milliarden, welche dann die noch aufrechten Forste in gefährlicher Weise bedrohen. Wo daher die Aufarbeitung gefallener Nadelhölzer der Windbrüche in kürzerer Frist nicht bewerkstelligt werden kann, da müssen sie mindestens entrindet und die Borke an Ort und Stelle verbrannt werden. Wie der Wald, so legt auch der Wind die Feldfrüchte nieder, er knickt und lagert das Halmgetreide — das spontane Lagern desselben ist einer anderen Ursache zuzuschreiben — zerschlitzt breitblätterige Nutzgewächse, peitscht die Samen aus den Hülsen, schüttelt Blüten und Früchte vom Stamme. Auch den Thieren auf der Weide ist er nicht zuträglich, den Schafen zerzaust und verunreinigt er das Vließ und vergällt den Rindern das ruhige Grasen. Daher ist der Landwirth häufig in der Lage, gegen die feindlichen Aeußerungen der Luftströmungen kleine oder größere Maßregeln zu treffen. Dichte Stellung der Saaten und hinreichende Kräftigung ihrer Individuen ist zumeist das Nächste, was geschehen kann; den zarten Lein durch- und umzieht man öfters mit Bindfaden oder Stangen, um ihn gegen den Wind aufrecht zu erhalten (der belgische Stangenlein, welcher außerordentlich dicht gesäet wird, liefert den feinsten Flachs für Spitzengarne) die Obstbäume erhalten Pfähle, an welche sie so festgebunden werden, daß weder Druck noch Reibung entstehen können; engere Culturbezirke schützt man durch Umfriedigungen. In Küstenländern, wo der Mangel an Gebirgen und die Nähe der See den Winden stetig freien Paß eröffnet, wie z. B. in Großbritannien, in Schleswig-Holstein u. a. sind die Felder ohne Ausnahme mit lebenden Hecken — Hedges, Fences, oder Knicke — aus Weißdorn, Hainbuche und anderem Gesträuch, mit eingesprengten Hochstämmen umzäunt, und dies hauptsächlich zum Schutz gegen austrocknende oder rauhe Winde oder Stürme, deren Gewalt durch diese Widerstände gebrochen wird, so daß die in den Koppeln befindlichen Gewächse keinen Schaden erleiden. Andere Vortheile dieser an und für sich kostspieligen und nicht immer gerechtfertigten Einfriedigung haben sich erst später ergeben; sicher ist, daß sie ihren ursprünglichen Zweck erfüllt. Außerdem aber verleiht sie dem Besitz eine gewisse Selbstständigkeit und Abgeschlossenheit, welche etwas für sich haben, wie denn auch nicht allein der Charakter des Betriebs, sondern auch derjenige einer ganzen Landschaft dadurch in origineller und nicht unvortheilhafter Weise ausgeprägt wird. — In Nordamerika werden die Felder ebenfalls eingefenzt, in den neuen Gegenden, wo der Urwald neben dem Acker steht, mittelst im Zickzack aufeinander gelegter Baumriegel, in den alten, längst cultivirten, mit Draht; hier hat aber die Eingrenzung nur die Abhaltung des Weideviehs zum Zwecke.

Im südlichen Frankreich wäre des heftigen Nordostwindes — Mistral — auch der Seewinde halber eine Cultur des Bodens in vielen Fällen gar nicht möglich ohne das Vorhandensein von Schirmpflanzungen. Man verwendet zu solchen vorzugsweise die Seekiefer oder Strandfichte, Pinus maritima, welche dem Winde trefflich die Stirne bietet, und, in mehreren Reihen im Quincunx hintereinander stehend, ihn dermaßen bricht, daß unmittelbar hinter dieser Wand das Licht einer Kerze nicht flackert, wenn jenseits der Sturm aus vollen Backen bläst. In den Sandflächen des österreichischen Marchfelds bewahrt man sich den beweglichen Boden für die Feldcultur in ähnlicher Weise: es wechseln Kieferbestände mit Aeckern derartig ab, daß erstere den letzteren als Windschirme dienen, ohne welche eine Bestellung vergebliche Mühe wäre. Dies führt über zu dem von Cotta empfohlenen Betrieb der Baumfeldwirthschaft, der gleichzeitigen Verbindung des Ackerbaues mit der Forstbaumzucht, bei welcher Beete oder Streifen Waldes abwechseln mit solchen, die mit Feldfrüchten bestellt sind. Wenn auch diese Wirthschaftsmethode bisher weder bei den Landwirthen noch bei den Forstwirthen vielen Beifall gefunden hat, so ist sie doch an einigen Orten eingeführt und hat sich bewährt. Sie ist aber ganz entschieden diejenige der Zukunft, denn auf keine andere Weise läßt sich bei der stetigen Zunahme der Bevölkerungen und ihrer Bedürfnisse die Production von Holz und von Nahrungsstoffen in so für beide vortheilhafter Weise vereinigen, zahlreicher anderer Vorzüge nicht zu erwähnen.

Der Wind ist es, der zur Verbreitung der Unkräuter am meisten beiträgt. Eine Anzahl der gefährlichsten darunter ist geradezu auf sein Medium angewiesen und eingerichtet, es sind dies diejenigen mit Flugsamen, wie Distel, Löwenzahn, Greiskraut, u. s. w. von welchen verschiedene zugleich auch hartnäckige Wurzelunkräuter sind. Der beste, sorgsamste Landwirth kann sich gegen die Invasion seiner Fluren durch diese Schmarotzer nicht wehren, da der Wind sie von den Feldern nachlässiger Nachbarn zu ihm herüberträgt; die Ausrottung unter den Saaten ist aber immer schwierig, verlustbringend und kostspielig. Nichtsdestoweniger muß sie unternommen werden, damit der Schaden nicht in riesiger Progression wachse. Auch die zäheste Pflanze geht zu Grunde, wenn sie wiederholt in ihrer Entwickelung gestört wird; schon durch das beharrliche Entfernen der Blüten und Fruchtorgane, ehe letztere Samen gebildet haben, kann man viele solcher Eindringlinge vernichten, bei Wurzelunkräutern muß aber auch der Wurzelstock ausgehoben werden, wenn die Bekämpfung Erfolg haben soll. Das gemeinste und verderblichste unter den letzteren ist die Ackerdistel, welche nicht nur ungemein tief wurzelt, sondern deren Samen auch befiedert sind, so daß sie weithin vertragen werden können. Gegen sie muß der verständige Landwirth ganz energisch vorgehen. Im zeitigen Frühjahr, so lange sich eine Krähe noch nicht in dem Getreide verstecken kann, müssen die jungen Distelpflanzen durch barfüßige Weiber, welche nichts beschädigen können, mit

Messern oder eigenen Disteleisen ausgestochen werden; diese jungen Pflanzen sind ein vortreffliches, diätetisches Futter für die Pferde, welche sich leidenschaftlich daran delectiren. Was später trotzdem emporschießt, muß mit thunlichster Sorgfalt, etwa mit langstieligen Sensenblättern von den Beetfurchen aus, geköpft werden, sobald die blauen Granaten der Blüten sich zeigen; stehen diese auf größerer Fläche dicht beisammen, so daß nur einzelne Getreidehalme dazwischen hervortauchen, dann muß Alles ohne Gnade abgemäht werden, der Weiterverbreitung durch den Samen wegen. So lange aber in dieser Richtung nur der Einzelne seine Pflicht thut, ist wenig geholfen; es sollten daher, wie gegen die Verbreitung ansteckender Thierkrankheiten auch gegen diejenige von Unkräutern regierungsseits Verordnungen erlassen — und durchgeführt! — werden, welche den fleißigen Landwirth gegen den trägen in Schutz nehmen.

Die Flügel des Windes tragen nicht blos geflügelte schädliche Samen sondern auch derartige Thiere in die Ferne. Erst das letzte Decennium hat ein schreckhaftes Beispiel dieser Art zu unserer Erfahrung gebracht — wer erinnert sich nicht der unheimlichen Wurzellaus des Rebstocks, der Phylloxera vastatrix? Dieser winzige, aber um so verderblichere Feind der Cultur ist in Europa zum erstenmale im Jahre 1865, und zwar im südlichen Frankreich beobachtet worden. Seitdem hat sich das nur unter dem Mikroskop erkennbare Insect über halb Frankreich, woselbst über eine Million Hectar trefflicher Weinberge ihm zum Opfer gefallen ist, über Portugal, Spanien, nach der Schweiz und nach Oesterreich verbreitet; nirgendswo ist es, trotz aller Anstrengungen, gelungen, seinen Verheerungen wirklich Ziel zu setzen. Die größten Gelehrten, die eminentesten Praktiker haben sich bis jetzt vergeblich bemüht, ein entsprechendes Mittel dagegen zu finden; über 2000 solcher der heterogensten Art sind vorgeschlagen worden, vom Weihwasser oder dem Schnupftabak an, bis zu Ueberstauungen der Rebanlagen oder Dynamitsprengungen. Die Lebenszähigkeit, die außerordentliche Vermehrung und die sprungweise Colonisation, wenn man so sagen darf, der Phylloxera spottet bis jetzt aller Abwehr. Denn vorzugsweise geschieht die Verbreitung durch die geflügelten Insecten, das letzte Ausbildungsstadium der Rebläuse. Jene aber, ganz kleine, schwache Thierchen, werden von dem Winde ergriffen, weithin getragen, und endlich an einer bisher unberührten Stelle abgesetzt, wo sie sich niederlassen und alsbald ihr Geschäft der Fortpflanzung und Zerstörung beginnen. Ehe man diese Thatsache beobachtet, war das Auftreten des Schädlings, der oft weite Strecken übersprang, um plötzlich, wie auf einer Insel, inmitten völlig intacter Anlagen sich zu zeigen, ganz unerklärlich. Gegenwärtig weiß man aber, daß seine Wanderung oberhalb der Erde vorzugsweise auf den Fittichen des Windes erfolgt, in dessen ständiger Richtung auch immer die neuen Infectionshorste gelegen sind. Durch Aufstellung von Fangtüchern, Bestreichen der Weinstöcke mit klebrigen Stoffen, Ueberbreiten des Bodens ringsum mit Kalk oder anderen Aetzmitteln thut man, was man kann, um die geflügelten Insecten am Ausschlüpfen zu verhindern, zu fangen und zu tödten. Der Anbau von Pflanzen mit klebrigen Saftausschwitzungen, wie Madia, Tabak, Boretsch u. dgl. scheint zu gleichem Zwecke empfehlenswerth zu sein. Auch viele andere kleine Feinde des Pflanzenbaus mögen von den Winden oft aus weiter Entfernung gebracht und angesiedelt werden; sind ja doch Beispiele, daß selbst Thiere höherer Ordnung durch sie nach fremden Zonen verschlagen werden, durchaus nicht selten. Allein nicht blos zum Schaden wirkt die tragende Kraft der Luftströmungen, sie schaffen auch mancherlei Nutzen im Dienste der Naturpolizei. Oft werden ungeheuere Heuschreckenschwärme, deren Myriaden Geradflügler im eigentlichen Wortsinne die Sonne verdunkeln, von ihnen ergriffen und in den Ocean geschleudert, wo sie den Fischen willkommene Beute sind, aber auch meilenweit die Luft verpesten; die Saaten, die Wälder, die Wiesen, die gesammte Vegetation aber sind vor der unglaublichen Gefräßigkeit der entsetzlichen Landplage wieder einmal gerettet. Nicht blos schädliche, auch nützliche Samen trägt der Wind und hat damit manches öde Eiland begrünt. Hoch anzuschlagen ist seine vermittelnde Thätigkeit bei der Befruchtung der Pflanzen, für welche der Landwirth manche gute Bauernregel kennt. Bringt der Wind doch selbst zuweilen Pflanzennahrungsstoffe aus entlegenen Regionen, selbst über das Meer herüber, gar manchmal ist schon der Staub afrikanischer Wüsten auf nördliche Saaten gefallen und hat deren Bodenvorrath vermehrt. Was außerdem den Luftströmungen obliegt, das sei gestattet zu sagen mit Worten, die schon vor Jahren über dies Thema geschrieben wurden.

Der Einfluß der Winde auf das örtliche Klima und auf die Witterung ist bekannt. Sie vermögen Wärme oder Kälte von einem Orte nach dem andern zu übertragen; aus den Saharen bringen der Sirocco oder der Föhnwind die erwärmte, staubgefüllte, dörrende Luft über das Mittelmeer herüber, und schmelzen in den Alpenthälern den Schnee hinweg, wie mit Zaubergewalt, erwecken das Pflanzenwachsthum mit erstaunlicher Schnelle zu voller Ueppigkeit. Zwar tobt der Föhn mit furchtbarem Zorn an den Berglehnen, bringt verderbliche Erscheinungen hervor, aber trotzdem wird er im Frühlinge mit Freuden begrüßt. Er ist der letzte Lenzbote und wirkt in zwölf Stunden so viel, als die Sonne in vierzehn Tagen, indem auch die alte, zähe Schneeschicht, welche die letztere lange vergeblich beleckt, ihm nicht widersteht. In vielen schattigen Hochthälern ist er geradezu die Bedingung des Frühlings, wie er an manchen Orten der Ebene im Herbste die Bedingung der Zeitigung der Trauben ist. Würde er nicht von Zeit zu Zeit die zeugende Wärme bringen, und die neu versuchten Schneeansätze wegfegen, so gäbe es in manchem Hochthale keinen Sommer und kein Leben, sondern wahrscheinlich nur stets wachsende Eisfelder. Dabei ist der Föhn zum großen Glück ein sehr vorsichtiger Schneeschmelzer und schützt dadurch, daß er durch seine Wärme eine massenhafte Verdunstung der Wassertheile unterhält die Niederungen vor gefährlichen Ueberfluthungen der Bergwasser. Dagegen trocknet er die Blüte des Apfelbaums rasch aus und vernichtet die Hoffnung auf eine Obst-Ernte. Auch die Buche und das Haidekorn gedeihen an Abhängen nicht, wo der Föhn häufig anstreicht. (Tschudi). Das entgegengesetzte Beispiel sehen wir dort, wo weitgestreckte Ebenen den kalten Winden aus Norden und Osten nicht den geringsten Trutzdamm entgegenstellen. So z. B. im südlichen Rußland. Die Süd- und Südostküste der Krim, ein schmaler Gürtel längs des Meeres ist durch eine hohe Kreidewand vor dem Nord- und Nordostwind völlig geschützt; sie liegt ungefähr in einer Breite mit Genua und hat ein fast noch milderes Klima, wie diese Stadt; Kastanien, Feigen, Trauben und selbst Pomeranzen gedeihen, und immer weht warme Luft. Aber nur ein paar Meilen weiter nördlich jenseits des Gebirges dehnt sich die flache, baumlose Steppe, in welcher der Weizen fast in jedem dritten Winter ausfriert, wenn seine jungen Pflanzen nicht im rauhen Acker durch mächtige Schollen geschirmt werden, wo die Schneestürme alljährig Tausende von Schafen in die Schluchten jagen, darin sie verkommen, und das todte Meer bei Perekop Monate lang zufriert. Das macht, weil über die ungeheuere Ebene Binnen-Rußlands sich der eisige Wind des Nordens ungehemmt dahin wälzt, mit immer gesteigerter Wucht gen Süden, bis er seine Gewalt am Walle der Berge bricht oder sie auf der weiten Meeresfläche allmählich erstirbt. Jeder Landwirth kennt den Einfluß der Winde auf das Pflanzenwachsthum; je nach der Richtung, aus welcher sie vorzugsweise wehen, je nach der Temperatur, welche sie mitbringen, beschleunigen sie oder verzögern, kräftigen oder tödten sie dasselbe. Ein rauhen Winden ausgesetzter Landstrich, dem sonst alle Bedingungen einer ersprießlichen Vegetation gegeben sind, wird einen andern Ackerbau verlangen, der Cultur sich widerspenstiger erweisen, als ein solcher in der entgegengesetzten Windrichtung. Auch die Einwirkung der Winde auf die Wärmestrahlung ist nicht ohne Bedeutung. Der Wind befördert die Abkühlung eines Körpers, dessen Temperatur die seinige übertrifft, muß demnach auch die Erwärmung eines kälteren Körpers beschleunigen. Indem der Wind in einer heiteren Nacht immer neue Luftschichten gegen die Oberfläche sämmtlicher Körper, welche sich durch Strahlung abzukühlen streben, treibt, hindert er, daß ihre Temperatur so tief sinkt, als es ohnedies der Fall gewesen sein würde. Wenn der Himmel mit Wolken bedeckt ist, so wird bei starkem Winde die Pflanzendecke des Bodens niemals kälter, als die Luft; bei vollkommen heiterem Himmel vermindert der Wind den Einfluß der Strahlung, ohne ihn ganz unmerklich zu machen. (Arago.)

Die Benutzung des Windes als bewegende Kraft ist eine uralte und bekanntlich von unberechenbarem Einfluß auf den Fortschritt in der Entwickelung des Menschengeschlechtes gewesen; man denke nur daran, daß alle Schifffahrt bis vor noch nicht vielen Lustren ganz allein auf sie angewiesen war. Auch zum Betriebe von mancherlei Mechanismen ist sie von jeher vielfach angewendet worden, in früheren Zeiten, vor der Herrschaft des Dampfes, noch viel allgemeiner als heutzutage. In Irland hat man im 17. Jahrhundert, wie berichtet wird, nicht ohne Erfolg versucht, den Pflug durch Wind zu bewegen; in Holland, in Rußland, in Nordamerika sind gegenwärtig vielfach die Segelschlitten gebräuchlich. Das Mahlen des Getreides geschieht heute noch in zahlreichen Gegenden vorzugsweise durch seine Kraft, welche bei weitem nicht so benutzt wird, wie sie es verdiente und wie dies wohl möglich wäre. Auf die Verwendung des Windes als Motor werden wir übrigens später zurückkommen, wenn von den bewegenden Kräften überhaupt die Rede sein wird.

Das Wasser.

Das Vornehmste ist das Wasser! hat schon ein alter griechischer Dichter gesagt und damit den hohen Werth gekennzeichnet, welchen die Menschheit von jeher auf das flüssige Element gelegt hat. Es ist das Blut der Erde, was sie an Leben hegt und trägt, das ist an seinen Kreislauf gebunden, jeder organische Körper besteht zum größeren Theile aus Wasser. Sein Einfluß auf das Wohlbefinden der Thiere und der Pflanzen wird täglich neu empfunden, es ist ein unentbehrlicher Stoff, daher auch allenthalben vorhanden, selbst dort, wo die Sinne sein Dasein nicht wahrnehmen. Für die Cultur überhaupt, insbesondere für die Landwirthschaft, ist das Wasser einer der wichtigsten und werthvollsten Stoffe, dessen niemals und nirgends zu entrathen ist. Die Pflanzen bedürfen seiner, wie schon angedeutet, zu ihrer Entwickelung, zur Bildung ihrer Wesen, sie enthalten davon 70 bis 90, in einzelnen ihrer Theile sogar bis 98 Gewichtsprozente. Nicht minder zeigt der Leib der höheren Thiergattungen einen Wassergehalt von mindestens 50 Prozent, während er bei Weichthieren fast ebenso viel beträgt, wie bei den Pflanzen. Erwägt man noch, daß Wärme, Luftdruck und Feuchtigkeit das Klima und die Witterung bilden, den Antheil des Wassers an der einstigen und fortdauernden Gestaltung der Erdrinde, seine Aufgabe der Nahrungsvermittelung für die Organismen, sowie die zahlreichen technischen Zwecke, welchen es dienstbar ist, so wird man gern mit dem wackeren **Pindar** übereinstimmen, der selber von manchen dieser Thätigkeiten nicht einmal eine Ahnung gehabt hat.

Das Wasser findet sich nur zum verschwindend kleinen Theile an Körper gebunden, meistens frei im Boden und in der Atmosphäre. Zwischen letzteren beiden findet ein steter **Austausch** statt; das verdichtete, tropfbar flüssige oder natürliche Wasser verwandelt sich unter dem Einflusse des Luftdrucks und der Wärme in Dampf; es steigt empor in die Atmosphäre, dort bewirkt eine geringere Temperatur oder der Einfluß der Luftströmungen — auch die Electricität — eine abermalige Verdichtung, und als Thau, Regen, Schnee kehrt das Wasser aus der Luft wiederum zurück in den Schooß der Erde. Hier sammelt es sich an vielen Stellen der Tiefe und bildet gewaltige Ablagerungen, Becken, unterirdischen Seen zu vergleichen, welche die Quellen schaffen und speisen, manchmal auch in übermächtigem Druck ihr Gehäuse sprengen, oder, erbohrt mächtige Strahlen emporsenden. Aus dem Luftkreis bringen die atmosphärischen Niederschäge die in demselben enthaltenen Bestandtheile — Kohlensäure, Ammoniak, Salpetersäure — herab in den Boden, dessen obere Schichten sie absorbiren; sie dienen somit als ein Filtrum, so daß die in die Tiefe gesickerten Wasser als rein zu betrachten sind, insofern sie nicht hier wiederum gewisse Mineralien durch Lösung in sich aufnehmen. Der Wasserdampf aus der Atmosphäre wird in der Regel von den Pflanzen nicht absorbirt, auch nicht durch die Wurzeln — wenn es aber dennoch geschieht, wie bei einzelnen Vegetabilien unzweifelhaft, nur in ganz kleinen Mengen. Nur das verdichtete Wasser im Boden wird aufgenommen und führt mittelst der Diffusion die gelösten Nährstoffe in den gesammten Körper der Pflanze über. Die

Bewegung der Flüssigkeit im Pflanzenkörper selbst bildet den Saftumlauf. Der Saft der Pflanze besteht aber nicht mehr blos aus jenen einfachen Lösungen der Bodensalze, sondern diese haben auf ihrem Wege neue chemische Verbindungen vermittelt oder gebildete Stoffe sich mechanisch angeeignet; der Pflanzensaft enthält demnach Zucker, Gummi, Schleim u. s. w. und verdickt sich mehr und mehr; wenn er in die Blätter gelangt ist, so geht mit ihm darin die letzte Veränderung vor sich, worauf er dann sich in dem für das Assimilationsvermögen des Vegetabils geeignetsten Zustande eines vollständigen Nahrungsmittels befindet.

Das Aufsteigen des Saftes in den Pflanzen wird bewirkt durch die stete Verdunstung im Verein mit ihrer, namentlich bei den Dicotyledonen hervortretenden capillaren Structur. Bei gewissen, besonders günstig organisirten Gewächsen, wie Bäumen und Sträuchern mit porösem, röhrigem Holze, Rebe, Pappel, Weide rc. findet es in auffallender Weise statt, wie Jedermann schon beobachtet hat. Der englische Physiker Hales befestigte im Frühjahr auf dem abgeschnittenen Tragholz einer Rebe eine mit Quecksilber gefüllte Glasröhre so, daß unterwärts ein hermetischer Verschluß stattfand; die Metallsäule wurde binnen einem Tage bis ein Meter hoch gehoben, was einer Wassersäule von vierzehn Meter Höhe entspricht, so daß demnach die Triebkraft des Saftes in diesem Falle fünfmal größer gewesen ist, als diejenige, welche den Blutumlauf in dem Körper eines Pferdes bewirkt. Die Geschwindigkeit der Wasserbewegung in der Pflanze ist seit Hales und Bonnet wiederholt gemessen worden, so von Sachs und Mac Nab, welche aber offenbar zu geringe Werthe statuirten. Besonders eingehende Versuche hat E. Pfitzer angestellt; sie ergaben als größte Werthe 4,5 bis über 10 Meter in der Stunde, letzteres bei Sonnenblumen. Aus manchen Vegetabilien rinnt der Saft, gleichwie aus einer Quelle, sobald sein Umlauf gewaltsam unterbrochen wird; bei dem Schnitt des Weinstocks, besonders wenn er etwas spät geschieht, ist das „Bluten“ oder „Thränen“ vorzugsweise bemerkbar. Es wurde die Frage aufgeworfen, ob ein so bedeutender Saftverlust nicht schädlich wirke; früher wurde sie verneinend entschieden, die praktischen Winzer behaupteten sogar „je mehr die Rebe weint, um so besser sie sich bescheint“ (Scheine sind die jungen Triebe oder Loden), gegenwärtig aber ist man durch exacte Forschungen zu einer anderen Ansicht gekommen. Der Saftverlust der Vegetabilien ist immer ein Nahrungsverlust, welcher eine minder freudige Entwickelung, daher auch geringeren Ertrag veranlaßt, außerdem aber Krankheiten des Organismus, wie Gummifluß, Harzfluß u. s. w. im Gefolge haben kann. Bei dem Schnitte der Rebe soll daher dahin getrachtet werden, das Thränen nach Thunlichkeit einzuschränken, indem man ihn möglichst zeitig, an kühlen Tagen vornimmt und die starkentwickelten Stöcke immer vor den schwächeren schneidet. Bei dem Steinobst vermeidet man so viel als möglich das Messer, um einen chronischen Gummi-Ausfluß zu vermeiden. Selbst die Weiden, Salix, sonst ziemlich zählebige Bäume, dürfen nicht wiederholt nach einander in der Saftzeit — wo sich allerdings die Rinde leichter löst, geschnitten werden, wenn sie nicht zu Grunde gehen sollen. Bekanntermaßen wird übrigens der Saftfluß bei vielen Gewächsen ökonomisch benutzt. In Rußland werden im Frühjahre die Birken angezapft und liefern in ihrem Safte ein zu einem Wein vergährendes, angenehmes Getränk; derjenige amerikanischer Ahorne wird auf Syrup und Zucker eingekocht. Auch die Harzwirthschaft in den Forsten vieler Länder ist blos eine Saftgewinnung aus Nadelhölzern, wie Schwarzföhre und Seekiefer, wie denn auch zahlreiche Bäume der Tropenländer in ähnlicher Weise ausgenutzt werden. Alle diese Saftentnahmen schaden aber den betreffenden Gewächsen bis zu deren Eingehen.

Gewöhnlich wird angenommen, der Saftgehalt der Pflanzen sei während der wärmeren Jahreszeit am größten, dies ist aber keineswegs der Fall. Die Frage gewinnt eine praktische Bedeutung wegen der Entscheidung über die angemessenste Fällzeit des Holzes. Nach den Untersuchungen von Burkhardt enthalten die Bäume im Winter mehr Saft, als im Sommer, in letzterem hingegen ist ihr Saft, welcher während der Wachsthumsperiode sich in steter Umwandlung befindet, leichter der Zersetzung unterworfen, welche sich dann auf die Holzfaser überträgt, und diese zur Fäulniß bringt. Nur aus diesem Grunde läßt sich im Allgemeinen das Winterholz bei gleicher Behandlung als dauerhafter bezeichnen, wie das Sommerholz; dies gilt insbesondere vom Splint, während ohnehin das minder saftreiche Kernholz weniger dem Verderb unterworfen ist. Uebrigens ist das Verhalten der einzelnen Holzgattungen bezüglich der Einwirkung der Fällzeit auf ihre Dauer sehr verschieden. Eichenholz ist z. B. dem Stocken in viel geringerem Grade unterworfen als Ahorn und Esche; Eichenkernholz kann bei Sommerfällung ebenso gesund bleiben, als im Winter, der Splint hingegen bei ersterer, wenn sofort entrindet, rascher austrocknen, daher auch haltbarer werden, als bei Winterfällung. Deshalb ist auch in vielen Gegenden die Holzfällung im Sommer eingeführt, und es sind besondere Rücksichten — der Schonung, des Transports — welche in den anderen den Winter zur geeignetsten Zeit des Holzschlags ersehen haben. Immerhin ist es Thatsache, daß Sommerholz jeder Art, sobald es gleich nach dem Hiebe geschält wird, mindestens ebenso dauerhaft ist, als Winterholz, daß aber Holz, welches bald nach der Fällung aufgearbeitet wird, sich vom entrindeten Sommerholze am dauerhaftesten erweist. Uebrigens ist auch das Letztere leichter, was für manchen Gebrauch wichtig erscheint, dagegen mehr dem Reißen unterworfen, wenn gleich nicht so sehr, als gewöhnlich angenommen.

Nördlinger hält Sommerholz, weil es vollständiger austrockne, für elastischer, als Winterholz. Einen Einfluß auf Dauer und Gebrauchswerth des Holzes hat auch dessen Bearbeitung, namentlich wenn es beim Safthieb nicht entrindet wurde. Der letztere ist um so unbedenklicher, je rascher die Stämme nach der Fällung zerkleinert werden. In Nordwestdeutschland schält man die Eichen auf dem Stamm, läßt sie den Sommer über noch einmal treiben und fällt sie dann im Winter; solches Holz, obgleich härter, daher schwerer zu verarbeiten, reißt nicht und steht höher im Werthe.

Da die Pflanzen zum großen Theile aus Wasser bestehen, da sie ihre Nahrung ausschließlich durch und im Wasser zugeführt erhalten, da sie endlich das Wasser nur aus dem Boden aufnehmen, so muß dieser ein genügendes Quantum daran besitzen, um zu jeder Zeit das Pflanzenwachsthum mit dem nöthigen Bedarf versehen zu können. Solchen Zustand herbeizuführen und zu erhalten, liegt der Fürsorge des Landwirths oder Gärtners ob. Er muß dazu das Urtheil über die richtige Mitte besitzen, denn ein nasser Ackergrund ist ebenso unvortheilhaft, als ein trockener, feuchte Beschaffenheit ist die zuträglichste. Durch Tiefbearbeitung und möglichste Lockerung eines Feldes wird die Aufnahme und Ansammlung der meteorischen Wasser unterstützt; wenn die Lage desselben einen allzuraschen Abfluß bedingt, so muß dieser thunlichst verzögert werden durch quer oder diagonal gezogene Furchen, durch die Niederlage der Krume in rauhen Schollen, durch Anhäufung von organischen Resten und durch Aufführung von Wehren, wo dies angeht. Handelt es sich dagegen darum, das Wasser von einem Acker möglichst schnell wieder zu entfernen, vielleicht weil derselbe schon durch das Grundwasser Feuchtigkeit genug empfängt, dann ist das Gegentheil vorzunehmen; die Furchen laufen in der Richtung des Gefälls, der Boden wird wenig vertieft, eher festgedrückt, alle Hindernisse des Abstroms werden beseitigt und die Verdunstung nach Thunlichkeit gefördert, andere gründlichere Vorkehrungen einstweilen bei Seite gelassen. Gewöhnlich nimmt man an, die Verdichtungsfähigkeit d s Bodens vermittle dessen Aufnahme des Wasserdampfs aus der Atmosphäre und will nachweisen, daß die Pflanzen weit mehr Wasser verdunsten, als gemessene Niederschläge erfolgt sind. Nach den neueren Forschungen scheint dies aber nicht begründet zu sein, indem weder die Fähigkeit der Condensation im Boden, noch diejenige der Transspiration bei den Pflanzen sich so bedeutend darstellen, als man nach einzelnen Versuchen für constatirt hielt. Besonders sind es die Untersuchungen von Adolf Mayer, welche über die physikalischen Verhältnisse des Wassers ein neues Licht verbreiten. Nach denselben besitzt die sogenannte wasserhaltende Kraft des Bodens, welche er dessen Wassercapacität genannt wissen will, keineswegs den ihr angemutheten Einfluß auf die praktischen Verhältnisse in der Ackererde. Großentheils ist sie abhängig von der Feinheit der Bodentheile, von der Porosität derselben, von der Mischung der verschieden großen Partikel, so daß es nicht chemische, sondern mechanische Eigenschaften des Bodens sind, welche jene Eigenschaft bedingen. Hieraus geht aber die Einwirkung der Bearbeitung des Ackers auf dessen Feuchtigkeitszustand ebenfalls zur Genüge hervor.

Nach dem vorher Erwähnten ist das Wasser sowohl selber Nahrung für die Pflanze, als Uebermittler der gelösten Nährstoffe des Bodens in dieselbe. Da es aus Wasserstoff und Sauerstoff besteht, die nicht stickstoffhaltigen Pflanzenbestandtheile aber sich nur aus ihm und der Kohlensäure erzeugen, so ist es mit die Quelle oder die Bildnerin jener wichtigen Stoffe, welche Kohlenhydrate genannt werden. Es tritt durch die Wirkung der Osmose aus dem Boden in die Wurzeln, dann von Zelle zu Zelle weiter gepreßt, bis in den entferntesten Theil des Vegetabils. Welche außerordentliche

Massen bei dieser Wanderung in der Pflanze verbraucht werden, zeigen die von verschiedenen Beobachtern angestellten Messungen über die Verdunstung. Hales fand, daß eine Sonnenblume täglich 1,5 Kilo Wasser verflüchtigte; nach Saussure nimmt eine solche wenigstens 100 Kilo während ihrer Vegetationszeit auf; Humboldt hat den Saftzustrom der amerikanischen Agave auf 54 Liter täglich geschätzt; nach Knop verdunstet eine Maispflanze während ihres Wachsthums das 36fache ihres Gewichtes an Wasser; die Wasserabgabe einer Getreidepflanze beträgt 150—250 Gramm, diejenige eines großen Laubholzbaumes bis 25 Kilogramm täglich. Nach Unger verdunsten die Blätter von einem Hectar Reben 13825 Hectoliter, von einem Hectar Rüben 18025, von einem Hectar Grasland 29925, von einem Hectar Wald, gleichviel, ob Laub oder Nadelholz 36750 Hectoliter Wasser während einer Wachsthumsperiode von 153 Tagen. Die Blattfläche des Weinstocks beträgt 1,33 der Bodenoberfläche, diejenige der Gräser das Doppelte, der Rüben 4,4, der Laubholzbäume das Zehnfache; aus der großen Blattfläche der letzteren erklärt sich das stärkere Verdunstungsvermögen der Wälder. Einzelne Gewächse zeichnen sich durch ein ganz besonders mächtiges Verdunstungsvermögen aus, welches als eine schätzbare Eigenschaft zu verwerthen ist. Am bedeutendsten ist dasselbe wohl bei dem australischen Blaugummibaum, Eucalyptus globulus, welcher nach Trottier's Versuchen binnen 12 Stunden das dreifache seines Gewichtes Wasser absorbirte und zur Verdunstung brachte; demnach würden 100 auf einen Hectar gepflanzte Bäume von gutem Wachsthume mit 500 Kilogramm Blättern eine tägliche Verdunstung von 30 Tonnen Wasser veranlassen. Darauf gründet sich aber auch die Befähigung dieses Riesen der Baumwelt Sumpfländereien auszutrocknen und gesund zu machen, dieselbe hat sich in so vielen Lagen bewährt, daß er den Namen „Fieberheilbaum“ erhalten hat.

Es ist dabei zu bemerken, daß auch der aromatische Duft seiner Blätter eine heilbringende Wirkung haben soll. Leider kommt der Eucalyptus nur in einem Klima fort, in welchem die Orange gedeiht; sein Dienst ist daher den gemäßigten nördlichen Ländern versagt. Diese können indessen statt seiner die Sonnenblume, Helianthus annuus, anwenden, und haben dies mehrfach gethan. Wie schon erwähnt, ist auch diese eine kräftige Verdunsterin; in Folge dessen übt ihr Anbau antimiasmatische Wirkungen. Viele Oertlichkeiten der ungesunden Scheldeniederung in Belgien sollen durch denselben von den früher endemischen Sumpffiebern befreit worden sein; im südlichen Rußland, in Nordamerika, in den Morästen des Punjab in Ostindien hat man die gleiche Erfahrung gemacht. Zweifelsohne haben überhaupt höher entwickelte Gewächse wenigstens annähernd das nämliche Vermögen, sie befördern die Verdunstung von stagnirendem Wasser im Boden und verbessern dadurch das örtliche Klima.

Die exacte Forschung der Neuzeit hat manche Irrthümer berichtigt, welche in der landwirthschaftlichen Praxis eingewurzelt waren und zum Theile noch sind. Zu ihnen gehört auch derjenige, daß ein geschlossener Boden das Wasser besser zurück und an sich behalte, als ein offener, gelockerter. Gerade das Gegentheil ist der Fall, wie dies namentlich die schönen Experimente von Neßler gezeigt haben: je besser gelockert die Ackerkrume ist, je mehr und größere luftgefüllte Zwischenräume sie bietet, um so geringer ist die Verdunstung, weil durch diesen Zustand der Zusammenhang der einzelnen Erdtheilchen, und damit die Abgabe der Feuchtigkeit von einem zum andern unterbrochen ist, während im gefestigten Boden das Gegentheil statt hat. Nicht minder besitzt lose Erde ein größeres Absorptionsvermögen gegenüber dem Wasserdampf, zumal die in ihr ermöglichte Luftbewegung eine stete Abkühlung im Gefolge hat. Wenn daher überall in Lehrbüchern die Anwendung der Walze zum Zusammendrücken des Bodens behufs der Erhaltung der Feuchtigkeit darin empfohlen wird, so ist dies insofern irrig, als die letztere dadurch geradezu entfernt werden muß, im Gegentheil wird eine gute Lockerung der Krume stets die tieferen Schichten feucht erhalten. Nur, wenn es gilt, der untergebrachten Saat auf kurze Zeit hin das zur Keimung erforderliche Quantum Feuchtigkeit zu erhalten, ist die Walze am Orte. Wie die Praxis nicht selten der Wissenschaft voraus ist in der Auffindung von derlei Regeln, so haben die Franzosen schon lange, bevor die letztere die größere Absorption der lockeren Erde festgestellt, das Sprichwort gehabt: „On arrose à la bèche, à la charrue, à la houe à cheval" „man bewässert mit dem Spaten, mit dem Pfluge, mit der Pferdehacke" oder, mit andern Worten, gründliche Bearbeitung und Lockerung eines Erdreichs verhindert die Verdunstung und erhält ihm somit seinen Wassergehalt. — Den Einfluß des Pflanzenwachsthums selber auf die Erhaltung der Feuchtigkeit in Luft und Boden haben Vogel und Wilhelm untersucht. Ersterer fand, daß über einem mit Gras oder Klee dichtbestandenen Felde die Luft 25 bis 50 Procente mehr Feuchtigkeitsgehalt besaß, demzufolge erwies sich auch die obere Bodenschichte, welcher die Verdunstung durch Beschattung verkürzt war, wasserreicher als die pflanzenleere Erde. Wilhelm hat aber durch Versuche nachgewiesen, daß eine Pflanzendecke keineswegs die Verdunstung des Bodenwassers hindert und namentlich dasjenige aus der tieferen Culturschichte in Anspruch nimmt, wobei er zugleich den Einfluß der Lockerheit auf die Wasserhaltung bestätigt. Aus dem Vorangestellten erklärt sich auch das Verhältniß der Wälder zu der Feuchtigkeit und Temperatur der Luft. Nach den von der schweizerischen Forstcommission in Bern auf verschiedenen Stationen veranlaßten Beobachtungen ist die mittlere relative Feuchtigkeit der Luft im Walde je nach dem Stande des

Windes um 10 bis 20 Procent stärker, als im Freien, während hingegen die Schnee- oder Regenhöhe im Freien stärker war, als im Walde, und im letzteren eine bedeutend stärkere Wassermenge in den Boden sickerte.

Wenn auch alles Wasser einerlei Herkommen hat, so unterscheidet man doch im gewöhnlichen Leben Grundwasser und Meteorwasser. Unter dem ersteren versteht man die in der Bodentiefe angesammelten Wassermassen, welche je nach der Configuration der Erdrinde, mehr oder minder ausgedehnt sind, einem größeren oder geringeren Druck unterliegen; ihre Mächtigkeit ist eine von den Zuflüssen, Abflüssen und der Verdunstung abhängige, daher wechselnde; bald tritt das Grundwasser näher an die Oberfläche, bald befindet sich sein Spiegel in größerer Tiefe, Erscheinungen, auf welche übrigens auch kosmisch-tellurische Veränderungen einwirken. Meteorwasser nennen wir die aus der Atmosphäre stammenden Niederschläge: Nebel, Thau, Reif, Regen, Schnee. Die außerordentliche Wichtigkeit derselben für das Pflanzenwachsthum wie für die Thierwelt ist so bekannt, und ihr Wesen so oft geschildert, daß es hier nicht nothwendig erscheint, darauf zurückzukommen; nur Weniges soll hervorgehoben werden, das in directem Bezuge zur Landwirthschaft steht. Der Nebel ist der Vegetation im Ganzen günstig; insbesondere ist beobachtet worden, daß der Ammoniakgehalt der Luft bei Nebel am größten ist, daher das vielverbreitete Sprichwort: „Lange Nebel düngen gut." In Ländern, wo sie häufig vorkommen, ist der Graswuchs und die Belaubung der Bäume besonders satt und üppig. Der Thau, welcher sich in Folge der Wärmestrahlung während kühler, klarer Nächte bildet, erfrischt erfahrungsgemäß die durstenden Gewächse, so daß sie oft nur mit seinem Succurs eine längere Zeit der Dürre zu überstehen vermögen. Diesen Niederschlag atmosphärischen Wasserdampfs macht sich der Landmann zu nutz behufs der zur Gewinnung des Flachses nothwendigen Zersetzung des gummi- und harzhaltigen Stoffes der Leinstengel. Um diese auf dem Wege langsamer Gährung zu Wege zu bringen, werden die gerauften und geriffelten Leinstengel auf einer kurzen Stoppel oder Wiese längere Zeit ausgebreitet, bis durch die wechselnde Wirkung der Feuchtigkeit (den Thau) und der Wärme die Bastfaser sich mit Leichtigkeit los löst. Man nennt dies Verfahren die Thauröste, es ist aber unzuverlässig und mit Verlust verbunden, daher überall die Wasserröste in besonderen Röstgruben nach flandrischer Weise vorzuziehen ist. Die letztere ist von der Witterung unabhängig, geht daher viel regelmäßiger vor sich, und liefert bei rationeller Behandlung stets das beste Product. Jenen Schaden, welchen der Thau bringt, wenn er sich in Rauhfrost oder Reif verwandelt, werden wir später kennen lernen. Den Regen begrüßt der Landwirth immer als Bringer der in der Luft enthaltenen Pflanzennährstoffe, häufig als Erquickung für seine Saaten, öfters aber auch muß er ihn ebenso fürchten. Ob die Niederschlagsmenge, wie behauptet worden ist, mit dem Auftreten der Sonnenflecken im Zusammenhang stehe, ist noch unerwiesen, jedenfalls ist sie im großen Ganzen durch die Reihe der Jahre eine ziemlich regelmäßige, während Abweichungen gewöhnlich nur in engeren Grenzen auftreten. Häufige Regen tragen, wie häufige Nebel, in steter Wechselwirkung zur Gleichmäßigkeit eines Klimas bei. Wenn auch die emporsteigenden Wasserdämpfe die Atmosphäre bis zu einem gewissen Grade zu erwärmen vermögen, so geht doch diese Wirkung zu rasch in dem kalten Aether verloren, als daß man ihr größeres Gewicht beilegen dürfte. Allerdings wird vielfach behauptet, daß die Temperatur des fallenden Regens häufig höher sei, als diejenige der Luft; dies ist jedoch nach neueren Forschungen irrig. Im Gegentheile gibt es, wie Breitenlohner durch Versuche dargethan hat, keine warmen Regen im gewöhnlichen Sinne, solche nämlich, deren Temperatur wesentlich von der Luftwärme differirt. Während der Vegetationsperiode sind Landregen selten, ihre Temperatur ist stets die herrschende der Luft, die Gewitterregen aber kommen vorzugsweise aus nördlicher Richtung, sind daher auch gewöhnlich kälter, als die Luft. Wenn eine vermehrte Wärme nach Regenfall beobachtet, dann wird meistens die Ursache mit der Wirkung verwechselt. Es ist erwiesen, daß das Regenwasser nicht unbeträchtliche Mengen Sauerstoff enthält, und zwar ist ein kräftiger Gewitterregen daran immer am reichsten, der andauernde, feine Landregen am ärmsten. Uebrigens enthalten auch die fließenden Gewässer meistens freien Sauerstoff. Mit den Niederschlägen wird endlich auch ein Quantum von mineralischen Pflanzennährstoffen dem Boden zurückgegeben, von dem es stammt, dasselbe ist aber zu geringfügig, um bei der Frage des Ersatzes in Betracht zu kommen, wie dies mehrfach geschehen ist mit Bezug auf die bei der Forstcultur dem Boden mit der Holznutzung entzogenen Aschenbestandtheile. Einige Zurückerstattung mag aber immerhin auch auf diesem Wege stattfinden. Der Regen ist ein mächtiger Hebel im Gebiete der Pflanzenerzeugung; wo er gänzlich mangelt, da hört das natürliche Wachsthum der höheren Gewächse auf. Daß sein zeitweiliges Uebermaß auch mancherlei unmittelbaren Schaden bringt, weiß der Landwirth recht gut, allein er muß sich darein schicken. Heu und Getreide werden, wenn abgebracht, durch allzureichlichen Niederschlag geradezu ausgelaugt, so daß sie nicht blos bedeutend an Gewicht, sondern namentlich auch ihre werthvollsten Bestandtheile verlieren. Stehende Früchte werden durch schwere Schlagregen niedergelegt, die Entwickelung der Blüte und der Samen kann dadurch beeinträchtigt werden u. a. m. Verwandelt sich in Folge der winterlichen Erkältung der unteren Luftschichten das meteorische Wasser in Schnee, so bietet dieser dem Pflanzenwachsthum im Boden eine wohlthätige Schutzdecke, deren der Landmann sich freut, weil er weiß, daß nunmehr das Ausfrieren der Saaten verhütet ist. Bei seinem geringen Leitungsvermögen hindert der Schnee das Eindringen der erkälteten Winterluft in die Bodentiefe, ebenso vertritt er auch die Stelle eines Schirmes, der die Ausstrahlung der Erde in die heitere Luft verbietet. Daß er überdies noch den Pflanzen Nährstoffe zuführt, geht schon aus seiner Abstammung hervor. Er baut im Gebirge die Wege, auf welchen Holz und Heu mit dem Schlitten zu Thal gefördert werden können; er schleudert aber auch manchmal in tobender Lawine Fahrzeug und Lenker in den Abgrund. Häuft er sich allzusehr, dann verlegt er die Straßen und Bahnen, so daß lästige Verkehrsstörungen entstehen; unter seinem Druck brechen in den Wäldern Aeste und Bäume, häufig werden junge Schonungen weithin durch Schneebrüche geschädigt. Dann auch kommt das Wild in Gefahr, das die Aesung nicht mehr erscharren kann, es steigt von den Gebirgsmatten herab in die Nähe der Menschen, rings um die einsamen Heustadel oder im Kreise der mächtigen Schirmtannen sammelt es sich in Rudeln, oft nur zum Verhungern. Auch an den Gebäuden verursacht die Wucht des Schnees mancherlei Schaden, weshalb insbesondere die Dächer seinem Falle entsprechend construirt sein sollen. Schmilzt er allzurasch, so folgen dem nicht selten Ueberschwemmungen oder Stauungen, welche den Feldfrüchten schädlich werden können. Nur verderblich kommt der Hagel, der gefürchtetste Gast der Luft, der in einem Augenblick die mühevolle Arbeit eines Jahres, oder mehr noch vernichtet, ohne nebenbei irgend einen Nutzen zu gewähren. So lange man dafür hielt, daß die Bildung des Hagels in der Atmosphäre durch electrische Vorgänge bedingt sei, glaubte man durch Errichtung von Hagelableitern — welche man in Frankreich noch hier und da sieht — einen Schutz gefunden zu haben, der sich aber als illusorisch in der Wirklichkeit erwies, und dem die nunmehr angenommene Theorie der Hagelbildung durch emporsteigende Luftwirbel jede Berechtigung entzogen hat. Der Landwirth vermag keinerlei Abwehr gegen den Hagel einzuleiten; höchstens daß er sich vergewissert über die Abhängigkeit der meteorischen Erscheinung von gegebenen localen und territorialen Verhältnissen, welche ihre häufige, sogar ziemlich regelmäßige Wiederkehr in dem nämlichen Striche veranlassen. Daß Versicherung ein Mittel ist, sich vor allzugroßem Schaden zu bewahren, wird hier nur erwähnt, um an das Vorurtheil vieler sonst ganz verständiger Praktiker gegen derartige Institutionen zu erinnern.

Es ist schon oben angedeutet worden, daß ein mittlerer Feuchtigkeitsgrad des Bodens der geeignetste sei, wenigstens für die Nutzpflanzen der mitteleuropäischen Cultur; es gibt auch solche, welche entschieden eines übergroßen Wassergehaltes in der Krume bedürfen, so vor allen der Reis, die erste Nahrungspflanze der Welt, welcher nur im künstlichen Sumpfe gedeiht. Das Getreide, die Hülsenfrüchte, die Handels-Gewerb- und Futterpflanzen unseres gewöhnlichen Betriebs leiden dagegen durch übermäßige Feuchtigkeit im Boden, welche die Erwärmung der tieferen Schichten hindert, durch große Verdunstung unablässig Kälte erzeugt, den Umsatz der Nährstoffe verlangsamt und die Wurzeln zur Fäulniß bringt. Ist im Untergrunde eine undurchlassende Erdschichte vorhanden, so sammelt sich über dieser das aus dem Luftkreis zuströmende Wasser und bleibt stehen. Vermittelst der capillaren Verhältnisse des Bodens steigt, wenn es nicht in allzugroßer Tiefe staut, dieses Grundwasser in das Bereich der Wurzeln und kann diese in Zeiten der Trockniß mit der erforderlichen Feuchtigkeit versehen. Dieser günstige Einfluß tritt aber nur in gewissen Fällen ein, welche in der Praxis nicht die Mehrzahl bilden. Ist die Ackerkrume nicht mächtig, der Boden von strenger Beschaffenheit, das Klima regnerisch, so wird gewöhnlich des Winters über der Boden dermaßen mit Feuchtigkeit gesättigt, daß er bis sehr lange in das Frühjahr hinein unbestellbar bleibt; der Forst spaltet ihn und bewirkt Ausfrieren der Wintersaaten, deren Wurzeln zum Theile anfaulen, die Besamung kann dann erst spät stattfinden, der Acker nicht, wie er sollte, hergerichtet werden. Folgt auf den nassen Winter ein regnerischer Sommer, so leidet auch in diesem die Vegetation und liefert ein schlechtes Erträgniß. Wo daher solche Zustände vorkommen, da muß auf deren Beseitigung hingearbeitet werden. Es geschieht dies durch die Melioration des Bodens mittelst Trockenlegung oder Entwässerung.

Die Kunst der Entwässerung des Bodens und der Austrocknung von Sumpfländereien ist eine uralte; die Etrusker haben sie mit Meisterschaft geübt, die Römer sind ihre gelehrigen Schüler gewesen und deren Nachkommen sind heute noch das geschickteste Volk in derlei Ausführungen; das Land Italien ist die Hochschule für alle Zweige der Culturtechnik. Nur ein einziger, derjenige der unterirdischen Ableitung des Wasserüberschusses mittelst Röhren, hat in einem Lande, welches seiner am meisten bedurfte, in Großbritannien, die bedeutendere Ausbildung erfahren. Die Entwässerung oder Trockenlegung eines Grundstücks kann durch folgende verschiedene Verfahren erzielt werden: 1) Durch einfache Ableitung des überschüssigen Wassers mittelst eines größeren Abzuggrabens oder Hauptkanals. 2) Durch ein System von offenen, in gleicher Höhe mit der Bodenfläche aufgeworfenen Gräben behufs der Abführung des stagnirenden Wassers, zugleich zum Zwecke der Ausschlämmung. 3) Durch unterirdische, verdeckte Kanäle oder Abzüge, in geeigneten Oertlichkeiten verbunden mit Bewässerung. 4) Durch Vereinigung von offenen und verdeckten Abzügen. 5) Durch Versenklöcher oder Saugeschächte. 6) Durch Eindämmung oder Abschluß zuströmender Gewässer. 7) Durch Eindeichung und gleichzeitige Alluvion behufs Gewinnung der erdigen Niederschläge des Wassers nach holländischer Methode. 8) Durch Anwendung von Wasserhebemaschinen; und 9) durch die Aufschlämmung oder künstliche Alluvion.

Durch Eröffnung von Gräben im Niveau der Bodenfläche, aber je nach dem örtlichen Erforderniß von wechselnder Tiefe, deren parallele Entfernung von einander sich nach der Beschaffenheit und dem Feuchtigkeitsgrade des Terrains richtet, kann man die dazwischenliegenden Erdcomplexe vollständig entwässern. Dies Verfahren ist eines der am meisten angewendeten, vorzugsweise wird es beliebt in Forsten, sowie im Moor- und Torfboden. Es ist in den nordwesteuropäischen Veencolonieen zum System ausgebildet worden, mittelst welches der sauerste Grund mit der Zeit zur ergiebigen Getreidecultur gebracht wird. Eine geniale Anwendung hat es gefunden in der zuerst von Rimpau erfolgreich durchgeführten Dammcultur der Moore. Bei dieser werden die vom Wasser durchtränkten Moorböden durch breite und tiefe Gräben in Beete geschieden, zugleich wird der aus den letzteren gehobene Sand, der sich unterhalb der Moorschichte findet, auf die Beete in der Höhe bis 10,5 Centimeter gebreitet, ohne mit deren Krume vermischt zu werden. Die so geschaffene künstliche Ackererde erhält dann kräftige Düngung und wird bestellt: sie liefert erstaunliche Erträge. Auf diese Weise können noch weite, bis jetzt spärlich oder nicht benutzte Flächen einer lohnenden Cultur zugeführt werden. Bei der Anlage von offenen Entwässerungsgräben ist das Gefäll und die Weiterleitung des Abwassers zu berücksichtigen. Dieselben erfordern aber stete Räumung und Unterhaltung, wenn sie ihre Function erfüllen sollen; außerdem haben sie den Uebelstand, daß sie die Bestellung vielfach unterbrechen, und den Bau von Brücken nothwendig machen. Dagegen liefern sie durch die Ausschlämmung ein beachtenswerthes Material zur Bodenmischung.

Die Entwässerung der Grundstücke durch unterirdische, verdeckte Abzüge heißt Drainirung oder Drainage. Sie ist eine der beliebtesten und zweckmäßigsten Methoden dieser Melioration und hat sich, seit kaum 50 Jahren von Großbritannien aus über die ganze Welt verbreitet. Ursprünglich fand das Drainiren statt mittelst Andauchen oder Dohlen, deren Herstellung schon den alten Römern bekannt und durch diese auch nach Deutschland gekommen war. Die älteste und gewöhnlichste Art derselben wurde erzielt durch Aufwurf eines Grabens, der zur Hälfte seiner Tiefe mit Feld- oder Bruchsteinen, die großen Stücke unten, die kleineren abnehmend bis oben, angefüllt war; darauf kam ein umgestülpter Rasen und dann ward zugeschüttet. Durch die Räume zwischen den Steinen war in einem derartigen Steindrain, Fig. 5., ein Kanal hergestellt, welcher mit Luft angefüllt, das Wasser aus den seitwärts sich erstreckenden Erdcomplexen anzog, und im Gefälle weiter leitete bis zum passenden Abfluß. Statt der Steine wendet man auch andere Materialien z. B. Coaks an; aus fest zusammengedrehten grünen Reisigbündeln fertigt man Faschinendrains Fig. 6 oder man giebt auch in einem Boden, der das Zusammenfallen nicht befürchten läßt, wie im Torf oder Moor, den Gräben gar keine Füllung, so daß dieselben, deren unterer abgesetzter Theil mit einem Rasen überdeckt worden war, blos einen hohlen Kanal bilden; Steine oder andere schwere Materialien würden in einem derartigen Erdreich bald die Lage wechseln, versinken.

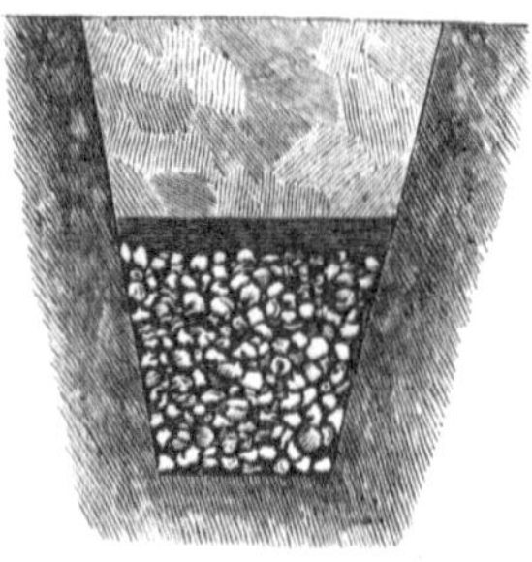

Fig. 5. Steindrain.

Ein solcher Torfdrain, Fig. 7. hält sich sehr lange Zeit in Wirksamkeit und fungirt ganz vorzüglich. Unter gewöhnlichen Bodenverhältnissen sind aber immer die mittelst gebrannter Thonröhren hergestellten Drains die billigsten und besten, so daß, wenn heutzutage von Drains die Rede ist, keine anderen darunter verstanden werden. Ein Röhrendrain Fig. 8

besteht aus einem Graben welcher der möglichst geringen Erdbewegung und Kostspieligkeit halber mit eigenen Drainwerkzeugen so schmal ausgeführt wird, daß auf seiner Sohle eben eine Röhre aus gebranntem Thon Platz hat. Das Legen der Drainröhren, Fig. 9 kann daher auch nur mittelst besonderen Werkzeuges, dem Legehaken, geschehen; eine muß in gleicher Fläche dicht an

Fig. 6. Faschinendrain.

die andere stoßen; eine Verbindung zwischen den einzelnen etwa durch übergeschobene Muffe, ist nicht nothwendig. Ist eine Grabenlänge, ein sogenannter Strang, mit Röhren belegt, so wird die Erde wieder darauf gefüllt und der Drain ist fertig. Das Wasser dringt nur durch die Stoßfugen in die Röhren und wird von diesen im Gefälle weiter geführt. Man unterscheidet Saugedrains oder Nebendrains, welche die erste Aufnahme, Haupt- und Sammeldrains, welche die Ableitung besorgen; bei ersteren haben die Röhren einen kleineren, bei letzteren einen größeren Durchmesser. Die Tiefe der Drains Fig. 10. richtet sich nach dem Wassergehalte des Bodens; je tiefer ein Drain, um ein so größeres Stück Erdreich legt er trocken, indem er dasselbe seitwärts in schräger Richtung auspumpt; von 1,33 bis 2,33 m. verdreifacht sich die Aufnahmecapacität der Drains; ihre Tiefe bestimmt übrigens auch ihre Entfernung von einander. Die Wirkung der Drainirung ist eine überraschende. Sie entfernt das schädliche Stauwasser

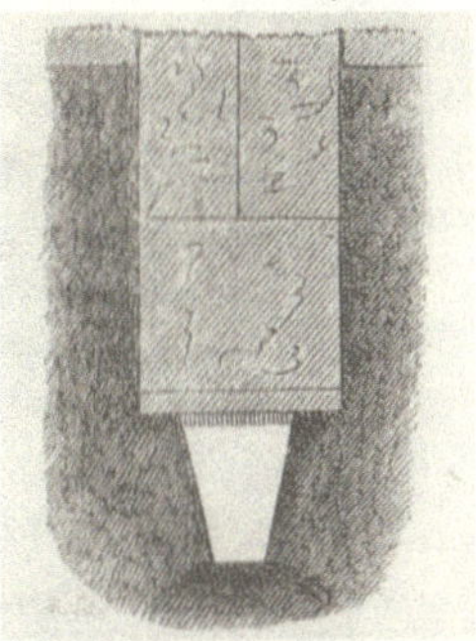

Fig. 7. Torfdrain.

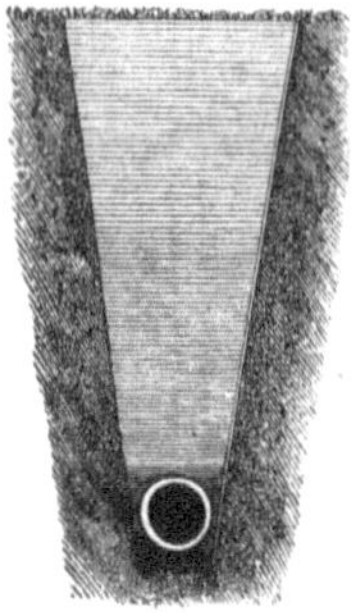

Fig. 8. Röhrendrain.

aus dem Boden und führt den durch Regenfall bewirkten Ueberschuß an Feuchtigkeit rasch und sicher ab; zugleich giebt sie dem Boden jenen Zustand der Aufnahmsfähigkeit für die Atmosphärilien, welcher gerade der geeignetste zur Vermehrung der Nährstoffe ist. Sie regulirt die Bewegung der Feuchtigkeit im Boden und bewahrt ihn gegen jede den Wurzeln empfindliche Ansammlung derselben. Die Röhrendrainirung ist immer auch ein Apparat zur **Bodenlüftung**. Sie ermög-

Fig. 9. Legen der Drainröhren.

licht in vermehrtem Grade den Eintritt und die Circulation der atmosphärischen Luft, welche dann wiederum eine gesteigerte Wasserverdichtung zur Folge haben. Dies bestätigen die Versuche von Peters, welche den Nachweis lieferten, daß Getreide auf drainirten Felde weniger von der Trockenheit zu leiden hat, daher bedeutend höhere Erträge

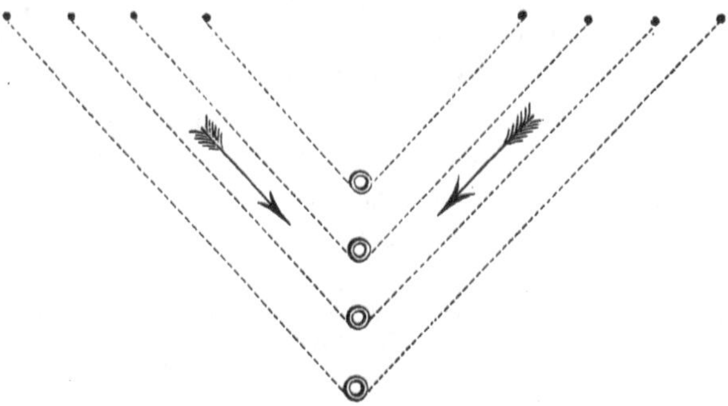

Fig. 10. Tiefe der Drains.
a. b. c. d. Drainröhren in 1,33, 1,66, 2,0 und 2,33 m. Tiefe.

liefert, als auf nicht drainirten. Er schreibt diesen Erfolg zum Theile den durch die Bodenlüftung vermittelten chemischen Prozessen zu, durch die eine größere Menge von Pflanzennährstoffen in den assimilirbaren Zustand übergeführt wurden. Der höhere Feuchtigkeitsgrad drainirten Bodens, der jedoch wirkliche Nässe entschieden ausschließt, erklärt sich durch die in Folge der Durchlüftung eingetretene stärkere Absorption von Wasserdampf, welche noch dadurch gesteigert wird, daß die Luftcirculation im Boden diesen besonders zur Nachtzeit rascher und stärker abkühlt. — Durch die Wirsamkeit der Drains wird der Boden trockener, milder, lockerer und besser zu bearbeiten, er erwärmt sich leichter und andauernder, so daß die Folgen der Entwässerung einer Aenderung des Klima's gleichkommen. In Schottland wurde die Erfahrung gemacht, daß die Ernten auf drainirtem Lande denjenigen des nichtdrainirten um zehn bis vierzehn Tage voraus zu sein pflegen. Viele Bodenarten werden erst durch die Drainirung zur ordentlichen Bestellung in jeder Jahreszeit geeignet, und die Entfernung des überschüssigen Wassers kommt einer stattgefundenen Vertiefung der Culturschichte gleich. Die Wurzeln der Pflanzen suchen alsdann nicht mehr der Kälte und dem Wasser auszuweichen, sondern senken sich in gesunder Bildung in die Tiefe. Betrachtet man den Durchschnitt eines Feldes vor der Drainirung Fig. 11., und vergleicht denselben mit dem Durchschnitte eines drainirten Feldes Fig. 12, so springt der Unterschied zu Gunsten des

Fig. 11. Feld vor der Drainirung.
1. Ackerkrume. 2. Grundwasserstand. 3. Verdunstungswasser. 4. Capillar emporsteigendes Wasser. 5. Entwässerungsschichte.

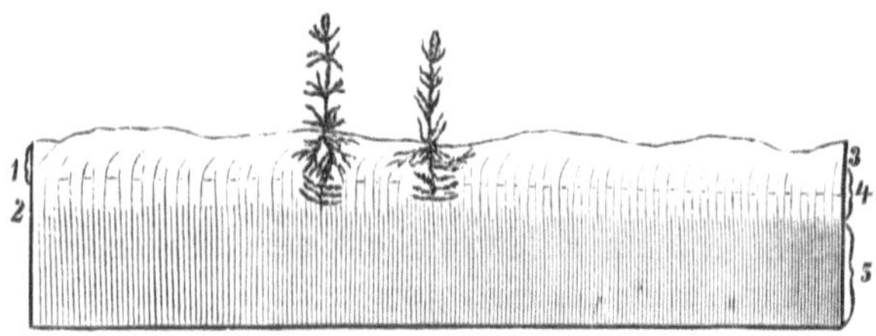

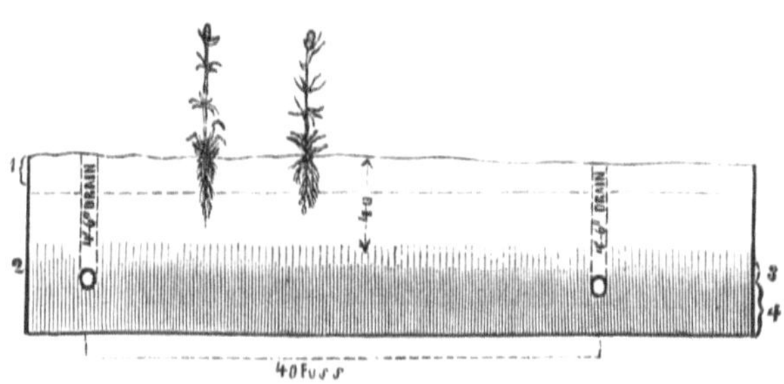

Fig. 12. Drainirtes Feld.
1. Ackerkrume. 2. Stand des Grundwassers. 3. Capillarwasser. 4. Entwässerungsschichte.

letzteren sofort in die Augen. Viele Gewächse, deren Wurzeln eine Tendenz in die Tiefe haben, gehen zu Grunde, sobald die letzteren in das Bereich des stagnirenden Wassers gelangen, welches noch überdies gewöhnlich mit Ansammlungen pflanzenschädlicher Stoffe beladen ist; andere senden, wenn auch für gewöhnlich flachwurzelnd, nicht minder lange Wurzelausläufer bis in eine beträchtliche Tiefe, um aus dieser sich Feuchtigkeit zu holen; auf einer kräftigen Wurzelentwickelung beruht aber die Vegetation und die nutzbringende Production einer Pflanze. Wie die unterirdische der oberirdischen Ausbildung vollkommen entspricht, das ist versinnlicht in der Darstellung des Wachsthums einer Weizenpflanze, Fig. 13, welche in gesundem Boden ihre Wurzeln bis 1$^1/_2$ Meter und darüber tief aussendet, in krankem, naßgalligem aber sie kaum 20 Centim. weit erstreckt, wobei häufig der eigentliche Stock entweder verkümmert, oder abfault. Je vollkommener die Drainirung, je größere Gebiete sie umfaßt um so hervortretender ist ihre Wirkung. Diese ist nicht blos, wie Viele meinen, in schwerem, gebundenem Erdreiche zu erzielen, sondern muß in zahlreichen Fällen auch in leichtem angestrebt werden, insbesondere, wenn dasselbe auf undurchlassendem Untergrunde ruht. Daß endlich eine systematisch durchgeführte unterirdische Entwässerung von dem größten, heilsamsten Einfluß auf den Gesundheitszustand der Bewohner eines Landstriches sein muß, geht sowie aus der Erfahrung auch aus jenen Untersuchungen der Neuzeit hervor, durch welche ausgezeichnete Gelehrte den Zusammenhang des Grundwasserstandes mit dem Auftreten von Epidemien nachgewiesen haben. Auch diese Seite der Melioration kann dem praktischen Landwirthe keineswegs gleichgültig sein. —

Die Frage, ob durch das in die Tiefe sickernde Drainwasser der Ackerkrume Pflanzennährstoffe entführt würden, ist durch die Arbeiten von Krocker und Voelcker aufgeklärt. Die Analysen des Letzteren, die neuesten, ergaben folgende

Resultate: Von den wichtigen Bodenbestandtheilen Kali und Phosphorsäure gelangt nichts oder wenig in die Drainwasser, wohingegen die minder wichtigen Stoffe Kalk, Magnesia

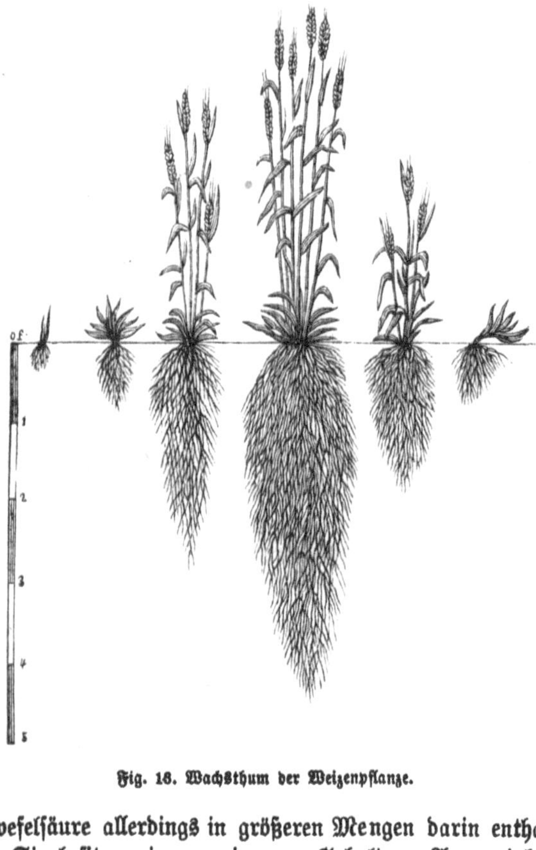

Fig. 18. Wachsthum der Weizenpflanze.

Schwefelsäure allerdings in größeren Mengen darin enthalten sind. Sie besitzen einen geringeren Gehalt an Ammoniak, als das Regenwasser, einen größeren dagegen an Salpetersäure.

Je reicher ein Acker gedüngt, um so mehr fruchtbarmachende Stoffe gelangen in das Drainwasser, und zwar vorzugsweise in der Periode des Winters, nicht des Wachsthums. Es gehen daraus mehrere praktische Fingerzeige, namentlich betreffs der Anwendung des Stalldüngers hervor, welcher behufs der Nitratbildung am besten über Winter im Boden seine Umsetzung vollzieht, während Ammoniaksalze im zeitigen, Salpetersalze im späten Frühjahr am zweckmäßigsten angewandt werden. Auch bestätigen Voelcker's Untersuchungen über die Zusammensetzung der Drainwasser die alte Erfahrung, daß drainirtes Land größerer Düngerzufuhr bedarf, als undrainirtes. Die Drainirung verursacht vornehmlich einen Verlust an Stickstoff, während derjenige an pflanzennährenden Mineralien geringfügig ist, weshalb denn auch dem Boden ein bei weitem stickstoffreicherer Ersatz geboten werden muß, als auf Grund theoretischer Erhebungen zur Production eines höheren Ernteertrags nöthig sein würde.

Zuweilen zeigen sich infolge der Configuration des Untergrunds inmitten sonst trockener oder mäßig feuchter Felder einzelne nasse Stellen, welche Gallen genannt werden. Zur Entfernung der in ihnen steckenden Feuchtigkeit wendet man auch senkrechte Drains oder Saugeschächte an, welche in folgender Weise hergestellt werden: An der ermittelten tiefsten Stelle der Naßgalle wird zunächst eine brunnenförmige Vertiefung ausgeworfen, und sodann in derselben mittelst des Erdbohrers eine senkrechte Röhre eröffnet, welche die ganze undurchlassende Schicht des unterirdischen Beckens bis zur durchlassenden erteuft, nachdem das Vorhandensein der letzteren aus den geologischen Verhältnissen wahrscheinlich geworden ist. Durch diese Oeffnung findet alsdann das angesammelte Wasser einen Abweg in die Tiefe. Damit dieselbe sich nicht verstopfe, bekleidet man sie mit einer Röhre aus Holz oder Gußeisen, baut eine Art Dach aus Bruchsteinen darüber und füllt sodann mit Feldsteinen abnehmender Größe, wie bei einem Steindrain, und Erde die obere Grube wieder zu. Ein solcher Saugeschacht Fig. 14, erfüllt in geeigneten Schichtungsverhältnissen sehr gut seinen Zweck und erhält sich lange in Thätigkeit: versagt er den Dienst, so kann jederzeit nachgebohrt werden.

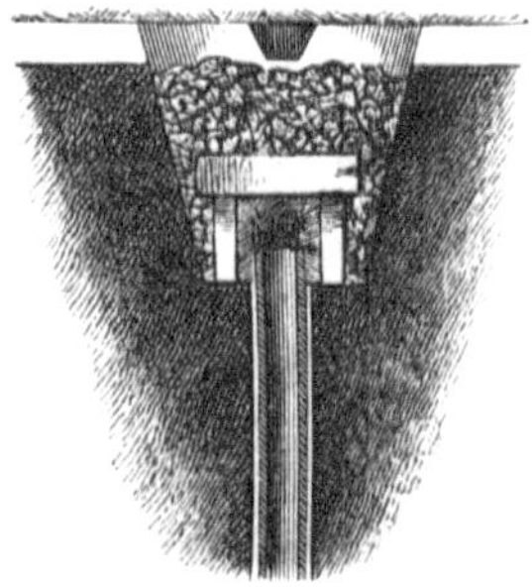

Fig. 14. Saugeschacht.

Die Entwässerung eines Landstrichs mittelst Eindämmung erfolgt zur Abwehr von Außen zuströmender Wasser, sie findet vornehmlich statt längs der Meeresküsten, woselbst, wie im nordwestlichen Europa, oft nur durch ein künstlich angelegtes, sorgsam überwachtes Deichsystem, der Culturboden gegen die feindliche Gewalt behauptet werden kann. In Holstein, Schleswig und Jütland, in Friesland, Oldenburg, Hannover und Holland hat die Eindeichung der See weite Gebiete abgerungen, welche für Futter- und Getreidebau ganz vorzüglich geeignet sind. Durch Schleußen-Einrichtungen wird dabei häufig darnach getrachtet, den befruchtenden Meeresschlamm als Rückstand partieller Ueberstauungen zu gewinnen und dadurch eine regelmäßig wiederkehrende Alluvion herzustellen. Dort, wo Ströme durch Eindämmung von der Ueberfluthung bestellter Gründe abgehalten werden sollen, macht sich häufig ein Uebelstand geltend. Es wird nämlich durch die Deiche der Abfluß der Meteorwasser verlangsamt oder gehindert, außerdem aber werden die Felder durch die Infiltration nicht selten auf immer geschädigt; große Landstriche können durch ungeschickte Eindämmungen geradewegs in Sümpfe verwandelt werden. Durch Anwendung von Wasserhebemaschinen ist ebenfalls die Entwässerung des Bodens zu bewerkstelligen; wir werden auf dieselben später zurückzukommen Gelegenheit nehmen.

Ein leider noch viel zu selten angewendetes, höchst wirksames Mittel der Verbesserung von Sumpfländereien ist die Aufschlämmung oder künstliche Alluvion, von den Culturtechnikern gern Colmatage (von dem italienischen Colmare, Auffüllen) genannt. Dieses zuerst und in großem Umfange in Italien durchgeführte Verfahren beruht auf der verschiedenen Geschwindigkeit des Laufes von trüben und von klaren Wasserflüssen, sowie auf der Möglichkeit, beide gegenseitig zu reguliren und erstere dadurch zur Absetzung der mitführenden Erdmassen zu zwingen. Die letztere Operation ist eben das Wesen der Aufschlämmung. Sie kann eine natürliche oder künstliche sein. Erstere tritt ein, sobald sich ein schlammführender Wasserlauf ohne Zuthun über eine Thalsohle verbreitet, und deren Boden allmählich erhöht; die zweite wird durch Einschließungsdämme geregelt, welche die Schlammwasser nöthigen, während kürzerer oder längerer Frist auf dem zu verbessernden Terrain zu stauen; ist der Niederschlag erfolgt, so wird das geklärte Wasser mittelst Schleußen oder Schützen langsam abgeleitet. Die günstigste Zeit zu dem Colmatage sind die Wintermonate, während welcher die Wasserläufe mindestens das Fünfzigfache an Erdbestandtheilen führen, als im Sommer. Durch die Aufschlämmung lassen sich die Tiefgründe auf die einfachste und billigste Weise austrocknen und gesund machen; selbst die verderblichsten Moräste, nicht minder andere ertragslose Oedstellen, Sandwüsten, Kiesbänke können dadurch urbar gemacht werden. Gleicherweise dient der Colmatage auch auf bestelltem Acker als düngende Bewässerung, er heißt dann Anschlämmung, Limonage. Die berühmten Meliorationen des Valdichiana, der toskanischen Maremmen, eines Theils der pontinischen Sümpfe in Italien, des Arve-Thals, der Moräste zwischen Arc und Isère, des linken Ufers am Varestrom in Frankreich sind mittelst Aufschlämmung durchgeführt worden.

Wie der Ueberschuß an Wasser, so bringt, und vielleicht in noch höherem Grade der Mangel daran, die Trockenheit der Landwirthschaft Verderben. Deshalb tritt neben die Entwässerung die Bewässerung des Bodens und seiner Früchte als eines der wichtigsten Culturmomente. Die erfrischend belebende Kraft des Wassers war schon den ältesten Nationen wohl bekannt und wurde von ihnen sorgsam benutzt. In den Ländern der scheitelrechten Sonne ist ein Ackerbau ohne Bewässerung nicht denkbar, je mehr die Lage sich ihnen nähert, um so deutlicher ist ihr Boden auf sie angewiesen. Südliche Völker waren und sind daher die Lehrmeister der Welt in der Kunst der Anwendung der facultas aquae auf das Pflanzenwachsthum. Vor Allen ist es die Lombardei, wo sich diese Kunst seit ältesten Zeiten nicht nur erhalten, sondern zur höchsten Vollkommenheit entwickelt hat. Ihre Tiefebene besitzt ein Kanalnetz für landwirthschaftliche Zwecke, wie es kein anderes Land, selbst Egypten nicht, aufzuweisen hat. Gegenwärtig ist dort der Bewässerung eine Grundfläche von ungefähr 450,000 Hectar zugeführt; die Länge sämmtlicher lombardischer Bewässerungskanäle beträgt über 7000 Kilometer, deren Wasserzufuhr per Secunde 428 Kubikmeter. Auch in Piemont ist das System der Bewässerung vorzüglich ausgebildet, namentlich seit der Schöpfung des 82 Kilometer langen Cavourkanals. Die Culturen, welche vorzugsweise bewässert werden, sind Wiesen — es gibt deren sechsschürige! — Futtergewächse, Getreide und Mais, Reis, Lein und Hanf. Man nimmt an, sagt Jacini, daß blos die Bewässerungsanlagen der Lombardei weit über eine Milliarde gekostet haben, und vielleicht dürfte diese Taxation sich noch als viel zu niedrig erweisen. Schon das Nivellement des gesammten Bewässerungsbodens mit den unzähligen Zu- und Ableitungsgräben, wobei die ganze Configuration der Bodenoberfläche vollständig geändert wurde, ist eine staunenswerthe Arbeit gewesen. Wohl darf man sagen, daß sich die Bevölkerung der lombardischen Tiefebene ihren Acker gerade so geschaffen hat, wie die Venetianer ihre prächtige Stadt. Aus verschlämmten Lagunen huben sich in Venedig die kunstreichsten Paläste, hier aber ist durch die Kunst der Wasserbenutzung aus einem verödeten, theils versumpften, theils mit Sand und Geschieben überdeckten Landstrich der reichste Boden, der Garten Europas geworden.

Nächst Italien ist Spanien das gelobte Land der Bewässerung, welche namentlich im Süden des Reiches auf jede Art der Pflanzenproduction angewandt wird und durch eine verständige Gesetzgebung sehr gut geregelt ist. Fast alle Flüsse und verschiedene Kanäle des Landes werden zu diesem Zwecke in Anspruch genommen. Die berühmtesten spanischen Bewässerungssysteme sind diejenigen der Vega von Granada und der Huerta von Valencia. In der letzteren gibt der bewässerte Boden seit Jahrhunderten zwei Jahresernten, in folgendem Turnus: 1. Hanf, gedüngt, März bis Juli; Bohnen Juli bis October. 2. Weizen November bis Juni; Mais Juni bis October; 3. Von October bis März Brache und Bearbeitung des Feldes. Die Gärten aber dieses beglückten Landstrichs liefern mit Hülfe der Bewässerung und des Guano jährlich drei Ernten an Kichern, Erbsen, Linsen, Artischocken, Zwiebeln, Tomaten, Melonen, Arbusen u. s. w. Die empfehlenswerthe **Bewässerung des Gartens**, Fig. 15, ist in folgender Weise durchgeführt. Derselbe besteht aus vier, rings mit Dämmen umgebenen Abtheilungen I. II. III. IV; ebenso sind die einzelnen Beete mit solchen eingehägt. Der Bewässerungskanal a ergießt das Wasser in die Zuleitungskanäle bb, aus welchen es in die Vertheilungsgräben cc tritt, die mittelst Stauschützen dd nach Erforderniß gesperrt werden können; es sind die Dämme. Die Durchschnitte der Gartenabtheilungen sind in A und B gegeben. Diese sind in quadratische oder längliche Beete gelegt, wie in I, II, oder sie bilden größere Flächen, wie in III, oder endlich bestehen sie aus parallelen Rücken, wie in IV. Der Abfluß des verbrauchten Wassers findet bei f statt. In die erste Abtheilung kommen Gewächse zu stehen, welche sich stark ausbreiten und zwar im Fünfverband I, 1, 2; minder platzbrauchende werden in der II. Abtheilung ins Quadrat gestellt, 3, 4. Die flachen Beete in III werden mit Gewächsen bepflanzt, welche weniger Wasser bedürfen, hier herrscht Reihencultur, 5, 6, 7. Hochstengliche Pflanzen endlich werden auf erhöhten Kämmen oder Rücken angezogen, wie in Abtheilung IV, 8—11. Selbstverständlich können diese Eintheilungen nach Erforderniß geändert werden, jedenfalls geben sie einen Fingerzeig, wie die noch großentheils äußerst primitiven Anlagen der Bewässerung mitteleuropäischer Gärten vortheilhaft verbessert werden könnten. Meister in der Bewässerung sind auch die Bulgaren der Türkei, geborene Gärtner nnd Landwirthe. Ueberhaupt bedarf der Orient des Wassers zur Pflanzenproduction ohne Unterlaß, namentlich wird in Egypten davon der ausgedehnteste Gebrauch gemacht. In diesem Lande der Hochcultur, welches schon vor Jahrtausenden die Kornkammer der Welt hieß, ist, sobald der Nil sich in sein mächtiges Bett zurückgezogen und die von ihm erquickten Fluren der sengenden Wirkung regenlosen Himmels, der ausdörrenden ständiger Winde preisgegeben hat, der fleißige Fellah unablässig bemüht, dem Mangel an Feuchtigkeit entgegen zu arbeiten durch stete Bewässerung. Sie erfolgt theils aus zahlreichen, dem Strom abgezweigten Kanälen, theils aus Senkbrunnen, welche das Grundwasser sammeln. Ein einfaches Schöpfwerk, Sakièh genannt, Fig. 16, dient zur Hebung des Wassers; es besteht entweder aus einem großen, senkrechten Holzrad mit am Kranze be-

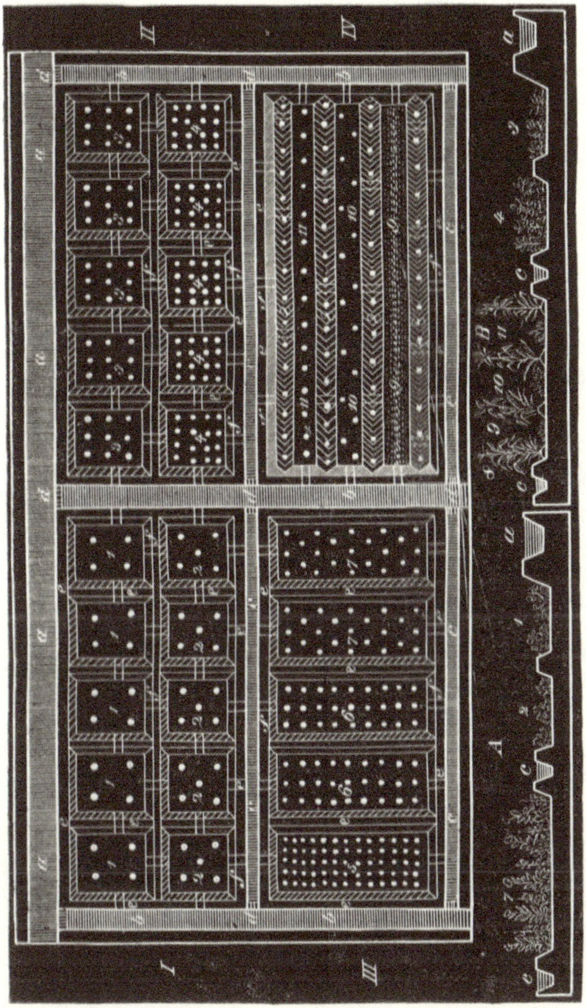

Fig. 15. Bewässerung des Gartens.

festigten thönernen Schöpfkrügen, oder aus einem über eine Trommel laufenden Becherwerk, das Ganze mittelst primitivsten Göpels bewegt durch Thiere — Esel, Büffel, Kameele —

Fig. 16. Egyptisches Schöpfwerk.

oder selbst nur durch Menschenkraft. Es genügt zu bemerken, daß außer den großartigen Wasserhebewerken, wie sie kein anderes Land der Welt besitzt, allein die Provinz Unteregypten mit ihren 2500 Dörfern über 90,000 von Thieren geförderte Sakiëhs zählt. — Im südafrikanischen Caplande liefert die Bewässerung fünfzig- bis siebzigfältige Ernte; die gesammte Plantagenwirthschaft der Tropenländer beruht auf ihrer Anwendung. Aber auch im Norden weiß man sie zu schätzen, wenn sie hier gleich nur vorzugsweise auf Futterflächen ausgedehnt wird. Aus der Lombardei haben von den Römerzügen zurückgekehrte Söldner die Bewässerungskunst zuerst an den Niederrhein gebracht, wo sie sich vornehmlich im Lande Siegen ausbildete und zur Höhe arbeitete. Von hier aus schlug sie Wurzel im Hannöverschen, welches lange Zeiten hindurch und heute noch alljährlich wandernde Vorarbeiter dieses Fachs in alle Welt sendete, so daß in vielen Gegenden die Bezeichnung „Hannoveraner" mit „Wiesenbaumann" identisch ist. Die Culturtechnik, welche sich insbesondere mit der Ent- und Bewässerung befaßt, ist ein wichtiger Zweig der Landwirthschaftslehre geworden. Unter den deutschen Staaten, welche ihr besondere Aufmerksamkeit im agricolen Interesse zugewendet haben, stehen gegenwärtig Baden und Bayern obenan.

Der mitteleuropäische Landwirth bewässert vorzugsweise seine Wiesen, ständige, aus Gräsern und Kräutern gebildete Futterflächen, welche außerhalb der Feldrotation stehen. Es ist eine durch Beobachtung festgestellte Thatsache, daß Gräser ein bedeutenderes Verdunstungsvermögen besitzen, als die meisten anderen Culturpflanzen, demgemäß bedürfen sie einer größeren Wasserzufuhr. Diese muß sich aber unablässig erneuern, darf den Boden nur durcheilen, nicht in demselben stagniren, weil im letzterm Falle sich jene verschiedenen Säuren des Humus im Uebermaß erzeugen, welche den Süßgräßern verderblich sind, dagegen das Gedeihen von sauerem Riedgras, Seggen, Binsen und Moos fördern. In diesem Sinne muß die Anlage einer Bewässerung beschaffen sein, wenn sie ihren Zweck erfüllen soll. Sie kann eine natürliche oder künstliche sein, je nachdem die Lage und der Wasserlauf eine Befeuchtung ohne größeres Zuthun gestatten, oder Erdbewegungen und andere Vorrichtungen nothwendig werden, um dies Resultat zu erzielen. In Betracht kommt vor allem die Qualität des Wassers, welches die Pflanzen der Wiese nicht blos erfrischen, sondern ihnen auch Nährstoffe zuführen soll. Im Allgemeinen ist ein Wasser zum Zwecke der Wiesenbewässerung um so vorzüglicher geeignet, je länger es auf seinem Laufe der Luft ausgesetzt gewesen war, Oertlichkeiten durchströmt hat, deren Boden ein besonders fruchtbarer ist, und jene Mineralstoffe mit sich führt, deren der zu bewässernde Boden vorzugsweise bedürftig scheint. Wenige Wasserläufe gibt es, welche sich gar nicht zur Bewässerung eignen, namentlich, wenn man sie, wie öfters leicht möglich, dazu schult oder vorbereitet. Nur das Wasser aus Torfmooren, Mineralquellen, Fabrikbehältern, Röstgruben u. s. w. ist immer bedenklich zu verwenden. Die Temperatur eines geeigneten Wässerungswassers soll ständig höher sein, als diejenige der Luft, es gibt warme Quellen, die ganz vorzügliche Wirkungen auf das Pflanzenwachsthum äußern. In der Lombardei sind solche Fontanili vorzugsweise geschätzt, sie bieten die Möglichkeit der Cultur der Winterwiesen, Marcite, welche den ganzen Winter hindurch bewässert werden können, und bis sechs Schnitte im Jahre, ungerechnet die Herbstweide, nebst einem Ertrag von 2000 Centner Gras per Schnitt und Hectar liefern. Die Fontanili haben im Winter eine gleichmäßige Temperatur von 8 — 10° R., so daß sie das ununterbrochene Wachsthum der Gräser gestatten, den Boden vor Frost bewahren und ihm stetig frische Nährstoffe zuführen können. — Die lombardischen Sommerwiesen geben gewöhnlich bei voller Bewässerung nur drei Schnitte, auch ist ihr Futterbestand hinsichtlich Güte der Gräser und Kräuter etwas geringer, als derjenige der Marcite. Die letzteren sind schon aus dem Grunde so werthvoll, weil sie den Winter über für das Melkvieh anhaltende Grünfütterung gewähren, welche die Verwerthung durch Molkerei wesentlich fördert. — Sogenanntes Brackwasser, wie es an der Mündung der Flüsse durch deren Vermischung mit dem Meere gebildet wird, ist einer reichlichen Futterproduction besonders günstig.

Die Hauptbewässerungszeit beginnt unter gewöhnlichen Verhältnissen mit der erwachenden Vegetation und dauert, durch die Benutzung der Wiese eingeschränkt, während der ganzen Periode der Wärme fort, bis im Herbste die dann gewöhnlich in größerem Maße eintretenden Niederschläge das Verfahren einstellen lassen; in südlichen Ländern findet aber, wie erwähnt auch Winterbewässerung statt. Hinsichtlich des Wasserbedarfs gehen die Meinungen weit auseinander: er richtet sich entschieden nach Klima, Lage und Boden, ebenso viel allerdings aber auch nach dem Systeme der Wasseraufbringung. Nach den zuverlässigsten Angaben rechnet man in der Lombardei und in Piemont 1 — 1,4 Liter Wasser per Hectar und Secunde für gewöhnliche Wiesen, während Vincent nicht weniger als 120 Liter pro Secunde und Hectar verlangt! Im südlichen Frankreich veranschlagt man den Wässerungsbedarf für 1 Hectar Wiese auf täglich 86,4 Kubikmeter, in 30 Tagen auf 2592, während 6 Monaten auf 15,552 K. M. Die Quantität des Abfallwassers wird durchschnittlich auf dreiviertel, der Verlust daher auf ein Viertel geschätzt; doch wirken auch hiebei die örtlichen Verhältnisse bestimmend ein.

Die Bewässerung eines Grundstücks kann in verschiedener Weise erfolgen: durch Infiltration oder Einsaugung, durch Ueberstauung und durch Ueberrieselung. Es muß einer speziellen Lehre vom Wiesenbau überlassen bleiben, diese einzelnen Verfahren genau zu kennzeichnen und zu zerlegen, hier kann nur derselben in aller Kürze Erwähnung geschehen. Bei der Infiltration übersteigt das zugeleitete Wasser nicht den Rand der Bewässerungsgräben, durch deren Seitenwände es in den Boden eintritt. So geschieht es z. B. bei der Dammcultur des Moorbodens, welcher letztere überhaupt der geeignetste für diese Methode ist. Ueberall an dem Rande von Gewässern findet Infiltration statt, welche sich je nach der Capacität des Bodens und dem vorhandenen Druck mehr oder minder weit in die Breite und Tiefe erstreckt. Bei der Ueberstauung wird die Gesammtfläche auf einmal unter

Wasser gesetzt, welches so lange darauf stehen bleibt, bis sich der Boden so vollgesogen hat, daß er auf längere Zeit hinaus hinreichenden Vorrath an Feuchtigkeit besitzt. Die Ueberstauung wird vorzugsweise angewendet zum Zwecke der Aufschlämmung. Das charakteristische Merkmal der Ueberrieselung ist dagegen, daß das zugeleitete Wasser über die gesammte Oberfläche in einer ganz dünnen Schichte möglichst gleichmäßig vertheilt wird und sich in unaufhörlicher Bewegung befindet. Zu dem Ende muß der Boden ein ausreichendes Gefälle haben damit das Wasser darüber hinweg- und abfließen mag mit einer so berechneten Geschwindigkeit, daß eine Abschwemmung oder Unterwühlung nicht stattfinden kann. Das Wesen der Berieselung besteht daher in der immer erneuerten Zufuhr des erfrischenden und ernährenden Elements. Um diese durchzuführen ist entweder die gegebene passende Lage eines Bodens oder die zum Zwecke künstliche Herrichtung desselben nothwendig. Man unterscheidet Hangbau, wenn das Gefälle oder der Abfluß des Rieselwassers nur in einer Richtung, nach einer Seite hin stattfindet, und Rückenbau (Dachbau, Beetbau) wenn dies nach zwei Seiten hin gleichmäßig geschieht; während die erstere Art der Anlage sich häufig von der Natur gegeben findet, so daß nur wenige Nachhülfe erforderlich ist, muß die zweite immer geschaffen werden und vertritt den Begriff des eigentlichen Kunstwiesenbaus. Dieser ist in der Lombardei und im Siegenschen recht zu Hause, neuerdings bevorzugt man anderwärts den einfacheren und nicht so viele Unterhaltungsarbeiten, auch Anlagekosten, beanspruchenden Hangbau.

Alle diese Bewässerungsarten wirken mit einer großartigen Verschwendung des Wassers, dessen Mehrtheil immer unbenutzt wieder abströmt. Dort, wo man Ursache hat, daran zu sparen und dennoch den Effect erreichen will, greift man zu anderen Verfahren. So ist in Großbritannien hier und dort die Schlauchbewässerung, nach Kennedy, eingeführt, bei welcher das Grundstück mittelst eines Schlauches, der an die Wechsel einer unterirdischen Wasserleitung angeschraubt, mit Wasser überstrahlt wird, wie dies in Gärten und Parks durch Spritzen zu geschehen pflegt. Oder aber wird das Wasser aus der Leitung in Röhren gebracht, welche, durchlöchert, die Wirkung einer Gießkannenbrause haben und den Regen nachahmend ersetzen sollen, Experimente, die jedoch nicht allgemeiner geworden sind. Anders ist es mit dem Petersen'schen Wiesenbauverfahren, einer glücklichen Combination zwischen Drainirung und Berieselung, welche allerdings Beachtung verdient, besonders dort, wo Mangel an Gefälle und an Wasser andere Systeme minder durchführbar erscheinen lassen. Es findet dabei die Bewässerung sowohl im Schooße des Bodens, durch Schwellung des Wassers in den Drains, als auf der Oberfläche, der es durch sinnreich construirte Ventile zugeführt wird, mittelst Berieselung statt. Die Vortheile, welche durch diese neue, vielfach verkannte Methode erzielt werden, lassen sich in Folgendem zusammenfassen: Das zugeführte Wasser wird, weil es durch den Verschluß der Drains in dem berieselten Erdreich zurückgehalten werden kann, mit allen Bodentheilen bis zur Tiefe der Drains in die innigste Berührung gebracht, vermag daher die im Boden vorhandenen und durch Wasser löslichen Nährstoffe aufzulösen, somit in Pflanzennahrung umzuwandeln, es vertheilt diese Nahrung gleichmäßig und bereichert durch die Zufuhr der im Rieselwasser gelöst enthaltenen oder demselben mechanisch beigemengten Nährstoffe den Boden überhaupt. Es kann ferner dadurch stets derjenige Feuchtigkeitsgrad hergestellt und erhalten werden, welcher dem Gedeihen der Pflanze am zuträglichsten ist; endlich ist auch die stete Einwirkung der Luft auf die tieferen Bodenschichten gesichert und dadurch die ersprießlichste Wechselbeziehung zwischen Atmosphäre und Erdreich hergestellt.

Es kann kein Zweifel darüber obwalten, daß mit der Zeit die Beschränkung der Bewässerung auf die Wiesen in den gemäßigten Ländern aufhören und dieselbe auch auf die **Felder** ausgedehnt werden wird, deren Früchte, vom Getreide an bis zu den Handels- und Gespinnstpflanzen sich dafür dankbar erweisen werden. Die Erfahrung verbürgt dies bei vielen da und dort in dieser Richtung angestellten Versuchen, in welchen die Gärtner Lehrmeister der Landwirthe gewesen sind. Der Unternehmungsgeist der Zeit hat mehrfach diese Umwälzung des Betriebs in's Auge gefaßt: so u. A. bei dem großen Plane der Bewässerung des Marchfelds nördlich von Wien durch einen abgezweigten Canal aus der Donau. Wenn auch ein wärmeres Klima die künstliche Zuführung der Feuchtigkeit nothwendiger und wirksamer macht, so ist doch nicht abzusehen, weshalb man nicht, durch sie auch in einem kälteren dem verderblichen Einfluß der Sommertrockenheit entgegen arbeiten, und hier nicht dieselben sichern Erträge bei Mais und Rüben, Raps und Hanf erzielen sollte, wie in Italien und Spanien. Im Süden werden Obst- und Weingärten regelmäßig bewässert. Eine längere Ueberstauung der letzteren hat sich bisher als das einzige wirklich erfolgreiche Mittel gegen die Phylloxera vastatrix erwiesen; leider ist sie nur dort anwendbar, wo die Reben' in der Ebene gebaut werden, und hinreichendes Wasser zu Gebote steht. Wie schon erwähnt, werden Reis, Zuckerrohr, Baumwolle, Kaffee, die Haupterzeugnisse der Bodencultur in tropischen Ländern, nur unter Beihülfe reichlichster Bewässerung herangezogen. Daß man dieselbe auch mit Glück auf die Forste ausgedehnt hat, kann nicht Wunder nehmen bei der Beobachtung des üppigen Wachsthums vieler Bäume in wasserreichem Boden.

Ueber den **Nutzen der Bewässerung** hat der ehrwürdige **Boussingault**, neben Liebig der größte Landbauchemiker der Zeit, mit besonderer Berücksichtigung der Wiesen das Urtheil ausgesprochen: Sobald ein Boden nicht an und für sich reich genug ist, um eine häufigere Wiederkehr der Düngung unnöthig zu machen, so wird derselbe auf die Dauer nur mit Schwierigkeit vortheilhaft cultivirt werden können, wenn nicht eine Wiese dazu gehört. Oder mit anderen Worten, wenn der Boden selber keine hinreichende Menge an Pflanzennährstoffen besitzt, so muß ein Theil des bewirthschafteten Areals zur Compensation Ernten ohne directe Düngerzufuhr und Bearbeitung liefern, um so auf mittelbare Weise jene Salze, Alkalien und Säuren in den Acker zu bringen, welche ihm durch eine Reihe von Productionen entzogen worden sind. Aus diesem Grunde sind Landstriche, welche durch Ströme überwässert und bereichert werden, die einzigen, welche fortwährende Ausfuhr ihrer Ernten gestatten, ohne dadurch eine dauernde Erschöpfung zu erfahren. Zu solchen gehört z. B. das von dem Nilstrom bewässerte schmale und reiche Thal, und doch würde es schwer halten, sich nur einen annähernden Begriff zu machen von der ganz ungeheueren Menge an Kali und Phosphorsäure welche blos mit dem Getreide Egyptens schon in alle Welt verbreitet worden ist. — Die Bewässerung ist ohne Zweifel das einfachste, ökonomischste und wirksamste Mittel um die Qualität eines Landgutes zu erhöhen, weil sie Futter im Ueberfluß und zufolge dessen hinreichenden Dünger gewährt. Die werthvollen Stoffe, welche das Wasser oft in so geringen Verhältnissen mitführt, daß die Analyse kaum Spuren davon zu entdecken vermag, entgehen dennoch den Pflanzen nicht, werden von ihnen in ihren Organismus aufgenommen, ebenso wie sie auch jene gasförmigen Stoffe, die meist nur in der Menge von Zentausendtheilchen in der Athmosphäre verbreitet sind, einsaugen, umbilden, verdichten. Auf diese Art sammeln die Pflanzen die im Wasser gelösten und in der Luft zerstreuten Nährstoffe, um sie dermaßen zuzubereiten, daß sie hinwiederum dem thierischen Körper deren Assimilation erleichtern.

Wenn der Gärtner mit der Kanne seine Beete begießt, bewässert er ebenfalls die darauf gestellten Gewächse. Da seine Aufgabe die Einzelnpflege ist, so kann er das Bedürfniß seiner Pfleglinge dabei ganz nach Erforderniß im Auge behalten. Es ist ein Irrthum, wenn angenommen wird, regelmäßiges Begießen und Wasser im Ueberfluß sei die Bedingung erfolgreicher Gartencultur. Nur wenn der Bedarf dazu vorhanden ist, soll den Gemüsen Wasser zugeführt werden, und jener manifestirt sich jedem Kundigen sofort. Zum Begießen ist Regenwasser das beste, nächstdem das von Flüssen, Bächen oder Teichen; hartes Quell- und Brunnenwasser soll wo möglich längere Zeit (etwa in Bassins oder Kufen) der Luft ausgesetzt sein, ehe man es verwendet. Ob und wann mit dem Rohr oder der Brause, mit der Wurfschaufel oder der Gartenspritze begossen werden soll, das lehrt bald die Praxis der Gartenkunst. Immer soll der zu begießende Boden der Beete locker und offen gehalten werden; gerne überdeckt man ihn mit Lohe, Moos, Compost, um die allzurasche Verdunstung zu verhüten. Bei Sonnenschein soll nicht begossen werden, weil der rasche Wechsel der Temperatur im Boden dem Wachsthum Eintrag thut; im Sommer ist die Zeit nach Sonnenuntergang, im Frühling der Morgen nach kühlen Nächten am geeignetsten dazu. Das Begießen der Zierpflanzen im Gewächshause und im Zimmer erfordert besondere Vorsichten, hier muß namentlich ein Uebermaß vermieden werden; das Loch im Boden des Blumentopfs illustrirt am anschaulichsten das Wesen der Entwässerung. Nachahmung des Regens zur Reinigung der Blätter vom Staube sowie zu ihrer Erfrischung ist hier in öfterer Wiederholung geboten. Lohnend ist die Bewässerung der Obstbäume von der Blüthe an bis zur vollständigen Entwickelung der Früchte, welche dadurch voller, saftiger werden und minder abfallen. Dagegen läßt sich nicht leugnen, daß das nicht bewässerte Obst und Gemüse den feineren Wohlgeschmack besitzt.

Es ist soeben von „hartem" Wasser gesprochen worden. Man versteht darunter ein solches, in welchem Kalk= und Magnesiasalze in größerer Menge gelöst enthalten sind. Es hat die Eigenschaft, daß Hülsenfrüchte — Erbsen, Bohnen, Linsen — sich darin nicht weich kochen, weil jene Salze sich an denselben niederschlagen, sie mit einer feinen Kruste umgeben; das Gleiche thun sie auch in den Gefäßen, worin hartes Wasser zum Sieden gebracht wird; hier scheiden sie — insbesondere der schwefelsaure Kalk oder Gyps — sich aus in der Form von Topfstein, Pfannenstein, Kesselstein; die Seife wird darin zu Flocken — Kalkseife — gefällt und verliert ihre reinigende Kraft. — Weiches Wasser nennt man dagegen ein an gelösten Salzen armes, höchstens Alkalien enthaltendes, bei dessen Gebrauch alle die vorgenannten Erscheinungen nicht auftreten. Die atmosphärischen Wasser sind immer weich, die Flußwasser meistens, sofern sie nicht gerade Kalkgebieten entstammen, dagegen sind diejenigen der meisten Brunnen und Quellen hart, weil sie aus dem Grundwasser kommen, welches Gelegenheit gehabt hat, die betreffenden Gebirgsformationen auszulaugen. Es ist für einen Landwirthschaftsbetrieb keineswegs einerlei, ob ihm hartes oder weiches Wasser zu Gebote steht; nur das letztere eignet sich für den häuslichen Dienst der Küche und der Wäsche, für das Kochen des Viehfutters, für die Speisung des Dampfmaschinenkessels und für die Wollwäsche der Schafe. Uebrigens läßt sich das harte Wasser in weiches verwandeln durch Kochen desselben mit Pottasche oder Soda, welche Alkalien die kohlensauren, schwefelsauren und salzsauren Salze des Kalks und der Magnesia fällen, somit unschädlich machen. Zum Behufe der Hauswäsche setzt man dem harten Wasser zu gleichem Zwecke wohl auch Salmiak und Terpentinöl zu, jedoch mit minderem Erfolge. Dem Wollwaschwasser dürfen keine Alkalien beigemengt werden, weil diese eine Entfettung der Wolle bewirken; steht nur hartes Wasser zu Gebot, so ist es gerathen, die Wolle im Schweiß zu scheeren und einer Wollwaschanstalt zu übergeben. Kleinere Partieen können in zuvor gekochtem Hartwasser, dessen Salze mit Aetzkalk gefällt worden sind, befriedigend gereinigt werden. Gegen den Kesselstein, der mehrentheils aus einem Niederschlag von schwefelsaurem Gyps besteht, sind schon unzählige Mittel vorgeschlagen worden, ohne daß bis jetzt ein solches von entschieden durchgreifender Wirkung bekannt geworden wäre; es gibt auch wahrscheinlich kein anderes als die Fällung der Salze des Wassers vor der Verwendung. Um nur einen Vorschlag aus den Tausenden gegen den Kesselstein hierherzustellen, sei der allerneueste erwähnt: Einlage von metallischem Zink in die Dampfkessel, erprobt in der Centralwerkstätte der Main-Neckarbahn zu Darmstadt.

Das Trinkwasser für Menschen und Thiere soll völlig geschmacklos, rein und kühl sein. Sowohl hartes wie weiches Wasser eignen sich, falls sie diese Eigenschaften besitzen, gleich gut zum Genuß und ist kein Unterschied in ihrer Wirkung auf den Organismus wahrzunehmen. Die Reinheit des Wassers ist übrigens eine ziemlich relative Sache; wer das schmutziggelbe des Nils monatelang getrunken, es köstlich und sich wohl dabei befunden hat, gleich den Millionen, die kein anderes kennen, der wird dieselbe nicht als oberstes Bedingniß hinstellen, so sehr gern er sich auch an dem krystallenen Naß des Bergquells letzen mag. Insbesondere scheint es erwiesen, daß es für die Thiere ziemlich gleichgültig ist, ob sie aus frischen Gebirgsbächen oder lehmigen Strömen der Ebene trinken. Jedenfalls sind ihnen die überschlagenen Wasser der letzten zuträglicher, als das kalte der tiefen Brunnen oder Cisternen. Man stellt die Viehtränken her an Quellen, mittelst Ableitung eines fließenden Wassers, durch artesische oder gegrabene Brunnen, endlich durch Sammlung der atmosphärischen Niederschläge in Reservoirs oder Cisternen. Immerhin hält die Erfahrung dafür, daß die dem Untergrund entstammenden Tränkwasser hinsichtlich ihrer Verwendbarkeit im letzten Range stehen. Die Viehtränken sind besonders wichtig in jenen Gegenden, wo der Wassermangel die Pflanzencultur versagt, aber wandernde Viehheerden die Vegetation der Steppe oder des Karstes immerhin auszunützen vermögen. Wenn auch die Schafe tagelang des Trinkens entbehren können, oder dasselbe, wie in Australien, durch den Verzehr saftstrotzender Kräuter — Eiskraut, Salzbusch — zu ersetzen vermögen, so hat dies doch eine Grenze, und selbst ihre Genügsamkeit kann nicht auf das Wasser gänzlich Verzicht leisten. In vielen Localitäten wird ihnen, wie den Rindern der Weide, dasselbe geboten in schmutzigen, mit Algen überwucherten, von Organismen wimmelnden Tümpeln, welche durch das Eintreten wie die Auswürfe der Thiere an Zuträglichkeit nicht gewinnen; diese roheste Form der Viehtränken muß aus einer rationelleu Wirthschaft ganz verbannt werden. Dieselben sollen stets wo nur möglich mit Trog eingerichtet sein, welcher besser aus Stein oder Cement, denn aus einem Holzstamm, hergestellt wird; seine Höhe soll für Großvieh 0,70 m., für Schafe 0,33 — 0,35 m. über dem Boden betragen. Für 80 bis 100 Stück Großvieh oder dessen Aequivalent rechnet man einen Zufluß von 0,22 Liter per Secunde oder 20 Kubikmeter täglich; das Tränkebassin für diese Thierzahl muß 4200 Liter fassen, es wird demgemäß ungefähr fünfmal im Laufe des Tags sich neu füllen, daher stets frisch, aber nicht zu kalt sein.

Wo in südlichen Ländern stagnirende Tümpel oder die Niederschläge gefaßt werden müssen, um Viehtränken herzustellen, da ist es geboten, das Wasser den Thieren nicht eher zugängig zu machen, als bis es ein Filtrirbecken passirt hat, worin es von den zahllosen darin sich bildenden Organismen gereinigt wird. Um deren Anhäufung zu verhindern, setzt man dort dem Tränkewasser gewöhnlich Kochsalz zu, wodurch es zugleich den Thieren angenehmer werden soll, aber jedenfalls viel von seiner durstlöschenden Eigenschaft verliert. Es wäre gerathener, durch kleine Zusätze von Mineralsäuren oder Alkalien jene Wucherung zu unterdrücken. Die vorzüglichsten Tränken sind die nach dem Systeme des österreichischen Ingenieurs Schievitz construirten, wie sie im Küstenlande der Adria vielfach eingeführt sind. — Das Schwemmen oder Baden der Thiere während der wärmeren Jahreszeit ist eine nicht zu vernachlässigende Gesundheitsmaßregel. Am besten findet es statt in langsam fließendem Wasser, in Seen oder Teichen, auch in besonders erbauten Schwemmbassins, worin jedoch eine Stagnation nicht stattfinden darf. Kalte Quellen sind zur Speisung der Schwemmen zu vermeiden. Wollwaschteiche sollen ebenfalls guten Abfluß haben; geeigneter sind breite Bäche oder Flußkanäle, welche sich schwellen lassen und somit zur Anwendung der Sturzwäsche dienen können; wie schon oben erwähnt, erfordert die Pelzwäsche der Schafe immer ein weiches Wasser; sie geschieht bekanntlich auch mittelst des Wasserstrahls aus einer kräftigen Spritze (Spritzwäsche.) Hinsichtlich des Wasserconsums der Hausthiere hat Henneberg nachgewiesen, daß im Lebensprozeß derselben die größte Wasserperspiration — Ausscheidung von Wasser in Dunstform durch Lunge und Haut — mit dem größten Verbrauche an Wasser zusammenfällt. Mit gesteigerter Perspiration steht aber auch Kohlensäurebildung und deshalb der Consum von kohlenstoffhaltigem Respirationsmaterial im genauen Verhältniß. Je bedeutender demnach die Wasseraufnahme ist, um so geringer wird der Betrag an jener kohlenstoffhaltigen Nahrung, welche zur Neubildung im Körper dienen soll. Nicht minder steht aber auch der Umsatz an Proteinstoffen mit dem Wasserverbrauch in enger Verbindung; je stärker der letztere eine um so größere Menge thierisches Albumin wird mit dem Harne ausgeschieden. Daraus folgert die praktische Lehre, daß jedes Uebermaß an Getränk, sei es Wasser oder Schlappfutter, ebenso starke Transpiration in allzu heißen Ställen den Thieren schädlich, ihrer Production abträglich ist. —

Die Verkehrsmittel der Neuzeit gestatten den Transport von Thieren, deren Fleisch für die Approvisionirung der Städte bestimmt ist, auf weite Entfernungen hin. In den Waggons der Eisenbahnen möglichst eng zusammengepferchт, in unbequemer Stellung, müssen dieselben oft Hunderte von Meilen bis zu ihrem Bestimmungsorte zurücklegen. Zu der Qual der Lage und der ungewohnten Erschütterung kommt aber gewöhnlich noch diejenige des Hungers und des Durstes. Auf den continentalen Bahnen ist man noch nicht so weit, einzusehen, welche Verluste an Geld und Nahrung durch solchen thierquälerischen Transport entstehen: höchstens, daß man bei sehr weiten Reisen die Thiere einmal auswaggonirt, füttert und tränkt, was aber gleichfalls mit mancherlei Nachtheilen verbunden ist. Deshalb erscheint es unbegreiflich, daß man sich immer noch nicht allgemein zur Einführung der Vieh-Waggons nach amerikanischer Art entschlossen hat, in welchen die Thiere während des Transports ganz bequem gefüttert und getränkt werden können. Namentlich das letztere sollte unbedingt geschehen, da die Erfahrung dargethan hat, daß sie weit mehr als vom Hunger von dem Durste zu leiden haben und diesem, insbesondere bei heißer Jahrzeit, nicht selten erliegen. Die Tränkevorrichtungen sind in den Waggons leicht und ohne große Kosten anzubringen; entweder sind sie mit Behältern verbunden oder werden besser an bestimmten Pumpstationen gefüllt. Wo diese Fürsorge nicht geübt wird, da verlieren Mastthiere während eines dreitägigen ununterbrochenen Transports gegen 7 Procent ihres Gewichtes und mehr.

Aus alle dem Vorgesagten geht zur Genüge hervor, welcher Segen ein angemessener Wasserlauf für den Betrieb der Landwirthschaft ist oder werden kann, wenn er richtig verwendet wird. Es ist bekannt, daß er außerdem erhebliche Vortheile zu bieten vermag, als **bewegende Kraft**, sei es zum Betriebe von Mühlwerken, Schöpfrädern, Maschinen, sei es zum bequemen Transporte ungefüger Massen. Die Producte vieler Forste könnten nicht nutzbar verwerthet werden, ohne die Trift, durch welche das Wasser Scheiter und Stämme weiter trägt bis zum Rechen, an dem sie aufgefangen und auf den Legeplatz gefördert werden. Die Holztrift ist am meisten im Gebirg am Platz; dort wo der Wasserarm nicht mächtig genug ist, um mit einem mal große Holzmassen auf seinem Rücken thalab zu schwemmen, wird er mittelst Wehren oder Klausen geschwellt, bis er das genügende Quantum zu voller Wirkung gesammelt hat. Schon oben wurde der Begünstigung des Transports durch den Schnee gedacht. Die Ströme führen in gewaltige Flöße zusammengekuppelt die schlanken Riesen der Gebirgswälder fernen Meeren zu; der Flößereibetrieb ist unersetzlich für die billige Beschaffung der Nutzhölzer; aus dem Schwarzwald schwimmen die gewaltigen Edeltannen unzerstückt den Rhein hinab nach den Niederlanden, die Donau trägt die Schätze der norischen Alpen in's schwarze Meer und Karpathenhölzer, von der Weichsel geflößt, lagern in den Ostseehäfen.

Allein nicht blos Segen bringen die fließenden Gewässer der Menschheit, insbesondere der Bodencultur. Nicht selten entfesselt sich ihr ehedem friedlicher Gehalt zu wildestem Vernichtungswerk; wenn nach reichem Schneefall die Lenzlüfte alle Halden in rieselnde Wasserfälle verwandeln, aus den Gebirgsschluchten mit immer anwachsender Wucht, genährt aus jeder in die Tiefe gerichteten Furche die Wildbäche thalab rasen, wenn Wolkenbrüche oder dauernde Landregen eine Wassermasse über die Erde senden, die von der schon gesättigten nicht mehr aufgenommen werden kann, daher über sie hinwegschießt, sich in Gießbäche vereinigt, welche den tiefsten Stellen zustürzen; wenn ein gewaltiger Eisgang stockt und unüberwindliche Wälle über die Strombreite baut, an denen das nachströmende Wasser sich bricht und staut — dann tritt ein, daß die Wasserläufe ihr Bett überwältigen, sie treten über die Ufer, sie unterwaschen die Dämme, sie überschütten fruchtbares Gelände mit sterilem Sand und Kieselgeschieben, sie stürzen die Bäume und die Menschenwerke, tausendfaches Elend folgt ihrem heimtückischen oder stürmischen Anfall und zu den entsetzlichsten Ereignissen gehören die großen **Ueberschwemmungen**, deren Folgen manchmal noch betrübender sind, als ihr unmittelbarer Schaden. Wie groß dieser für die Landwirthschaft ist, wie sehr diese öfters auf lange Reihen von Jahren hinaus auf das Empfindlichste dadurch geschädigt und zurückgeworfen wird, braucht kaum gesagt zu werden. Es ist erklärlich, daß man alles Mögliche versucht hat, sowohl um die Ursache eines so großen Uebels zu ergründen, als auch Mittel aufzutreiben zum Schutze dagegen oder wenigstens zu seiner Abschwächung.

Ziemlich allgemein wird behauptet, die fortgesetzte **Entwaldung** in den Culturländern sei die hauptsächlichste Ursache der Ueberschwemmungen, weil an den entwaldeten Höhen und Gebirgen das Wasser ohne Hemmniß in Gießbächen niederströme, während die Bergwälder durch ihre Blätter, ihre Wurzeln, ihre Abfälle den Dienst eines ungeheueren Schwammes leisteten, der sich mit Regenwasser volltränkt, dasselbe aber nur ganz allmählich wieder verdunstet oder an die Tiefe zur Bildung der Quellen abgibt. Daß dies in localer Weise wirklich der Fall sei, wird wohl kaum bestritten werden, ob aber die zunehmende Entwaldung, deren beklagenswerthe Thatsache keineswegs beschönigt sein soll, im Großen und Ganzen an den Ueberschwemmungen schuld sei, das kann und darf doch einigermaßen bezweifelt werden. Allerdings wird in dieser verneinenden Ansicht der allgemeinen, landesüblichen geradezu entgegen getreten, allein die Geschichte hat Beispiele genug dafür bis in unsere Zeit, daß, was die Welt für Glauben gehalten hat, doch am Ende nichts gewesen ist, als Aberglauben. Die Entwaldung selber ist wenig betheiligt bei der Erscheinung der Ueberschwemmungen. Es liegen hierüber beglaubigte Untersuchungen hervorragender Ingenieure vor, leider lesen und kennen sie die Wenigsten. Das Wasser der Niederschläge dringt überall, am Hang, wie auf der Ebene, in den durchlassenden Boden ein, bis dieser völlig gesättigt ist; einen Lauf vermag das Pflanzenwachsthum höchstens dort aufzuhalten, wo er existirt. Ist der Boden undurchlassend, so bleibt die gefallene Wassermasse auf der Oberfläche, einerlei ob diese eben oder coupirt, mit Getreide oder Holz bestanden sei. Es klingt zwar ganz plausibel: Blätter, Nadeln, Wurzeln, Ueberreste halten den Lauf des Wassers auf; aber im Winter und im zeitigen Frühjahr hat der Wald keine Blätter und außerdem kann diese Behauptung auch nur für die erste Dauer eines Regens gültig sein, denn sobald Blätter und Bodendecke auf undurchlassendem Boden hinreichend gesättigt sind, muß das Wasser abfließen. Große Ueberschwemmungen entstehen aber bekanntlich nicht nach einem gewöhnlichen Regen von einigen Stunden Dauer. Mit noch viel größerem Rechte könnte man den Wäldern vorwerfen, daß sie die Ueberschwemmungen veranlassen, weil sie eben die Eigenschaft besitzen, die atmosphärischen Niederschläge anzuziehen.

Erst vor Kurzem ist dem preußischen Abgeordnetenhause der Bericht über einen Gesetzentwurf betreffs der Schutzwaldungen und Waldgenossenschaften vorgelegen, in welchem auch die Frage der Wechselwirkung zwischen Wald und Wasser vorsichtig erwogen worden ist. Es mögen daraus die folgenden zur Erleuchtung des Gegenstandes dienlichen Schlaglichter hervorgehoben werden. Die Wälder vermehren die relative Feuchtigkeit der Atmosphäre zu allen Jahreszeiten, besonders aber in der warmen, in beträchtlichem

Maße. Deshalb sind auch die wässerigen Niederschläge in den Waldbeständen, zum Theil wegen der größeren Luftkühle derselben, bedeutender, als im freien Felde. Die Verdunstung einer freien Wasserfläche ist im Walde um mehr als 60 Procent geringer, als in der baumlosen Fläche; aus einer mit Wasser capillarisch gesättigten 14 Cm. tiefen Bodenschichte verdunsten im Walde mit Streudecke 15, im Walde ohne Streudecke 38 Volumtheile Wasser, während aus der gleichen Bodenschichte im freien Gelände und ohne Pflanzendecke 100 Volumtheile Wasser verdunsten. Die wissenschaftliche Forschung constatirt einen Einfluß der Wälder auf die Quellenbildung und auf den Wasserstand der Flüsse, keineswegs aber einen solchen auf die Ueberhandnahme der Ueberschwemmungen. In der That ist eine Fürsorge betreffs des Waldschutzes in den Quellgebieten durchaus in der Ordnung, um so mehr, als die zunehmenden Entwässerungsarbeiten der Hochcultur auch die Forste in ihr Bereich gezogen und namentlich jenen Hochmooren den Krieg erklärt haben, welche, wie ein nimmer austrocknender Schwamm, ständige Feuchtigkeitsaufsauger und Bildner zahlreicher die Niederungen bewässernder Abflüsse waren. Von verschiedenen Seiten ist schon warnend darauf hingewiesen worden, daß auch die wohlthätige Maßnahme der Trockenlegung ein durch die klimatisch-meteorischen Verhältnisse des Landes begrenztes Ziel haben müsse. Die constatirte Abnahme des Wasserstandes der Flüsse ist jedenfalls nur eine zeitliche, und kann nicht erschrecken, wenn man bedenkt, daß nicht ein Atom Wasser aus dem Bereiche des Erdballs jemals verschwinden kann. So lange nicht eine erkleckliche Zunahme des länderumgürtenden Oceans nachgewiesen, was bis jetzt entschieden nicht der Fall ist, wird man an einen allgemeinen Wassermangel auf dem Festlande nicht glauben dürfen. Daß in Folge örtlicher Umgestaltungen Ströme rascher abfließen, ihr Niveau verändern, das kann für die betreffenden Landstriche sehr unangenehm sein, auf die Allgemeinheit hat es keinen Einfluß. Wir kennen ziemlich genau die Zonen und die Mengen der jährlichen Niederschläge, sie haben sich nicht verändert, seitdem die exacte Forschung sich auch dieses Gebiets bemächtigt hat. Klar dagegen vor den Augen Aller, um mit den Worten des obcitirten Berichts zu sprechen, liegt die Bedeutung der Wälder für die mechanische Befestigung von Bodenschichten, welche durch den Stoß bewegter Lufttheile oder des Wassers einer Fortbewegung unterliegen, also namentlich von beweglichen Sandländereien, Flugsand, sowie von der Erddecke an steilen, abschwemmbaren Gehängen scharfer Bergrücken und steiler Felsenkuppen. Hier bedarf es eines weiteren wissenschaftlichen Nachweises nicht; eine ausreichende Erfahrung oft sehr trüber Art liegt vor, welche längst Gemeingut aller Verständigen geworden ist.

In einer eingehenden Arbeit hat Wex die Wasserabnahme in den Quellen, Flüssen und Strömen nachzuweisen versucht. Das hydrotechnische Comite des österreichischen Ingenieur-Vereins hat dieselbe einer technischen Prüfung unterzogen, welche zu dem Schlusse gekommen ist, daß eine Zunahme der Frequenz und ein Anschwellen der Hochwässer sowie eine Abnahme in der Höhe der Mittel- und Niederwasserstände in den meisten Flüssen und Strömen der Culturländer erwiesen — und die Ursache der schädlichen Veränderungen des Regime's der Flüsse in der Entwässerung von Sümpfen und Moräften, in der Ablassung von Seen und Teichen, hauptsächlich aber in der Devastation der Wälder zu suchen ist. Als Mittel zur Entgegenwirkung schlägt jenes Gutachten vor: Die Wälder auf den Rücken, den Lehnen und Plateaux der Berge dürfen unter keinen Umständen kahl abgetrieben werden; nur in den Niederungen dürfen Forste nach einem einheitlichen Culturplane über große Landstriche ausgerodet werden; im schwachen Gebirge und im Hügellande sollen nach eben solchen Culturplänen Aufforstungen, in den baumlosen Ebenen örtlichen

Verhältnissen entsprechend Schirmpflanzungen ausgeführt werden; bei Regulirung von Flüssen, Entsumpfungen, Auflassungen von Teichwirthschaften u. s. w. sollen durch Bewässerungsanlagen Aequivalente für die verlorenen Reservoirs geschaffen, die vorhandenen Ströme und Flüsse durch systematische und einheitliche Regulirung schiffbar gemacht und erhalten, endlich sollen Schiffsahrtskanäle in nicht minderem Grade als Eisenbahnen den natürlichen Verhältnissen des Landes entsprechend berücksichtigt und deren Anlage in jeder Art gefördert werden. — Daß die aus gefallenem Laub, Nadeln, Zweigen, Geniste, Moos, verwesenden Pflanzenresten u. s. w. bestehende Bodendecke einen Waldes geeignet ist, sowohl große Wassermassen an und für sich aufzusaugen, als deren raschen Abfluß zu verhindern, ist eine Thatsache von praktischem Gewicht. Schon diese Eigengenschaft sollte bewirken, daß sie den Forsten nicht entnommen und zum Besten einer zurückgebliebenen Landwirthschaft als Streumaterial verwendet werde. Der Acker darf nicht auf Kosten des Waldes leben, wenn es mit beiden gut bestellt sein soll. Dem letzteren entgeht aber durch die Streuentnahme der Ersatz für die durch den Holzwuchs dem Boden zugefügte Erschöpfung; in 1000 Kilogramm lufttrockner Waldstreu sind gegen 3 K. Kali, 3,14 Phosphorsäure, 25 Kalk, 3,64 Magnesia, 8 Stickstoff enthalten ungerechnet etwa 800 K. humusbildender Bestandtheile; wenn aber die beiden ersteren, schwer ersetzlichen Nährstoffe dem Walde immer entzogen werden, so muß er im Ertrage nachlassen und sein Boden verarmen. Mit Rücksicht daher sowohl auf die dauernde Fruchtbarkeit, wie auf die Zurückhaltung der Niederschläge ist die Waldstreunutzung ganz verwerflich und nur in äußersten Nothfällen zu gestatten, selbstverständlich aber niemals dort, wo sie den einzigen Schutz gegen das Niederwaschen der oberen Bodenschichte bildet. —

Wenn es eines besonderen Beweises bedürfte, daß die Entwaldung keineswegs in so engem Zusammenhange mit den großen Ueberschwemmungen steht, wie man gewöhnlich annimmt, so könnte er leicht auf historischem wie auf geographischem Wege geführt werden. Wir wissen genau, daß das von Wäldern überdeckte Europa der Vorzeit noch viel schrecklichere und länger andauernde Ueberflutungen der Gewässer auszuhalten hatte, als das heutige, in welchem sie, Dank der Cultur und der, wenn gleich nur schwach wirksamen Schutzmaßregeln, im Ganzen doch seltner geworden sind, und nur deshalb um so schrecklicher auftreten, weil sie eben mehr Güter bedrohen, größere Culturstörungen bewirken. Wo in Amerika der vollwüchsigste Urwald auf tausend Meilen weit zu beiden Seiten die Ströme begleitet, hindert er doch keineswegs deren Ueberschwemmungen nach einem raschen Schmelzen des Schnees oder dem Niedergange von Wolkenbrüchen; der Entwaldungstheorie nach dürfte der nach der Regenzeit aus der innerafrikanischen Baumwildniß der Mondgebirge herabbrausende Nil niemals seine Ufer übertreten, längs deren oberem Theile die Axt noch keinen Stamm berührt hat — und so könnten der überzeugenden Beispiele noch viele angeführt werden. Uebrigens sind nicht blos die Kahlhiebe an den Berglehnen — deren Schädlichkeit allgemein zugegeben wird — sondern auch die Straßenbauten, die Eisenbahnen, die Drainirungen als Beförderer der Wassergefahr angeklagt worden, und, man darf es sagen, alle mit völlig gleichem Rechte. Einen sichern Schutz gegen Ueberschwemmungen gibt es nicht, so lange ihr Auftreten jeder Voraussicht spottet; ihre fast einzige Ursache sind die Meteorwasser im Vereine mit den Witterungszuständen, diese aber lassen sich nicht reguliren und ihre Folgen nur nothdürftig abwehren. Gemeinlich bringt die Schutzmaßregel gegen den zufälligen und zeitweiligen einen dauernden Uebelstand. Daß die austretenden Gewässer in vielen Fällen Befruchtungsstoffe zurücklassen, den Boden mit Feuchtigkeit versorgen und auf diese Weise sterile Flächen ertragsfähig machen, läßt ihre Ankunft in manchen Landstrichen sogar willkommen erscheinen. Diese Verhältnisse wollen insbesondere erwogen sein bei Correctionen oder Regulirungen der Flüsse, derjenigen Maßregeln, welche, wie erwähnt, noch am ersten berufen ist, Ueberschwemmungsgefahren vorzubeugen oder zu mildern. Feste Eindämmungen vermögen zwar gewöhnliche locale Austritte abzuhalten und einzugränzen, keineswegs aber immer diejenigen ungewöhnlich großer Wasserfluten, deren Verheerungen sie im Gegentheile manchmal nur noch fördern. Die Ueberschwemmungen nach den starken Wolkenbrüchen des Jahres 1875 in Böhmen und Mähren, wo sich sogar die Eisenbahndämme als verderblich erwiesen, und die Folgen des außerordentlichen Wasserstands der Donau bei dem denkwürdigen Eisgange des Winters 1876 haben dies zur Genüge dargethan.

Die blos auf der Bodenoberfläche hinschießenden Tagwasser können im Kleinen die Felder des Landwirths ebenso schädigen, wie die austretenden Ströme dies im Großen thun; er muß daher durch Fassung und rasche Ableitung derselben den erforderlichen Schutz bieten. Zu dem Ende müssen die bestellten Aecker mit Wasserfurchen versehen sein, einfachen mit dem Pfluge gezogenen Kanälen, welche, von den vertieften Stellen ausgehend und dem Gefälle des Bodens folgend, die Ansammlung der Niederschläge verhindern, indem sie diese ununterbrochen ableiten. Je sorgfältiger und glatter die Wasserfurchen gezogen sind, um so besser leisten sie ihren Dienst. In verschiedenen Gegenden, besonders mit schwerem, gebundenem Erdreiche, ist es üblich, nur ganz schmale Beete mit einer Wölbung in der Mitte zu ackern, zwischen welchen eine tiefe Doppelfurche die Stelle des Abzuggrabens vertritt, so daß mittelst dieser das überschüssige Meteorwasser entfernt, das Beet selber aber trocken gehalten wird. Ein solcher „Bifangbau“, wie er genannt wird, hat aber mancherlei Uebelstände und kann gewöhnlich durch ordentliche Entwässerung mittelst Drainirung, verständige Anlage von Wasserfurchen und Grabenleitungen überflüssig gemacht werden.

Die fließenden Wasser, sagt Rabault de Buffon, sind, sobald man gegen den Schaden, welchen sie etwa verursachen können, hinreichend gerüstet ist, ein natürlicher Reichthum, dem Menschen zu Gebote. Sie vertreten ein schon vorhandenes Capital das nur der Ausnützung harrt; geschieht diese mit der erforderlichen Intelligenz, so werden die gewonnenen Vortheile stets außerordentlich hoch über die aufgewendeten Kosten sich stellen. In solchen Fällen wird der Schatz unmittelbar gehoben und der ihm mit Leichtigkeit zu entschlagende Mehrertrag wirkt dann zurück auf alle Einzelnzweige des gesammten landwirthschaftlichen Gewerbes. Wenn die Kunst der Bewässerung überall und ohne Widerrede an die Spitze von allen Arbeiten der Culturverbesserung gestellt wird, so geschieht dies darum, weil sie zunächst auf den Wiesen billiges und reichliches Futter, damit aber auch billigen und reichlichen Dünger schafft, so daß sie also in der innigsten Beziehung steht zu der Lebensfrage des Ackerbaues, derjenigen von Erschöpfung und Ersatz. Die Aufgabe der modernen Culturtechnik oder der agricolen Hydraulik sind daher von der größten Tragweite für die Entwickelung der Landwirthschaft und nicht mit Unrecht hat man diese im Sinne des Fortschritts einen Zweig des höheren Ingenieurwesens genannt.

Stehende Gewässer, Seen, Teiche, Lachen, Tümpel, wollen vom landwirthschaftlichen Gesichtspunkte aus gleichfalls gewürdigt werden. Zum Theile sind sie schon deshalb merkwürdig und wichtig, weil sie vermöge der Reflexion und Verdunstung Einfluß auf das örtliche Klima nehmen und ihren Anlanden sowohl durch Infiltration wie durch Nebel Feuchtigkeit zuführen. Außerdem hat Professor Senft in einer meisterhaften Arbeit darauf hingewiesen, daß viele Binnengewässer in einer steten Landbildung begriffen seien, welche nicht blos durch zugeführten Steinschutt, sondern auch durch Pflanzen bewirkt wird. In der That bringen die Zuflüsse stehender Gewässer aus den Gebirgen fortwährend Steintrümmer in dieselben, welche mit der Zeit deren Tiefe ausfüllen müssen, während Pflanzen als Landbildner hauptsächlich in solchen Wasserbecken thätig sind, welche „entweder gar keinen oder nur einen oberflächlichen Zu- und Abfluß haben, in denen also nur die oberste Wasserschichte durch kleine, flache, langsam einfließende Bäche gespeist oder bei ihrem Abflusse fortgefluthet wird, während die tieferen Wasserschichten mehr oder weniger in Ruhe bleiben — und außerdem eine solche eingeschlossene Lage haben, daß ihr Wasser von den atmosphärischen Luftströmungen wenig oder nicht in Bewegung gesetzt, folglich auch nicht von der atmosphärischen Luft vollständig durchdrungen werden kann.“ — Nach der Art, wie die Pflanzen vom Rande oder vom Grunde der Becken aus sich des Raumes bemächtigen unterscheidet Senft „eine Vermoorungs- und Landbildungsart, durch welche stehende Gewässer von oben nach unten, also von ihrem Spiegel nach ihrem Grunde hin, und eine zweite, bei welcher sie in umgekehrter Richtung durch Pflanzen ausgefüllt werden.“ Die Wichtigkeit dieser Vorgänge springt in die Augen, indem sie die Entstehung der Moore und Torflager begründen, zugleich aber auch deren öfters auffallende Verschiedenheit durch die sie constituirenden Gewächse und deren chemische Zusammensetzung oder Mineralstoffnahrung erklären. In welcher außerordentlichen Weise aber Pflanzen sich im Wasser anzusiedeln und zu mehren vermögen, davon liefert ein Beispiel der canadische Wasserthymian, Elodea canadensis oder Anacharis alsinastrum. Diese Wasserpflanze ist im Jahre 1847 aus Nordamerika nach Europa gelangt, hat sich aber seit dieser Zeit schon so unglaublich verbreitet, daß sie in verschiedenen Wasserläufen die Schifffahrt ernstlich stört. Man hat ihr daher den Namen „Wasserpest“ gegeben, ist aber neuerdings von dem harten Urtheil über sie zurückgekommen, seitdem man durch Hanstein weiß, daß der Wasserthymian in auffallender Menge Sauerstoff entwickelt, wodurch er zur Unschädlichmachung der Sumpfmiasmen wesentlich beiträgt. Außerdem liefert die Pflanze in ihren jährlich mehremale zur Ernte gelangenden Massen einen sehr schätzbaren Beitrag für den Acker als Dünger, — getrocknet — als Einstreu, wodurch demselben ein guter Theil der dem Wasser zufließenden Nährstoffe zurückgebracht wird. Auch für die Fischzucht soll die Wasserpest durch Reinigung der Gewässer und Darbietung von Schutz sich sehr zuträglich erweisen, so daß sie an verschiedenen Orten geflissentlich eingeführt worden ist und regelmäßig geerntet wird. Es wurde überhaupt schon oben darauf hingewiesen, daß eine Bewirthschaftung zu Gebote stehender Wasserflächen sich mit der Bodencultur leicht vereinigen und mancherlei Vortheile erwarten lasse. Ein besonderer Zweig der letzteren ist denn auch die Teichwirthschaft, bei welcher ein Wechsel von Land- und Wasserwirthschaft in der Weise stattfindet, daß geeignete Strecken eine Reihe von Jahren hindurch unter Wasser gesetzt als Fischteiche, meistens zur Karpfenzucht, pfleglich behandelt, dann abgelassen und ein Jahr oder einige Jahre lang zum Getreidebau benutzt werden, der in dem reichen Grunde ohne weiteren Dünger treffliche Erträge bringt, bis eintretende Erschöpfung wieder die Ueberfluthung gebietet. Fischzucht wird überhaupt als integrirender Theil der Landwirthschaft betrachtet; neuerdings ist dieselbe nach verschiedenen Richtungen bedeutend ausgedehnt worden; so beschäftigen sich viele Besitzer von kleineren stehenden Gewässern mit der lucrativen Aufzucht der chinesischen Goldfische, welche einen Handelsartikel bilden, dessen Bedeutung sehr unterschätzt wird; Andere haben sich auf die Mästung der Flußkrebse verlegt und senden ihre Producte weithin in das Ausland; es ist übrigens bekannt, daß an den

Küsten der Meere die Wasserwirthschaft in ganz großartigem Maßstabe betrieben wird; die „Hummerfarmen“ in Nordamerika, die Fermes modèles de l'ostréiculture im westlichen Frankreich, die Fischparke (Réservoirs à poissons) daselbst und in Großbritannien, die Bewirthschaftung der Brackwasserteiche (Vallicoltura) im Litorale der Adria sind dafür vielbesprochene Belege. Die sogenannte künstliche Fischzucht will mit reinem fließenden Wasser ins Werk gesetzt werden; ihr Wesen ist die künstliche Befruchtung des Laichs und der Schutz der jungen Brut, bis dieselbe selbstständig genug geworden ist, um sich selbst ernähren zu können, wo sie alsdann zur Bevölkerung fischleerer Gewässer in diese ausgesetzt wird. In den — übrigens seltenen Fällen — in welchen Moräste nicht entwässert werden können, oder wo die Kosten der Melioration allzu hoch sein würden, muß der Landwirth trachten, sie so gut als möglich auszunützen. Er thut dies, indem er sie als Streuwiesen behandelt, das heißt, die darauf wachsenden sauren Gräser regelmäßig aberntet und als Streumaterial anstatt des Strohes, das er dadurch spart, verwendet. Oder er verwerthet sie als Schilfplantagen, zur Anzucht des gut verkäuflichen Rohres von Arundo phragmites und anderen Arundinaceen. Im südlichen Frankreich ist das Product der Roselières oder Marais roseliers sehr gesucht und liefert einen Reinertrag von 80—100 Frcs. per Hectar. Als Streu empfehlen sich Binsen, vornehmlich Scirpus triqueter, Carex und andere Cyperaceen, Rohrkolben, Typha latifolia, welche zugleich jung ein ganz gutes Futter abgeben, u. a. Auch die Korbweidenzucht ist auf Terrain mit stagnirendem Wasser, im Inundationsgebiet oder längs dem Rande der Gewässer, häufig lohnend. Die Ernte der Weidenteiche gibt einen Reinertrag von 80 bis 300 Gulden vom Hectar jährlich, je nach der Behandlung und den angebauten Arten. Die vorzüglichsten unter den letzteren sind Salix aurita, S. vitellina, S. purpurea, S. pentandra und S. viminalis. Uebrigens lassen sich auch Moder und Schlamm aus stehenden Gewässern mit Vortheil als Dünger verwenden; es existiren bedeutende Wirthschaften, z. B. des Fürsten Schwarzenberg in Böhmen, welche diese Stoffe als die Grundlage ihrer Prosperität betrachten. Die Ausbeutung der Torfmoore endlich zur Gewinnung eines für viele Zwecke passenden Brennmaterials gewährt nicht selten eine hohe Rente. Sie wird gegenwärtig häufig mit Maschinen, sowohl zum Ausstechen, als zum Formen und Pressen des Torfs betrieben, und erweist sich dort als besonders lucrativ, wo mittelst der Torfausstiche selber Kanäle hergestellt werden können, auf welchen das Product billig und bequem nach größeren Absatzorten hin verfrachtet werden kann. Es ist bei dieser Gelegenheit daran zu erinnern, daß selbst solche Torferde, welche zur Feuerung wenig geeignet ist, von unschätzbarem Werthe für den Landwirth sein kann, wenn er sie richtig benutzt. Sie ist ein vorzügliches Auffangmittel der thierischen Auswürfe, welche sie vollständig desinficirt, wird deshalb in Gruben, Ställen und zu Compost höchst vortheilhaft verwendet und trägt schon an und für sich zur Bereicherung eines mageren Bodens bei, wie dies die früher erwähnte Dammcultur der Moore bestens bestätigt.

Unter „gesundem Wasser" versteht man ein solches, dessen Genuß Menschen und Thieren zuträglich ist, wenigstens nicht schadet. Häufig aber kommt es vor, daß plötzlich räthselhafte Krankheiten, Seuchen auftreten, deren Ursachen man dem „Tod im Wasser" zuzuschreiben geneigt ist. Einen solchen giebt es ebensogut, als den in der Luft, welchen die schwärmenden Pilzsporen und Bacterien propagiren, und er ist im Wasser leichter nachweisbar. Als im Jahre 1675 der berühmte Leeuwenhoeck zum erstenmale eine ganze Welt von Geschöpfen in einem Tropfen faulenden Wassers unter dem Mikroskop erblickt hatte, wollte Niemand an die Entdeckung dieses Wunders glauben, bis zwei Jahre später Robert Hooke, der das Gesetz der Zelle in der Pflanze gefunden hat, vor der Akademie der Wissenschaft zu London das Experiment nachmachte. Heute wissen wir, daß, wie die Luft, auch das Wasser tausend Keime des Schadens und der Gefahr bergen kann. Vorzugsweise das stehende, gerade dieses ist aber häufig den Weidethieren für die Löschung des Durstes zugewiesen, und wenn dann unter den Heerden Durchfall, Lungenseuche, Blutschlag oder Milzbrand ausbrechen, so wird man gewöhnlich diese gefährlichen Krankheiten dem Trinkwasser aufbürden; will doch sogar eine oder die andere thierärztliche Autorität die Entstehung der Rinderpest an die ekelhaften Lachen knüpfen, aus welchen Millionen Thiere im Sonnenbrande südöstlicher Steppen ihren Trunk schöpfen müssen. Wie dem auch sei, so ist es eine Bedingung gesunder Haltung der Thiere, daß denselben nur gesundes, so wenig als möglich verunreinigtes Wasser verabreicht werde. Allerdings will man gefunden haben, daß Brunnen, deren Wasser durch Infiltrationen von Verwesungsproducten, wie schwefelsaure und salpetersaure Verbindungen, Chloride u. s. w. für den menschlichen Genuß gänzlich unbrauchbar geworden war, an die Thiere noch ohne bemerkbaren Nachtheil gegeben werden konnte, sicherer ist es aber jedenfalls, das Experiment nicht zu machen, und solches mit Salzen und gasartigen Emanationen geschwängertes Wasser lieber den Pflanzen zukommen zu lassen, welche darin einen erklecklichen Gehalt an Nährstoffen finden. Auch Wasser, welches durch Abfall von Laub u. s. w. verunreinigt ist, ist den Thieren schädlich. Dagegen schadet die Besetzung von Gewässern mit Fröschen, Salamandern, Schnecken, Fischen durchaus nicht, sondern ist im Gegentheil ein Mittel zu ihrer Reinhaltung, da diese Wasserbewohner sowohl die mikroskopischen Organismen wie die verwesenden thierischen und pflanzlichen Stoffe vertilgen oder umwandeln. Anlagen von Filtrirbecken aus Kies,

Sand und Kohle können übrigens auch ein stark verunreinigtes Wasser für jeden Gebrauch nutzbar machen; es lassen sich dergleichen Einrichtungen ohne viele Kosten auch gleich mit den Brunnen verbinden. Ist es nothwendig Wasser auf längere Zeit hin in verschlossenen Gefäßen aufzubewahren so empfehlen sich dazu solche aus Eisen — Kesselblech — hergestellt gleich den Tanks der Schiffe. Gußeisen würde sich zu diesem Zwecke weniger eignen, weil dessen Oxydhydrat im Wasser löslich wird. Schon Runge hat empfohlen, durch Einlegen von blankem Eisen dem Wasser Sauerstoff zu entziehen und dasselbe vor Fäulniß zu bewahren. Auch durch Zusatz von Eisenchlorid mit etwas Natron läßt sich ein schechtes, verunreinigtes Wasser wesentlich verbessern.

Die dem Wasser in den meisten Fällen innewohnende geringere Temperatur läßt dasselbe bei verschiedenen landwirthschaftlichen Operationen als Material von Kühlvorrichtungen verwenden. So wird bei der alkoholischen Destillation der weingeistige Dampf in dem Schlangenrohr des Kühlbottichs condensirt, in welch' letzterem ein steter Zufluß von kaltem, Abfluß von erwärmtem Wasser stattfindet; auch zum Kühlen der Bierwürze wendet man zuweilen statt der Kühlschiffe Refrigeratoren mit kaltem Wasser an u. s. w. In ähnlicher Weise wird die Milch nach dem Melken gekühlt, wenn sie sich längere Zeit hindurch, etwa des Transports nach dem Markte halber, halten soll, was entschieden nicht der Fall ist, sobald sie nicht möglichst rasch wenigstens um die Hälfte der sogenannten „Kuhwärme" in der Temperatur erniedrigt wird. Man hat zu diesem Zwecke eine ganze Anzahl von Apparaten im Gebrauch, von welchen derjenige von Lawrence wohl der empfehlenswertheste ist. Der Lawrence'sche Milchkühler, Fig. 17., besteht aus einem System von übereinander gestellten Kühlflächen mit wellenförmigem Durchschnitt, in welchen das aus einer Kufe zuströmende Wasser circulirt und zwar von unten nach oben, wo es abfließt. Gleichzeitig ergießt sich aus einem Gefäß oberhalb der Kühlflächen die Milch durch eine brausenartig durchlöcherte Rinne in den

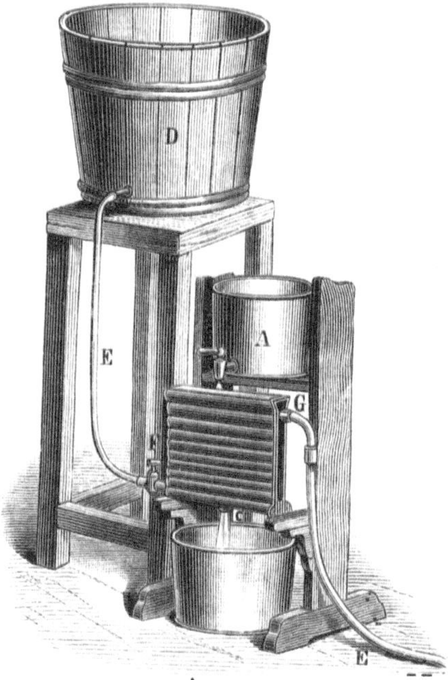

Fig. 17. Milchkühler.

A. Behälter für warme Milch. B. Kühlapparat. C. Abfluß der gekühlten Milch. D. Behälter für Kühlwasser. E. Kautschukschläuche. F. Hahn zum Reguliren des Kühlwasserzuflusses. G. Abfluß des verbrauchten Kühlwassers.

Zwischenraum des Mantels und der Kühlflächen, in dem sie, zum Theil durch Capillarattraction festgehalten, ruhig herabsickert und endlich in das untergestellte Transportgefäß abläuft. Bei diesem Vorgang, der je nach der Größe des Apparats und der Temperatur des Kühlwassers die Milch um 66—80 Procent abkühlt, findet zugleich eine energische Lüftung derselben statt, welche auf ihre Haltbarkeit gleichfalls von Einfluß ist. Eine derartige Behandlung ist für jede Milch, welche verführt werden muß, dringend zu empfehlen, dagegen nicht für die zur Abrahmung bestimmte, welche am besten sofort nach dem Melken in den entsprechenden Gefäßen nach einem kühlen Orte gebracht und dort ruhig aufgestellt werden soll.

Oefters ist es geboten, Wasser aus der Entfernung nach dem Verbrauchsort zu bringen mittelst Leitungen über oder unter der Erde. Man fertigt dieselben aus Holz — offene Gerinne aus Bohlen und gebohrte Brunnendeuchel — aus Stein, Mauerwerk, gebranntem Thon, Asphaltpappe, Blei und Eisen. Gut angefertigte Thon- und Eisenröhren sind unstreitig die besten für ihren Zweck, erfordern aber meistens einen höheren Kostenaufwand, als Holzdeuchel, welche übrigens unter günstigen Verhältnissen immerhin 10 — 15 Jahre aushalten. Bleiröhren vermeidet man aus dem Grunde, weil die in den Wassern enthaltenen Säuren und Salze einen Oxydationsproceß und damit eine Lösung vermitteln, welche den Genuß schädlich machen könnte. Es ist dem aber von competenter Seite widersprochen und namentlich an den schon seit 200 Jahren im Gebrauche befindlichen Wasserröhren der Stadt Paris gezeigt worden, daß deren Blei keine Spur von Zersetzung gewahren ließ und ihre Innenfläche völlig intact war, weil die Schnelligkeit des Durchstroms eine Lösungswirkung gar nicht zuläßt. Bei der Anlage von Wasserleitungen ist besonders darauf Bedacht zu nehmen, daß dieselben durch Gefrieren im Winter nicht ge- und zerstört werden. Wo sie frei oder nicht tief genug im Erdboden liegen, müssen sie geschützt sein. Für Hausleitungen empfiehlt sich der Common'sche Apparat, ein Gefäß aus dünnem Kupferblech, im Freien angebracht und mit Wasser gefüllt; sobald letzteres gefriert, öffnet die Ausdehnung des Eises ein Ventil, welches die ganze Wasserleitung sofort entleert, fließt das Wasser unter Druck wieder zu, so schließt sich das Ventil von selbst, und die Leitung ist in Thätigkeit, wie vorher.

Dort, wo das Wasser der Leitungen oder der Bewässerungskanäle dem Volumen nach verkauft wird, wie in den meisten größeren Städten und bei den Irrigationen in den südlichen Ländern, sind Controlapparate zur Abmessung der zufließenden Wassermengen nothwendig. Die einfachsten sind die lombardischen Moduli, Kammern in Stein mit fester Auslaßöffnung und Schleuße, auf deren Inhalt die Schwankungen des Niveaus keinen Einfluß äußern und deren Wasserzoll genau berechnet ist. Complicirtere Meßapparate sind die sogenannten Wasseruhren, von welchen eine Form, ein offenes Gefäß mit zwei Kammern, das um eine horizontale Achse kippt, auch als Getreidewaage vortheilhafte Verwendung gefunden hat, während eine andere, diejenige der rotirenden Meßtrommel, vorzugsweise zur Spirituscontrole bei der Einhebung der Steuer benutzt wird.

Das Licht.

Wer schon Gelegenheit gehabt hat, eine totale Sonnenfinsterniß zu beobachten, dem werden die seltsamen Eindrücke, die er dabei empfangen, nicht aus dem Gedächtnisse schwinden. Der helle Tag hat auf einmal einem zweifelhaften Zwielicht, das bis zur völligen Dunkelheit gesteigert wird, Platz gemacht; ein unsagbar ängstlich drückendes Gefühl bemächtigt sich der Menschen, etwas, wie Furcht kommt über sie, gleich wie auch über die Thiere, welche zaghaft aufklagen oder sich verbergen; die Pflanzen lassen die Blätter hängen, die Blumen schließen ihre Kelche. Allen Wesen fehlt plötzlich etwas, ein gemeinsames unschätzbares Bedürfniß ist ihnen entzogen worden, und dies ist das Licht in seiner strahlenden Klarheit. Es ist eine Lebensnothwendigkeit. Zwar giebt es Geschöpfe, welche im tiefsten Schooße der Erde oder des Oceans ihr Leben fristen allein dem Lichte sind sie deshalb nicht entzogen, für ihren geschärfteren oder besonders organisirten Sinn ist es immer vorhanden; ein Raum ohne Licht ist undenkbar, das tiefste Dunkel schließt es nicht ganz aus, selbst in diesem zu sehen gewöhnt sich der Blick. Wie schön sagt Fr. Rückert: „Den Maulwurf nennst du blind, weil er, wenn du ans Licht ihn ziehst, geblendet scheint; blind aber ist er nicht. Vielmehr es ist so fein sein Auge, daß es fühlet das Licht im dunklen Grund, wenn er die Gänge wühlet. Drum, grabend gräbt er stets die Sonn' im Rücken habend, am Morgen gegen West und gegen Ost am Abend; der Sonne, die er doch nicht siehet, abgewendet, damit nicht in der Nacht ihr scharfer Glanz ihn blendet." — Das Licht ist immer noch eine der räthselhaftesten Erscheinungen im Weltgebäude, trotzdem der Mensch mit seiner Hülfe die großartigsten und subtilsten Forschungen, die herrlichsten Künste ausübt. Ueber den Begriff haben sich die meisten Gelehrten geeinigt, allein die Vibration des Aethers oder die Undulationstheorie bleiben dem Laien fremdartige Erklärungen; er empfängt das Licht und die Wärme als Zwillingskinder des Tagesgestirns, der allbelebenden Sonne, und dies genügt ihm vollständig. Mephistopheles sagt: „Das stolze Licht, das nun der Mutter Nacht den alten Rang, den Raum ihr streitig macht — von Körpern strömt's, die Körper macht es schön, ein Körper hemmt's auf seinem Gange; so hoff' ich, dauert es nicht lange, und mit den Körpern wird es untergehn!" — Aber beide sind ewig. Das Licht ist das Heiligthum der Natur, das Symbol der Gottheit. In der mosaischen Schöpfungsgeschichte ist Gottes erstes Wort: Es werde Licht! und mit dem Licht ersteht die Welt aus dem Chaos.

Empor zum Lichte! ist der Wahlspruch des Geistes und „im Lichte wandeln" die Endaufgabe des Daseins.

Der Einfluß des Lichtes auf das Leben der Thiere und Pflanzen ist so groß, daß wir ihm auf jedem Schritte begegnen. Es ist für sie in größerem oder geringerem Grade ebenso unerläßlich, wie Wärme und Feuchtigkeit. Zwar keimt das in die Erde gelegte Korn unter vermeintlichem Abschluß des Lichtes, allein dieser ist eben nur vermeintlich, da er nicht existirt. Es ist eine althergebrachte, auch seinerzeit von Ingenhouß getheilte Meinung, daß die Dunkelheit auf das Keimen der Samen förderlich einwirke, schon Saussure hat sie widerlegt, und der beliebige Versuch in einem Keimapparat beweist das Gegentheil. Unter der Einwirkung des Lichtes hat sich der Samen gebildet, er giebt die zur Entwickelung des Keimes und der jungen Pflanze angesammelten Nährstoffe an diese ab ebenfalls unter dem Einfluß einer gewissen Summe von Licht, mehr allerdings unter demjenigen von durch Wärme und Feuchtigkeit zunächst geförderten chemischen Prozessen. Man kann nicht sagen, daß die Entwickelung der Pflanze in absoluter Dunkelheit vor sich gehen könne, weil diese nicht vorhanden ist und genügende Experimente darüber fehlen. Daß viele Samen völlig unbedeckt am besten keimen, ist den Gärtnern und Landwirthen wohlbekannt, es ist aber auch das Gewöhnliche in der Natur. Bedeckung der Saaten hat vorzugsweise den Zweck der Vermittelung der nächsten Factoren der Keimung, keineswegs die Abhaltung des Lichtes, welche nur aus dem Grunde wünschenswerth ist, weil die durch dasselbe veranlaßte Temperaturerhöhung ein Austrocknen des Saatkorns veranlassen kann. Wenn daher allgemein die Entbehrlichkeit des Lichtes bei dem Vorgange der Keimung der Pflanze angenommen wird, so ist dies jedenfalls relativ zu nehmen. — Die tiefere oder mindere Bedeckung oder Unterbringung der Saat ist hinsichtlich des Auflaufens derselben von großer Bedeutung, mehr aber des Zutritts des Sauerstoffs aus der Atmosphäre, als des Lichtabschlusses halber. Nach den Keimungsversuchen von Joergensen und von Tietschert ist die flache Einbringung der tiefen in den meisten Fällen vorzuziehen. Nach dem letzteren beruht ein Hauptnachtheil der tiefen Bedeckung darin, daß eine Masse von den Reservestoffen des Samens zur Bildung der Internodien verwendet werden muß, weshalb die Pflanze viel später, als bei flacher Unterbringung, in die Lage kommt, ihre Nahrung aus der Luft zu schöpfen, sonach eine verlangsamte Entwickelung nimmt.

Dieser Fehler der zu tiefen Saat, Fig. 18, veranlaßt die Bildung von neuen Wurzeln an jedem unterhalb der Oberfläche entwickelten Gelenke oder Knoten a a; auf solche Weise aber consumirt die Pflanze ein bestimmtes Maaß an Nährstoffen vergeblich, indem dann ihre unteren Theile absterben, demnach umsonst gewachsen sind. Dagegen gestaltet sich der Einfluß der Erdbedeckung des Samens Fig. 19, günstiger in Hinsicht auf die Wurzelentwickelung bei einer das Maß nicht überschreitenden tieferen Einlage, als bei der flacheren, weil die erste mehr Wärme und Feuchtigkeit darbietet, während die letztere vermöge der Austrocknung, dies weniger zu thun im Stande ist. Von drei Graspflanzen, welche 1,5; dann 3,25 und 5,25 Centimeter tief in gutem Lehmboden gleichzeitig eingesäet werden, zeigt die tiefst bedeckte immer die kräftigste, gesundeste Wurzelbildung, überhaupt die gesundeste Entwickelung, offenbar in Folge der größeren Feuchtigkeit, welche ihr zu Gebote steht. Uebrigens ist die Tiefe der Saatbedeckung wesentlich abhängig von den Verhältnissen des Bodens und der Witterung. Samuel W. Johnson erzählt, daß die Colorado-Indianer ihren Maissamen bis 45 cm. tief legen müssen, wenn er keimen soll, weil er blos in dieser Tiefe noch die zu seinem Aufgehen nothwendige Winterfeuchtigkeit findet.

Die Keimblätter der jungen Pflanzen streben empor zum Lichte, eigentlich aber zur Luft, welche für sie ein Nahrungsgebiet ist. Versuche haben dargethan, daß das erstere an dem

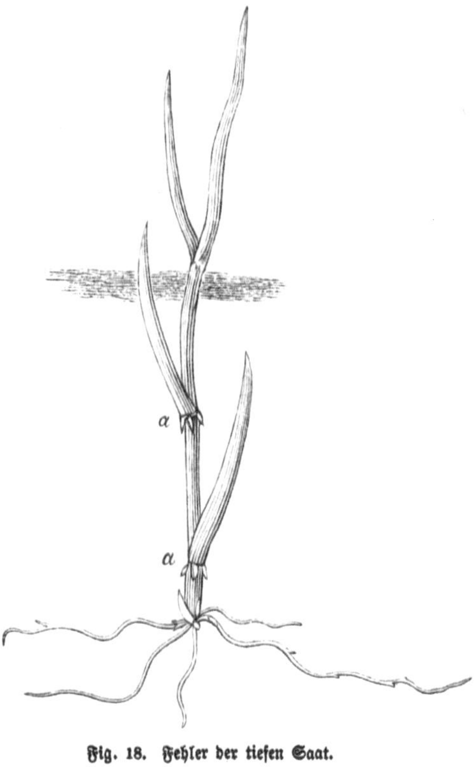

Fig. 18. Fehler der tiefen Saat.

Emporwachsen unschuldig ist. Nichtsdestoweniger tritt es sofort energisch in Function, sobald sich die jungen Pflanzentheile über der Erde zeigen. Sie sind anfänglich fast farblos, höchstens mattgelblichweiß, nehmen aber schon nach kurzer Zeit —

wenigstens der Mehrzahl nach — eine immer intensiver werdende grüne Färbung an. Diese wird ihnen entschieden

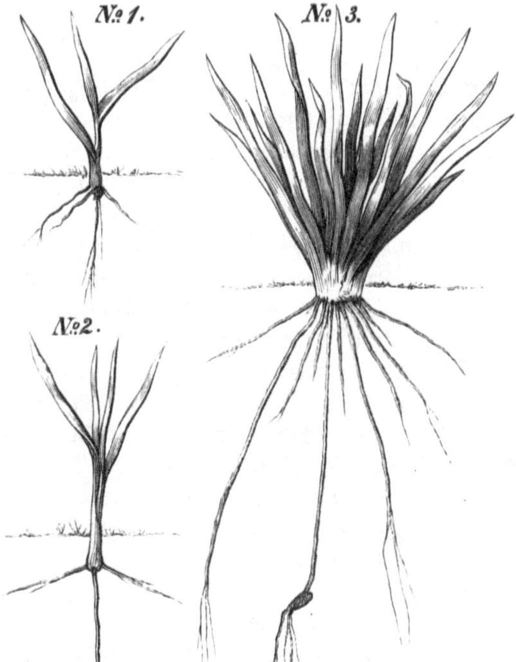

Fig. 19. Erdbedeckung der Samen.

durch die Vermittelung des Lichtes, welches in ihnen das *Blattgrün* oder *Chlorophyll* bildet, einen grünen in kleinen Körnern auftretenden Farbstoff, welcher außer dem Pigment noch stickstoffhaltige Bestandtheile, Stärkemehl, Wachs und Eisen enthält. Das Chlorophyll bildet sich erfahrungsgemäß kräftiger und schneller im gedämpften, als im gesammelten oder grellen Lichte, vorausgesetzt, daß durch ersteres nicht das nothwendige Maß an Wärme beschränkt wird. Die Kunstgärtner kennen diesen Umstand seit lange, verwenden daher gerne matt gefärbtes Glas für Gewächshäuser; ein Anstrich mit dünner blauer Oelfarbe auf der Außenseite ist der Verwendung von im Fluße gefärbten Glase vorzuziehen, weil dieses auch andere Strahlen durchläßt. Unter solcher Beleuchtung entwickeln sich die dem Keim entsproßenden jungen Pflanzen am rascheſten, während die älteren eine tiefere, sattere Blattgrünfärbung annehmen. Auch bei Mistbeetfenstern wird der gleiche Kunstgriff gern angewendet; die viel beobachtete günstige Wirkung der Papierfenster ist nur aus diesem Verhältnisse abzuleiten. — Uebrigens werden die Fenster der Gewächshäuser hauptsächlich auch aus dem Grunde mit gebläueter Schlemmkreide überzogen, um im Frühjahre die brennende, den empfindlichen Gewächsen, namentlich den Blumen, schädliche Wirkung der Sonnenstrahlen zu dämpfen. Man kann aber diesen Zweck auch auf andere, angenehmere Weise erreichen, wenn man nach Glady die Fenster längs des ganzen inneren Hauses mit raschwachsenden, frühzeitigen Reben bekleidet. Im Winter gestatten dieselben, blätterlos, dem Lichte vollen Eingang, sobald sich ihre Blätter entwickeln, bedürfen die Blumen auch des Schattens, der ihnen hiermit auf die ungezwungenste Art wird; nebenbei ist die Weinbelaubung zierlich und der Ertrag der Stöcke werthvoll. — Unter der Einwirkung des Lichtes entbinden alle grünen Theile der Pflanze Sauerstoff, und zwar nur bei Anwesenheit von Kohlensäure, welche sie absorbiren, was schon im vorigen Jahrhundert zuerst Senebier nachgewiesen hat.

Bei Abwesenheit des Lichtes absorbiren dagegen die chlorophyllhaltigen Zellen Sauerstoff und entbinden Kohlensäure, wie dies auch die nicht grünen Pflanzentheile jederzeit thun. Wahrscheinlich bewirkt das Licht eine Umwandlung der Säuren im Pflanzenkörper, ebenso trägt es auch jedenfalls zur Erzeugung des Stärkemehls in demselben das Wesentliche bei. In den chlorophyllhaltigen Pflanzenzellen geht die Scheidung der aus der Atmosphäre absorbirten Kohlensäure in Sauerstoff und Kohlenstoff nur unter Vermittelung des Lichtes vor sich. Diese schon von Ingenhouß gefundene Thatsache wurde erläutert durch die Versuche von Boussingault, welche darthaten, daß eine Fixirung des Kohlenstoffs im Dunkeln nicht stattfindet, weshalb darin gekeimte junge Pflanzen nur so lange zu vegetiren vermögen, als sie noch an den Reservestoffen des Samens zu zehren haben. Nach den Untersuchungen von Corenwinder ist das Verhältniß der Pflanzen, insbesondere der jungen, zu dem zerstreuten oder gedämpften Lichte bei trübem Himmel oder stärkerer Beschattung ein anderes, wie zu dem hellen Taglicht, sie entbinden alsdann sowohl Kohlensäure als Sauerstoff. Im zerstreuten Lichte geben die Blätter auch am Tage Kohlensäure in die Atmosphäre ab. Uebrigens ist das Maß der im Lichte aufgenommenen Kohlensäure immer größer, wie dasjenige der in der Nacht entbundenen; es wächst mit der Intensität des Lichtes bis zu beträchtlicher Menge. Aus diesen Wahrnehmungen erklären sich die wunderbaren Beziehungen des Lichtes zur Vegetation. Im hohen Norden, in Norwegen z. B. von 66° 30', dem Polarkreise an bis zum Nordcap auf Mageroe geht die Sonne im Sommer fast einen ganzen Monat lang nicht unter den Horizont, es ist der lange Tag. In Christiania kann man, nach Schuebeler, in der Mitte des Sommers bei klarem Himmel zwei bis drei Wochen lang die ganze Nacht hindurch lesen ohne Kerze oder Lampe. Aus diesem Uebermaße an Licht aber, in Verbindung mit der intensiven Wärme des kurzen Sommers, erklären sich die auffallenden Erscheinungen, welche die Bodencultur in Norwegen darbietet; so wächst die Gerste binnen 24 Stunden um 9,5 cm., die Erbse um 11,4 cm.; in Alten, unter 70° n. Br., wird die Gerste nie vor dem 24. Juni gesäet und dennoch im August geerntet. Genau dieselbe mächtige Ursache, ein volles, unbeschränktes, directes Licht ist auch ein Hauptfactor bei der oft erstaunlichen Entwickelung der Gebirgsvegetation. Ueber den Unterschied eines klaren, hellen und eines bedeckten Himmels in Hinsicht auf die Vegetation sagt Humboldt: „Wenn da, wo Myrten wild wachsen und die Erde sich im Winter nie bleibend in Schnee einhüllt, die Temperatur des Sommers und des Herbstes nur oder kaum noch hinreicht, Aepfel und anderes Obst zur völligen Reife zu bringen, wenn die Weinrebe, um trinkbaren Wein zu bilden, viele Inseln und Küsten flieht, so liegt der Grund davon keineswegs allein in der geringeren Sonnenwärme des Littorals, die unsere im Schatten der Luft ausgesetzten Thermometer anzeigen, er liegt in dem bisher so wenig beobachteten und doch in anderen Erscheinungen so wirksamen Unterschiede des directen und zerstreuten Lichtes, bei heiterem oder durch Nebel verschleiertem Himmel. Ich habe seit langer Zeit die Aufmerksamkeit der Physiker und Pflanzenphysiologen auf diese Unterschiede, auf die ungemessene, örtlich in der belebten Pflanzenwelt durch directes Licht entwickelte Wärme zu leiten gesucht." —

Ohne Licht kein Chlorophyll, kein heiteres Grün der Blätter — das hat Jedermann beobachtet bei Pflanzen, welche absichtlich oder durch Zufall eine Periode ihres Wachsthums im Dunkeln vollbracht haben, so z. B. die über Winter in Kellern aufbewahrten Blumenstöcke, die Keime, die sich aus den Kartoffeln entwickeln u. a. m. Sie sind farblos oder weiß, sehr zart, weich und saftig, ohne Halt und Stärke. Man nennt diese Erscheinung Bleichsucht (Etioliren) der Gewächse und ist bemüssigt, sie bei einigen durch künstliche Mittel geflissentlich hervorzubringen. Die Natur selber hat den Weg dazu gezeigt, indem sie die dem Lichte am mindesten zugänglichen Theile z. B. die sogenannten Herzen von Blattbündeln, zärter und minder gefärbt bildet, als ihre äußere, dem vollen Tag ausgesetzte Umhüllung. Solche Theile von Nahrungspflanzen, meist Gemüsen, sind feiner im Geschmack, enthalten weniger ausgebildete Holzfaser und mehr Pflanzenschleim, als die im Lichte gewachsenen, werden daher auf dem Tische bevorzugt. Daher ist das Bleichen der Gemüse eine besondere Kunst der Nutzgärtnerei. Auf die einfachste Art wird es bewirkt durch Zusammenbinden der Blätter, so daß die äußeren grünen eine Schutzwand gegen das Licht für die inneren, weißbleibenden bilden; dies geschieht bei Endivien (daher Bindesalat) Rhabarber, Sellerie, Mangold, bei welchen nur die Blattrippen gebleicht werden. Willkomm erzählt von dem berühmten Palmenwalde der Stadt Elche in Spanien, dem größten Europas (es gibt in diesem Welttheile überhaupt nur noch einen zweiten zu Bordighera an der Riva di Ponente) daß von vielen der dort stehenden Dattelpalmen lediglich die Blätter (Palmzweige), und zwar als Material zur Dachdeckung, vorzugsweise aber für die Processionen am Palmsonntage Verwendung finden. Zu letzterem Zwecke bindet man die inneren schönsten Blätter der Krone zu einem Cylinder zusammen, der mit Stroh umwickelt wird, wodurch dann die eingeschlossenen Blätter wegen Lichtmangels etioliren und eine glänzend gelbliche, fast goldig schimmernde Färbung annehmen. Solche gebleichte Palmenzweige werden im Frühjahre massenhaft, in ganzen Schiffsladungen, nach den spanischen Häfen, nach Frankreich, England und Italien ausgeführt, bilden somit einen namhaften, einträglichen Exportartikel. Bei einzelnen Gemüsen wendet man eigene Bedeckungen, Bleichtöpfe an, so bei dem Meerkohl, Crambe maritima, einem nur auf diese Weise genießbar werdenden vorzüglichen Gemüse; ein solcher Bleichtopf Fig. 20, gleicht ganz und gar einem gewöhnlichen, umgestülpten Blumentopfe, nur mit dem Unterschiede, daß der Boden, hier der Deckel, mittelst eines Griffes abgehoben werden kann, wenn dies nothwendig erscheint. Eine andere Art des Bleichens erfolgt in den Treibbeeten Fig. 21, wie sie z. B. für Spargel angewendet werden. Es sind dies starke Kästen aus Pfosten und Brettern, welche über den Beeten errichtet,

Fig. 20. Bleichtopf.

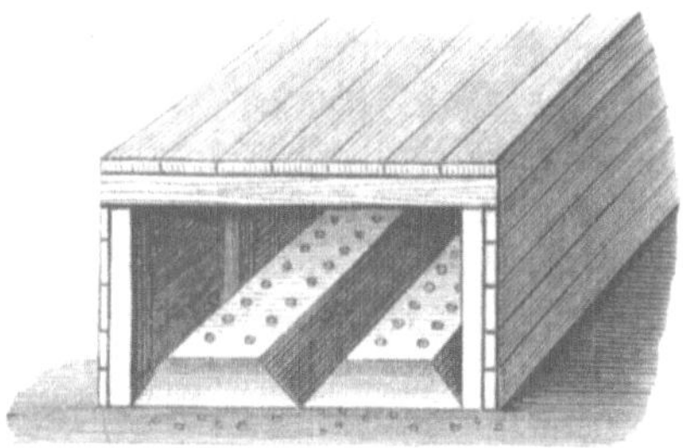

Fig. 21. Treibbeet.

und mit Laub oder Dünger umgeben sind, um den Frost abzuhalten; mittelst einer Thüre findet der Gärtner kriechend Eingang und bedarf einer Laterne, um den getriebenen Spargel zu stechen, welcher den ganzen Winter über kommt. Oefters macht man in der Gärtnerei einen Unterschied zwischen weißem und grünem Spargel; er ist unberechtigt; der erstere bleibt weiß, weil man ihn sticht, sobald er zu Tag tritt, und wird grün, wenn das Licht eine Zeit lang auf ihn eingewirkt hat; in letzterem Fall schmeckt er kräftiger und äußert eine lebhaftere diuretische Wirkung in Folge seines größeren Gehalts an Asparagin, einem stickstoffhaltigen Glucosid, welches auch in der Eibischwurzel und in den meisten Leguminosen enthalten ist.

Es giebt allerdings auch Dunkel-Pflanzen, vorzugsweise niedrigster Ordnung, welche scheinbar jedem Lichtstrahle entrückt ihr Dasein verbringen. Aber nur scheinbar, denn die Kellerpilze, die Schimmelbildungen in unterirdischen Räumen, die kostbaren Knollen der Trüffeln empfangen doch wohl mehr oder weniger einen, wenn auch noch so geringen Lichtzugang. Von den letzteren ist es erwiesen, daß sie am liebsten gedeihen in einem offenen, humosen, eisenhaltigen Boden, sie lieben die Nachbarschaft der Eiche und die Sonne, in deren Strahl die blauen Trüffelmücken tanzen, die dem Knollenjäger das Lager anzeigen. Im Dunkeln züchtet der Champignon-Gärtner seine als Marktwaare gut bezahlten Pilze. Die rationelle Zucht der Champignons ist besonders in Frankreich heimisch; die Umgegend von Paris besitzt viele verlassene,

Fig. 22. Champignonzucht.

unterirdische Steinbrüche, welche gegenwärtig meistens der Champignoncultur gewidmet sind, Fig. 22. Der Boden ist geebnet und mit Dammerde in gewölbten Beeten versehen worden; da die Temperatur eine in allen Jahreszeiten ziemlich gleiche, daneben feuchte ist, so gedeihen die Pilze hier ganz vortrefflich. Die Gärtner verrichten ihr Werk unten bei künstlicher Beleuchtung, den Zugang vermitteln brunnenartige Schächte mittelst Leitern.

Eine eigenthümliche Erscheinung bei den Halmfrüchten ist das Lagern. Oft sieht man, daß dieselben ohne weitere äußere Veranlassung einknicken, sich umlegen und nicht wieder erheben. Gelagertes Getreide ist nun nicht allein schwieriger, namentlich mittelst Maschinen, abzubringen, als das aufrecht stehende, sondern es entwickelt sich auch unvollkommen, liefert schlecht ausgebildete Körner, folglich geringen Ertrag. Lange Zeit hindurch hat man geglaubt die Ursache dieses krankhaften Zustandes einem Mangel an Kieselsäure im Halme zuschreiben zu müssen, wahrscheinlich auch deshalb, weil er in reichen, sandarmen Böden viel häufiger auftrat, als in den geringeren; dies war jedoch ein Irrthum, weil die Blätter der Gräser mehr Kieselsäure enthalten, als die Halme; directe Versuche haben auch ergeben, daß eine Düngung mit kieselsauren Salzen den Stand der Pflanzen eher schwächt, als kräftigt. Dem ausgezeichneten deutschen Agriculturphysiker Schumacher gebührt das Verdienst, die eigentliche Ursache des Lagerns der Cerealien entdeckt zu haben; sie ist der Mangel an Licht, hervorgerufen durch Beschattung, meistentheils in Folge zu dichten Standes. Es werden nämlich dadurch die Glieder in dem unteren Theile der Halme übermässig verlängert, während gleichzeitig die abnorme Streckung der Zellen deren Wachsthum in die Dicke beschränkt, so daß die Internodien viel länger, als gewöhnlich, dagegen um so schwächer sind, weil keine regelmäßige Verholzung der Zellen stattgefunden hat. Die oberen Halmtheile dagegen, welche dem Einfluß des Lichtes mehr ausgesetzt sind, entwickeln sich normal, tritt aber die Aehrenbildung ein, so verleiht diese der Spitze ein Uebergewicht, welches den Halm umbiegt, so daß er sich nicht mehr zu erheben vermag. Gewöhnlich treten auch an der Biegestelle der unteren Internodien Längenspaltungen ein, die von nun ab das ganze Wachsthum empfindlich stören und eine ungenügende Körnerbildung bewirken. Die naturgemäßen Vorsichtsmaßregeln gegen das Lagern des Getreides sind vorsichtige Düngung, Schröpfen oder Ueberwalzen allzu üppiger Saaten, vor Allem aber die Reihensaat, welche dem Lichte bis zu dem Fuße der Pflanze Zugang läßt. Daß zuweilen das Lagern auch aus anderen Ursachen, z. B. aus Schwäche der Pflanzen bei ungeeignetem Anbau, oder durch Pilzschmarotzer im Hohlraume der Halme entstehen kann, mag nebenbei bemerkt sein; schon früher wurde erwähnt, daß Luftströme und Schlagregen die Saaten niederlegen, was jedoch kein Lagern genannt werden darf. Auch bei anderen Nutzgewächsen, namentlich bei Hülsenfrüchten und Futterkräutern, bringt der Lichtmangel ähnliche Erscheinungen hervor, wie beim Getreide.

Die durch die Vegetation selbst hervorgerufene Beschattung ist für die Bodencultur überaus wichtig. Nur unter der Einwirkung des gedämpften Lichtes entwickelt sich nämlich in der Ackererde jener eigentliche Gährungsprozeß, welcher den Zustand der Gahre herbeiführt, den geeignetsten für die volle Entfaltung der Vegetation. Allerdings ist es nicht die Beschattung allein, aus der die Gahre sich bildet, allein sie trägt neben chemischer und mechanischer Behandlung des Bodens ein Wesentliches dazu bei. In einem gut beschatteten Boden, sagt Schumacher, ist die Wirkung der Sonnenstrahlen bedeutend abgeschwächt und in Folge dessen die Temperatur eine niedrigere, als in wenig oder gar nicht bedecktem Boden. Damit ist aber auch die Zersetzung der Humussubstanzen eine geringere und weil von diesen das Mürbewerden des Bodens hauptsächlich abhängt, wird ein gut beschattetes, stärker gebundenes Erdreich viel weniger seine Mürbigkeit verlieren, während unter dem Einflusse der heißen Sonnenstrahlen schlecht oder gar nicht beschattete derartige Boden mehr oder minder verhärten. Auch nimmt unter einer geschlossenen Pflanzendecke das Mürbewerden zu, wenn Dünger, Wurzeln und Ernterückstände zur Auflösung kommen und lockerungerzeugende Substanzen bilden — es entsteht alsdann in dem gut bestandenen Boden jene Beschattungsgahre, die man auf dem schlecht bewachsenen Felde nicht findet. — Die Beschattung hat auch ihren Theil an der Thatsache, welche man Zubereitung des Ackers durch die Vorfrucht für die Nachfrucht nennt. Dieselbe erklärt sich zumeist durch das vorher dargestellte Verhältniß, doch ist die Wirkung der Wurzelausscheidungen auf Löslichmachung von Nährstoffen im Boden, sowie die Bereicherung des letzteren durch zurückbleibende Pflanzenreste mit in Rechnung zu ziehen. Die Wirkung des Lichtes auf die Vegetation wird in gewissen Fällen absichtlich zu Gunsten von bestimmten Zwecken der Production zu beschränken gesucht. Um eine recht zarte, feine Flachsfaser zu erzielen, ist eine möglichst dichte Saat des Leins geboten; der Forstwirth stellt seine Bestände in Dunkelschläge, um deren möglichst schlankes Wachsthum nach Oben zu erzwingen. Denn überall wachsen die Pflanzen dem Lichte zu, sie strecken sich, um es zu erreichen, weil es die wichtigsten Metamorphosen in ihrem Innern vermittelt, ohne welche sie auf die Dauer nicht bestehen können.

Das Bedürfniß der Bäume und Sträucher an Licht und Schatten haben Hartwig und Rümpler in ihrem trefflichen „Gehölzbuch“ festzustellen versucht. Bekanntlich verlangen gewisse Arten unbedingt viel Licht, andere dagegen bevorzugen eine beschattete Stellung. In der Jugend wird die letztere auch von den meisten lichtbedürftigen Holzarten ganz gut ertragen, bei zunehmendem Wachsthum verlangen sie aber immer freiere Stellung, mehr Licht. Ueberhaupt ist ein Unterschied zu machen zwischen einer leichten und einer dichten Beschattung, erstere wird als Schirm oder Schatten, letztere als Druck bezeichnet. Der Schirm ist fast allen Gewächsen zuträglich, besonders in sehr sonnigen Lagen, wie an exponirten Berghängen, in wärmerem Klima und fruchtbarem Boden. Den eigentlichen Druck oder die schwere Beschattung ertragen aber die Hölzer nur in jungen Jahren, ein Umstand, der insbesondere bei der Anlage gemischter Bestände im Auge behalten werden muß. Nadelhölzer sind gegen die Beschattung am unempfindlichsten. Dem Lichtbedürfniß nach stellen sich unsere vorzüglichsten Wald- und Nutzbäume in folgende Reihe, vom größten zum mindesten absteigend: 1. Lärche, 2. Birke, Zitterpappel, Robinie. 3. Schwarzpappel, Weide. 4. Ulme, Wallnuß. 5. Kiefer, Eberesche. 6. Zürbe, Elsbeeren-, Apfel-, Götterbaum. 7. Ruchbirke, Ahorn, Hopfenbuche, Platane. 8. Vogelkirsche, Esche, Erle, Roßkastanie, Blumenesche. 9. Eiche. 10. Linde, Hainbuche, Schwarzkiefer 11. Rothbuche, Weißtanne, Lebensbaum, Wachholder; 12. Edeltanne, Eibe. — Es ergiebt sich aus dieser auszugsweisen Zusammenstellung, daß die feingefiederten Bäume mit leichtem Kronenbau, sowie Lärchen, Birken, Zitterpappel, viele Pappeln überhaupt und die Weiden am meisten des Lichtes bedürftig sind, am wenigsten dagegen die Tannen, Schwarzkiefern, Rothbuchen, Eiben, Lebensbäume und Wachholder, in Folge dessen letztere zu Zwischenpflanzen und Unterholz zu verwenden sind. Bei den Straucharten ist das Bedürfniß nach Licht und Schatten nicht so entschieden ausgeprägt, da sie von Natur mehr oder weniger unter hohen Bäumen wachsen und eine stärkere oder geringere Schattenlage ertragen. Doch gefährdet eine zu tiefe Schattenstellung immerhin die Entwickelung von Blüthen und Früchten, was berücksichtigt werden will, wenn man auf diese besonderen Werth legt.

Daß auch den Thieren das Licht des Tages unentbehrlich, ist schon oben angedeutet worden. Um so mehr muß es Wunder nehmen, daß gerade denjenigen, auf deren Production ein Theil des Reinertrags von Grund und Boden beruht, dasselbe oft viel zu kärglich und in völlig irrationeller Weise zugemessen wird. Die Stallungen und die Aufstellung des Viehs in denselben lassen in dieser Hinsicht gemeinlich noch sehr viel zu wünschen übrig. Dunkele Ställe hält man vielerorts für das Wohlbefinden der Thiere zuträglich, ohne irgend einen vernünftigen Grund dafür zu haben; höchstens darf man zugeben, daß eine milde Dämmerung die Ruhe und somit den Fettansatz des Mastviehs begünstigt. Unsere Hausthiere sind sämmtlich Geschöpfe des Tags, verlangen dessen vollen Reichthum. Versagt man ihnen sein Licht, so versetzt man sie in einen unnatürlichen Zustand, der nicht ohne Einwirkung auf ihre körperliche Entwickelung, welche an das Temperament gebunden ist, bleiben kann. Abgesehen davon, daß dunkle Wohnungen jene Reinlichkeit ausschließen, welche unerläßliche Bedingung dauernder Gesundheit ist, übt das Licht auch auf das Wachsthum des thierischen Leibes denselben Reiz aus, wie auf dasjenige der Pflanze. Die Veredlung der Racen kann niemals in dunklen, dumpfigen Räumen mit Erfolg vor sich gehen, sie verlangt Klarheit und gute Luft. Indessen darf in der Spendung des Lichts für die Wohnlocale der Hausthiere doch nicht des Guten zu viel gethan werden; sein allzu greller Einfall kann ebenso viel schaden, als sein Mangel. Daher ist es keineswegs gerathen, die Thiere mit den Köpfen so nach den Stallfenstern zu stellen, daß sie fortwährender Blendung ausgesetzt sind; Augenkrankheiten und Blindheit sind oft die Folgen dieses Fehlers, namentlich bei Pferden, deren Sehorgane besonders empfindlich zu sein scheinen. Ein temperirtes Licht ohne Schärfe ist für die Stallungen immer das geeignetste. Versuche haben ergeben, daß verschieden gefärbte Lichtstrahlen einen Einfluß äußern auf den Athmungsproceß der Thiere, wie dies auch ebenso bei Pflanzen nachgewiesen worden ist. Am meisten begünstigen die gelben, die grünen und die blauen Strahlen die Kohlensäure-Ausscheidung, die sich bis zu 27 Procent vermehrt gegenüber der normalen Perspiration unter weißem Lichte. Es sei hier gleich die praktische Erfahrung mitgetheilt, daß Nichts die Thiere so beunruhigt, als das plötzliche Erscheinen von grellem Lichte zur ungehörigen Zeit. Dies zeigt sich insbesondere bei ausbrechenden Feuersbrünsten, welchen sehr häufig das Vieh zum Opfer fällt, weil es sich um keinen Preis aus dem Stalle bringen läßt. Um in solchem Falle sein Entsetzen zu bewältigen, thut man am besten, ihm die Augen vollständig zu verhüllen, nach wenigen Minuten ist es dann beruhigt, und läßt sich leiten. Das stete Brennen einer Laterne oder gar einer Gasflamme im Stalle ist nicht rathsam, denn es ist gegen die Natur. Auch die große Erschöpfung von Thieren, welche zur Nachtzeit transportirt oder sonst beschäftigt werden, steht zum Theile mit dem belebenden Einflusse des Lichtes im Zusammenhang.

Gewöhnlich ist die Meinung, daß Licht im Keller den darin gelagerten Gährungsgetränken schädlich sei. Daher findet man fast allenthalben eine sorgfältige Absperrung solcher Localitäten gegen Licht und Luft. Aber mit Unrecht. Könnte man einem Keller Licht zuführen ohne Sonnenwärme, so würde er dadurch nur gewinnen, wie ja auch in demselben eine Circulation frischer, gesunder Luft immer nur vom allergrößten Vortheile ist. Das Licht ist die unzertrennliche Bedingung der Reinlichkeit und dasjenige des Tages kann in dieser Beziehung durch kein anderes ersetzt werden; exquisite Reinlichkeit ist aber das erste Erforderniß einer tadellosen Kellerwirthschaft.

Aus der Strahlenbrechung des farblosen Lichtes entstehen

die Farben, deren Reichthum die Natur nirgends anderswo so verschwenderisch ausschüttet, als unter den Blüthen oder besser Blumen der Pflanzenwelt, denn beide Begriffe sind nicht identisch, zur Blume wird die Blüthe erst durch das Auftreten von besonders gefärbten und gebildeten Blattorganen, welche sich bald einzeln, bald auf der höchsten Stufe im Kranze um die Samenknospe schließen. Der Landwirth ist den Blumen nicht gar hold, er haßt und verachtet die blauen Cyanen und den prächtigen Feuermohn, aber dennoch stellt er deren zuweilen in seine Fruchtfolge: Safran, Saflor, Krebskraut, schwarze Malve werden da und dort feldmäßig gebaut nur zur Gewinnung ihrer Blumen, welche theils als Gewürz, theils häufiger als Farbstoff dienen. Sie gehören daher zu den Farbepflanzen, gleich dem rothen Krapp, dem blauen Waid, welcher in alter Zeit den edleren aber auch theuereren ostindischen Indigo ersetzte und seine Pflanzer, die Thüringer Waidbauern, zu Waidherren machte — der gelbe Wau u. s. w. von welchen Wurzeln oder Kraut den Farbstoff liefern. Einige Gewächse geben ihre Blumen auch zur Nahrung her: der Blumenkohl, die Kapuzinerkresse, andere als Gewürz, so Fenchel, Dill, Bohnenkraut u. s. w. Die Lichtwirkung auf das reifende Obst ist Jedermann bekannt, die intensivere Färbung der Schalen, die rothen Bäckchen an Glaskirschen, Aprikosen, Pfirsichen, Aepfeln, das Bräunen der Traubenbeeren rührt einzig davon her. Leicht ist das nachzuweisen durch das oft geübte Spielwerk, eine Papierfigur auf den im hellen Sonnenlichte zeitigenden Apfel zu kleben, die bedeckte Stelle bleibt farblos oder gelblich, während ringsum das schönste Purpurroth sie umgiebt. Wie Blumen sich im vollen Lichte in sattere Farben kleiden, so entströmen sie in demselben auch kräftigere Düfte, wobei jedoch der Einfluß der Hitze mit ins Spiel kommt; einzelne Blüthen duften allerdings Abends am stärksten, manche erschließen ihre Kelche nur in tiefer Nacht.

Die einzelnen Farbenstrahlen des Spectrums sind wohl ohne besondere Bedeutung für die Entwickelung der Vegetation, vielmehr ist die Vereinigung aller Strahlen zu weißem Licht, wie sie sich im Sonnenstrahle findet, nothwendig für das normale Wachsthum der Pflanze. Die Fähigkeit der Zersetzung der Kohlensäure verhält sich allerdings anders im weißen, rothen und blauen Lichte, und zwar wie 8 : 5 : 2, so daß demnach letzteres sie am meisten verzögert.

Nur ganz kurz braucht hier der von Kirchhoff und Bunsen im Jahre 1861 entdeckten Spectral-Analyse gedacht zu werden, deren wunderbare Erfolge sie rasch zu einem der wichtigsten Hebel in der Naturforschung gemacht haben. Für die Landwirthschaft hat sie insoferne Bedeutung, als sie wesentlich zur Vereinfachung von agriculturchemischen und physiologischen Untersuchungen dienen kann.

Die Spectralanalyse, sagt K. Grün, lehrt uns sehen, was kein Mensch gesehen hatte, noch sehen konnte. Ein wenig Chlornatrium oder Kochsalz giebt uns das gelbe Natriumlicht, das sichere Kennzeichen der Anwesenheit des Salzes. Was dem schärfsten chemischen Reagens entgeht, der dreimillionte Theil eines Milligrams von Natriumsalz läßt noch die gelbe Linie des Spectrums aufleuchten. Weil das Meersalz die ganze Erde überfliegt, so verräth der Staub auf unserem Tische oder Buche im Spectroskop seine Gegenwart weit genauer, als der Arsenspiegel auf dem Glase das Vorhandensein des Atoms der giftigen Säure. Die geringste chronische Veränderung im Blute, der minimste Zusatz von Kohlenoxydgas oder Blausäure — das Spectrum bringt sie an den Tag. Die Spectralanalyse ist die wahre qualitative Chemie.

Die optische Construction des menschlichen Auges gestattet das Sehen nur bis zu einer gewissen Grenze nach Oben und Unten oder vielmehr nach der Ferne und Nähe. Die erstere hat sich dem menschlichen Erfindungsgeiste früher erschlossen, als die letztere; die Welt im Großen war, so wenig wir auch jetzt noch von ihr wissen mögen, früher durchforscht, als die dem bloßen Auge unsichtbare Welt des Kleinen. Diese hat uns erst das Mikroskop erschlossen, das Vergrößerungsglas, welches die kleinsten Gegenstände deutlich dem Blick erfaßbar macht. Es hat lange gedauert, bis man die Anwendung dieses heute unentbehrlichen Instruments auch für die Praxis nutzbar zu gestalten verstanden hat; gegenwärtig ist aber deren Wichtigkeit allgemein anerkannt und insbesondere kann die Landwirthschaft seiner nicht mehr entrathen. Die Untersuchungen des Bodens auf seine Bestandtheile haben bei dem gegenwärtigen Stande der Wissenschaft entschieden mit dem Mikroskop zu beginnen, welches in der Erkennung der Kleinstructur den Weg zeigt zu dem Ursprunge der Mineraltheile. Wurden doch schon bei starker Vergrößerung in den minimen Krystallen Tröpfchen von Flüssigkeiten, Wasser, Salzlösungen oder sogar von flüssiger Kohlensäure eingeschlossen gefunden, welche nicht blos über die Entstehung der Gesteine Licht verbreiten, sondern auch jedenfalls einen Einfluß üben auf die Pflanzenernährung, und zur thunlichsten Aufschließung jener kleinen Krystalle im Boden auffordern. Der innere Bau der Pflanzen, das Wesen der Zelle und ihres Inhalts, die Form und Verschiedenheit der Stärkemehlkörner und anderer Bildungen ist uns erst durch das Mikroskop genau bekannt geworden. Ihm verdanken wir die Kenntniß über die Fortpflanzung der cryptogamen Gewächse und über das Wesen der zahlreichen Pilze, welche als Brand oder Rost, als Kartoffelpilz oder Traubenpilz, als Mutterkorn, Mehlthau, Schorf, Rußthau, Schimmel, Lohe, Krebs u. s. w. die Culturpflanzen befallen und häufig bis zur Ertragslosigkeit schädigen. Die Unterscheidung der verschiedenen Gespinstfasern von einander, die Structur der Wolle und der Haare, die Entdeckung zahlreicher thierischer Feinde der Produkte und Wesen, wie der schon oben erwähnten Bacterien, der Weizenvibrionen, Kardenälchen, Rübennematoden, u. s. w. konnte nur auf mikroskopischem Wege gelingen. Eine in das praktische Leben greifende Beleuchtung von dem Werthe dieses wissenschaftlichen Hülfsmittels bieten die Seidenraupenkrankheiten und deren Bekämpfung. Lange Zeit hindurch war man über die Ursachen der Muscardine, der Schlafffucht, der Gelbsucht und namentlich der seuchenartig aufgetretenen Pebrine oder Fleckenkrankheit der Seidenspinner — welche letztere Millionen von Werthen zunichte machte — im Unklaren, das Mikroskop in geübten, wissenschaftlich beseelten Händen hat endlich doch darüber Aufschluß gebracht. Die letztgenannte Seuche heißt jetzt allgemein „Körperchenkrankheit“ nach den winzigen pilzartigen Körperchen, die sich als Schmarotzer im Leibe der Seidenraupen ansiedeln, und denselben theils durch Aussaugung, theils durch Blutvergiftung zerstören. Nachdem die verschiedensten Mittel gegen das immer mehr um sich greifende Uebel vorgeschlagen und versucht worden waren, fanden endlich Cantoni und Pasteur das geeignete in der mikroskopischen Prüfung der Grains oder Seidenraupeneier und der Auswahl von solchen für die Nachzucht, welche von vollkommen ungekörperten Schmetterlingen herrührten. Das führte zu der sogenannten Zellengrainirung, bei welcher nur Paare von Seidenspinnern, welche gesund befunden worden sind, mittelst Isolirung in kleinen Säckchen aus Tüll oder Papier zur Fortpflanzung gebraucht werden. Dieses Verfahren, um welches sich die Seidenbau-Versuchsstation in Goerz unter Haberlandt große Verdienste erworben hat, bewährte sich entschieden und hat sich binnen wenigen Jahren so außerordentlich verbreitet, daß jetzt überall in den seidenbautreibenden Ländern Zellengrainirungsstationen errichtet sind, in denen mit Hülfe des Mikroskops gesunde Nachzucht — Seidensamen — erzeugt wird. Die Seuche, die zu bewältigen man fast schon verzweifelte, ist, wenn nicht verschwunden, so doch bedeutend beschränkt worden und die Seidenzucht-Industrie, ein Haupterwerbszweig der kleinen Leute in südlichen Ländern, hat in Folge dessen wieder erneuten Aufschwung genommen.

Besondere Dienste leistet das Mikroskop bei der Samen-Controle. Die außerordentlich großen Mengen an Saatgut und Sämereien, welche von Landwirthen und Gärtnern jährlich verbraucht werden, haben den Samenhandel zu einem vielverbreiteten, lucrativen Geschäft gemacht. Zugleich hat aber der stets zunehmende Bedarf und die Schwierigkeit der Entdeckung von jeher Anlaß gegeben zu den großartigsten Fälschungen in diesem Artikel, welche natürlich auf die erwartete Production sehr verderblich einwirken und somit nicht blos unmittelbaren, sondern weit tragenden Schaden bringen. Die Samenverfälschung schlägt gewöhnlich drei Richtungen ein: Mischung mit ganz fremden Bestandtheilen, Zusatz nicht mehr keimfähigen, abgestorbenen Samens derselben Art und Beimengung von fremden Samengattungen. Hinsichtlich der Zuthat von fremdartigen Substanzen so bestehen diese gewöhnlich in solchen, welche das Gewicht vermehren, wie Sand, Lehmstückchen, kleine Steine; ist doch von letzteren als sogenannter „Kleekies" ein täuschend gefärbtes Präparat, das selbst geübte Augen schwer von den ächten Samen unterscheiden können, von gewissenlosen Händlern in den Handel gebracht, zu keinem anderen Zwecke, als um die verschiedenen Kleesamenarten damit nach Belieben zu verfälschen. Ueber die Keimfähigkeit der Samen entscheidet die Keimprobe, welche mit dem Nobbe'schen Apparat leicht und sicher anzustellen ist; die Zumischung von fremden Samen, welche allerdings in den meisten Fällen eine unabsichtliche, nur die Folge unreiner, schlechter Cultur, darum aber nicht minder schädlich ist, wird, wenn nicht schon mit bloßem Auge, so doch durch das Mikroskop mit aller Sicherheit constatirt. Es ist ganz unglaublich in welcher Weise oft die im Handel vorkommenden Sämereien verunreinigt sind, in vielen nachgewiesenen Fällen beträgt das Quantum dessen, was man eigentlich gekauft hat, nur wenige Procente. Außerdem aber werden mit dem unreinen Samen verderbliche Unkräuter in den Boden gebracht, welche der Cultur der Nutzpflanzen gefährlich sind, und die man nur schwer wieder los wird; eines der gemeinschädlichsten darunter ist die Kleeseide, ein vielverbreiteter Schmarotzer, dessen Samen so fein sind, daß man sie kaum mit bloßem Auge erkennen kann. In der Hand des Geübten leistet das Mikroskop in der Unterscheidung des Aechten von dem Falschen, der Saat von dem Unkraut unersetzliche Dienste; es ist daher auch ein Hauptwerkzeug für die Samen-Control-Stationen, mit deren Errichtung man in Deutschland voran gegangen und deren Aufgabe es ist, die Sämereien des Handels auf wissenschaftlichem Wege zu prüfen die Käufer vor Schaden zu bewahren, insbesondere aber auch die Producenten über die Mängel ihrer Waare, welche ihnen oft selber fremd bleiben, zu belehren und sie auf bessere Wege der Production zu weisen.

Der verderblichen Reblaus, Phylloxera vastatrix, ist schon oben gedacht worden. Die Art und Lebensweise des fast unsichtbar kleinen Insects hat nur mit Hülfe des Mikroskops studirt werden können und sind dadurch nicht blos der Praxis die wichtigsten Fingerzeige gegeben, sondern auch für die Wissenschaft höchst werthvolle Beobachtungen, insbesondere über den Generationswechsel der Aphiden gemacht worden. Dem Mikroskope danken wir die genaue Kenntniß von den Wanderungen und Wandlungen des Bandwurms, der sich nur dort zum fertigen Thiere entwickelt, wo er in einem thierischen Körper den ihm angewiesenen Vegetationsboden findet; in demjenigen des Schweines kommt sein Ei nicht über den Embryonalzustand der Finne hinaus, im Schafe gelangt er als Blasenwurm in die Gehirnhöhle und erzeugt die Drehkrankheit. Auch die erst seit zwanzig Jahren bekannten Trichinen, welche wahrscheinlich von jeher existirt und räthselhafte Krankheitsfälle veranlaßt haben, konnten nur durch das Vergrößerungsglas erforscht werden. Sie kommen vorzugsweise vor im Fleische des Schweines und gelangen mit diesem, wenn es nicht sorgfältig durchkocht oder durchbraten worden ist, in die Muskeln des Menschen, welchem sie heftige Schmerzen, nicht selten in einer Ueberzahl den Tod bringen, indem sie die Gewebe durchbohren. Zum Schutz gegen den Verkauf und Genuß des mit Trichinen behafteten Schweinfleisches ist in vielen Ländern die mikroskopische Fleischbeschau eingeführt, so daß das Mikroskop jetzt schon zum Geräth des Fleischladens geworden ist. Der Landwirth, welcher Schweine fürs Haus schlachtet, sollte sich ebenfalls desselben bedienen, um die Seinigen vor der gefährlichen Trichinose zu bewahren. Auch das Wesen der Gährung, das so lange hypothetische, ist uns erst durch das unersetzliche Instrument aufgeschlossen worden. Wir kennen auf das genaueste den Gährungspilz der Hefe und seine wunderbare Vermehrung durch Knospung und Theilung, der den Zucker in Alkohol und Kohlensäure zerlegt und als Ferment sowohl den Teig im Backtroge treibt, wie die geistige Gährung des Weines veranlaßt. Ganz nahe verwandt mit ihm sind jene, gleichfalls schon erwähnten, Parasiten des untersten Pflanzenreichs, welche den Umschlag und Verderb gegohrener Getränke verursachen, die Mycoderma-Pilze; als ihr Wesen mittelst des Mikroskops festgestellt war, fand sich auch die Erklärung seither geübter empirischer Verfahren, wie Schwefeln und Alkoholzusatz, in ganz ungezwungener Weise, während gleichzeitig neue — z. B. das Pasteurisiren oder Erwärmung der Weine bis zu 60° C. zur Ertödtung der Pilzsporen — in Aufnahme kamen. Und so ließe sich die Reihe von praktischen Anwendungen und Erfolgen des Mikroskops im Dienste der Landwirthschaft noch vielfach vergrößern.

Die Prüfung der Milch, eines der wichtigsten Nahrungsmittel sowohl als Producte der Landwirthschaft, ist nothwendig, um deren Verfälschungen kennen zu lernen, ebenso aber auch, um in ökonomischem Interesse ihren Fettgehalt zu erfahren, auf welchem theilweise ihr Verwendungswerth beruht. Es gibt eine große Anzahl von Verfahren zu beiden Zwecken. Da sich bekanntlich das Fett, als der leichtere Körper, bei längerem Stehenbleiben der Milch auf der Oberfläche des Gefäßes als Rahm ansammelt, so ist ihr Gehalt daran mit einiger Sicherheit zu constatiren durch den Rahmmesser, Cremometer, Fig. 23, welcher aus einem oder mehreren Glascylindern besteht, welche entweder selbst graduirt, oder gleichmäßig an einer mit Theilstrichen versehenen Holzsäule so angebracht sind, daß man die durch Färbung leicht erkennbare Grenze zwischen Rahm und Milch bequem ablesen kann. Die Cylinder müssen genau gemessen und adjustirt sein, so daß der eine so viel Milch enthält, als der andere. Auf diese Weise läßt sich der Fettgehalt der Milch von verschiedenen Kühen leicht mit einander vergleichen, nicht minder derjenige zu verschiedenen Jahres- und Tageszeiten, nach gewissen Fütterungen u. s. w. Es sollte daher das Cremometer in keiner mit Milch-

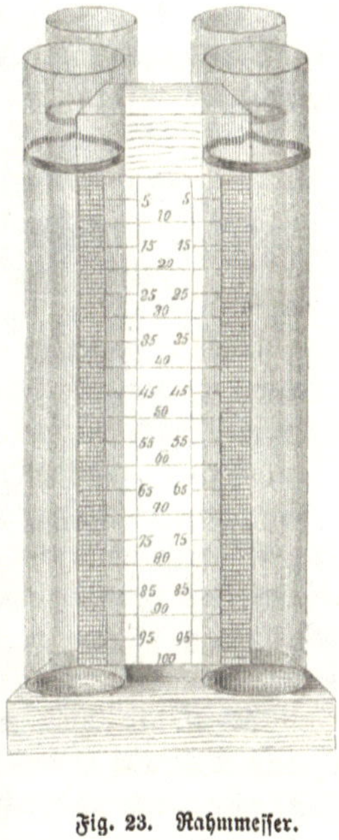

Fig. 23. Rahmmesser.

viehhaltung, insbesondere mit Molkereibetrieb verbundenen Wirthschaft fehlen. Es existirt in verschiedenen Formen, so nach Chevallier als einzelner graduirter Glascylinder, nach Krocker als Gestell mit 3 flachen Glasschalen, aus welchen die blaue Milch in einen Meßcylinder abgelassen werden kann, ꝛc. Anderer Art ist die optische Milchprüfung, welche auf der durch die größere oder geringere Anzahl von Fettkügelchen vergrößerten oder verringerten Durchsichtigkeit der Milch beruht. Je mehr Fett, um so weniger, je minder, um so durchsichtiger wird dieselbe sein; da man nun den durchschnittlichen Wassergehalt der Milch gewöhnlich kennt, so ist es auf diese Weise möglich, eine absichtliche Verfälschung mit Wasser nachzuweisen. Das älteste Instrument zur optischen Milchprobe, das Laktoskop, Fig. 24, von Donné, besteht

Fig. 24. Laktoskop.

aus einer Art doppelter Loupe, zwei in einem Metallring parallel eingelassenen Gläsern, zwischen welche die Milch mittelst eines am Rande angebrachten kleinen Trichters eingefüllt wird. Mit dem Handgriff wird das Instrument dann zwischen das Auge und eine meterweit entfernte Kerzenflamme gebracht und an einer unterhalb befindlichen Schraube so lang gedreht, bis diese Flamme sichtbar wird. Eine an dem Schraubentheile angebrachte Gradeintheilung gibt nach einer berechneten Tabelle dann den Gehalt der Milch an Butter in Grammen per Liter an. Anders construirt ist das Instrument zur optischen Milchprobe von Vogel, Fig. 25, welches im Wesentlichen aus einem halbrunden Gefäße mit parallelen Glaswänden auf einem festen Postamente besteht. Sein Inhalt ist genau gemessen, und das Princip der Prüfung ist in der Weise umgekehrt, daß die Untersuchung sich auf eine mit Wasser verdünnte Milch erstreckt; je mehr oder weniger von der letzteren dem ersteren zugesetzt werden muß, um das Licht der Kerze durch die beiden Glaswände des Gefäßes sehen zu können, um so größer oder geringer ist der Fettgehalt der Milch. Es ist offenbar, daß die optische Prüfungsmethode der Milch, abgesehen davon, daß sie über viele Bestandtheile und Eigenschaften der letzteren keine Aufschlüsse gibt, nur annähernde, nicht positive Sicherheit bietet; ebenso wenig thut dies auch das densimetrische Verfahren, das auf dem specifischen Gewichte der Milch fußend, mit Aräometern mißt; dagegen hat sich eine von Müller in Bern zuerst ausgeführte Combination des Cremometers mit dem Lactodensimenter als praktisch für den Marktgebrauch erwiesen, sofern nämlich die gemischte Milch von verschiedenen Kühen zu untersuchen ist. Boussingault hat das Mikroskop immer noch als das sicherste Mittel zur Erkennung der Krankheiten und Verfälschungen der Milch empfohlen, deren mit Casein oder Käsestoff umgebene Fettkügelchen in einer klaren Flüssigkeit, dem Serum oder den Molken, suspendirt sind, welche Salze und den Milchzucker in Lösung enthält. In dem Laboratorium des landwirthschaftlichen Instituts der Universität Göttingen angestellte mikroskopische Untersuchungen der Milch haben ergeben: Die Fettkügelchen, welche Färbung und Dichtigkeit der Milch bestimmen, sind von runder, verschieden großer Gestalt; je mehr Wasser die Milch enthält, um so weiter von einander getrennt

Fig. 25. Optische Milchprobe.

schwimmen die Fettkügelchen; sind von den letzteren nur noch kleine, keine großen und wenige mittlere, in der Flüssigkeit, so ist schon von derselben ein Theil des Fettes abgenommen worden; eine nach 24 stündigem Stehen entrahmte Milch zeigt nur noch vereinzelte Gruppen kleiner Fettkügelchen; durch vierstündiges Stehen verliert unter günstigen Umständen die Milch 40, binnen 24 Stunden bis 88 Procent ihres Fettgehaltes; endlich besteht der zuerst abgenommene Rahm vorzugsweise aus den großen Fettkügelchen, ist aber dennoch ärmer an Fett, als der später ausgeschiedene, welcher nicht bloß die großen, sondern auch die Masse der mittleren und kleinen Fettkügelchen in sich schließt. — Die besonders in großen Städten vorkommende Verfälschung der Milch durch mit Wasser abgeriebenes Kalbs- oder Schafhirn — sonst schwer zu erkennen — ist unter dem Mikroskop sofort mit aller Bestimmtheit nachzuweisen an den darin suspendirten Zellfäden und Nervenfasern, sowie an den länglichen Rückständen von Capillargefäßen. Es mag hier noch erwähnt werden, daß eine der sichersten Methoden zur Ermittelung des Fettgehalts der Milch die chemische in dem Butyrometer von Marchand und Salleron ist, deren nähere Beschreibung nicht hierher gehört. Um den ganzen Werth einer Milch für den Gebrauch kennen zu lernen gibt es überhaupt gegenwärtig kein anderes Verfahren, als die chemische Analyse mit Bestimmung der Trockensubstanz, zu welcher übrigens verschiedene Anleitungen von Fr. Schulze, Payen, Alexander Müller u. A. vorliegen.

Die Erscheinung der Polarisation oder doppelten Brechung des Lichtes ist im Betrieb der landwirthschaftlichen Industrie verschiedentlich zur praktischen Verwerthung gelangt. Vor Allem zur Bestimmung des Zuckergehaltes von Flüssigkeiten, vorzugsweise des Saftes der Zuckerrüben. Nachdem Arago die chromatische oder Circularpolarisation, den Wechsel der

Farben polarisirten Lichtes entdeckt hatte, fand Biot zuerst, daß Lösungen von Krystallzucker eine Drehung der Polarisationsebene der farbigen Strahlen nach der rechten, eine solche von Krümel- oder Fruchtzucker dieselbe nach der linken Seite veranlassen; wobei das Rotationssegment immer in genauem Verhältnisse steht zu dem Volumgehalt an Zucker sowie zur Stärke oder Größe der untersuchten Lösungsmasse. Werden demnach Zuckerlösungen in Röhren gebracht, durch welche ein polarisirter Lichtstrahl dringen kann, so läßt sich durch Anbringung einer Scala der Drehungswinkel genau bestimmen, aus welchem sodann nach einer vorhergegangenen Ermittelung für eine bekannte Lösung der Zuckergehalt jeder anderen berechnet wird. Diese optische Prüfung wird vorgenommen in den Polarisations-Apparaten, auch Polarimeter oder Saccharimeter genannt. Ein solcher, Fig. 26 (nach Hoppe-Seyler) besteht aus einem fernrohrähnlichen Beobachtungsrohr auf einem Stativ. In ersteres fällt

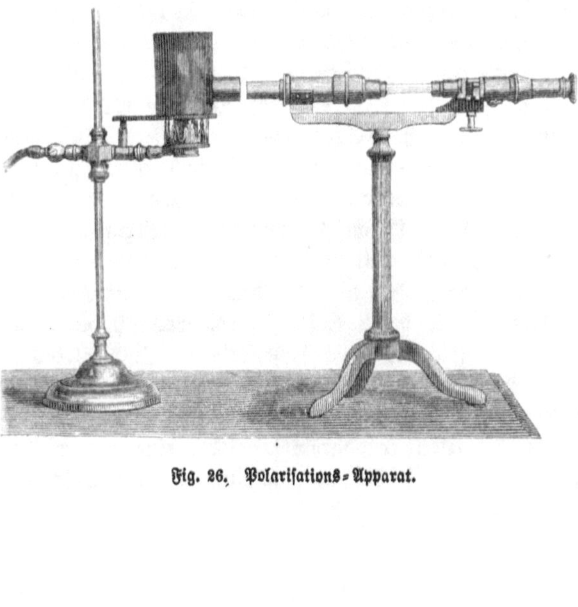

Fig. 26. Polarisations-Apparat.

das concentrirte Licht einer Lampe, welches zunächst durch ein Nikol'sches Prisma aus Doppelspath und eine Quarzplatte aus Bergkrystall, beide um ihre Achse drehbar, polarisirt oder regulirt wird, gelangt dann durch die in einem 200 Mm. langen Glascylinder befindliche Lösung, worauf der Strahl den aus keilförmig zugeschliffenen Quarzplatten bestehenden Compensationsapparat und ein analysirendes Prisma aus Kalkspath passirt, um in ein kleines Fernrohr zu gelangen, dessen Stellung zur Schärfung des erhaltenen Spectrums auf gewöhnliche Weise geschehen kann. Je größer der Zuckergehalt einer Lösung, um so größer wird auch der Bogen oder die Drehung der Polarisationsebene.

Es würde zu weit führen, hier die Gebrauchsanweisung zur Bestimmung des Zuckergehaltes einer Lösung mittelst des Polarisationsapparates anzugeben; seine Handhabung erfordert Uebung und vor Allem große Genauigkeit, ihr Ergebniß ist aber ein so sicheres, daß kaum noch ein anderes Verfahren in der Praxis angewendet wird. Man sagt daher heute allgemein: die Rübe polarisirt so und so viele Grade — um ihre Procente an krystallisirbarem Zucker zu bezeichnen, und es ist begreiflich, wie werthvoll diese Methode für die Zuckerfabrikanten sein muß, welche dadurch ohne Zeitverlust genau ermitteln können, wie viel Zucker sie aus einem gegebenen Quantum Rüben erwarten dürfen. Es kommt daher auch häufig vor, daß bei Abschlüssen von Rübenlieferungen auf die Polarisation hin gehandelt wird, d. h. der Käufer bezahlt dem Producenten den Zucker, nicht die Rübe, nach dem Grade, den die Polarisation in deren Safte angibt, wodurch der Rübenbauer zu sorgfältiger, nicht sachwidriger Cultur verpflichtet, der Fabrikant durch Ballast an Salzlösungen 2c. minder geschädigt wird. Leider haben die vielen in Gebrauch befindlichen Polarisationsapparate fast jeder eine andere Gradeintheilung, da auch die Normallösungen, mit welchen sie arbeiten, verschieden sind. Die bekanntesten Constructionen sind von: Mitscherlich — die einfachste und verbreitetste — von Soleil, Hoppe-Seyler Noerremberg, Ventzke, Wild (Polaristrobometer) Dove, Wheatstone Robiquet, Seebeck u. A. m. Auch die Milch kann vermöge ihres Gehaltes an Milchzucker polarimetrisch geprüft werden und läßt sich dazu ein gewöhnlicher Polarisationsapparat verwenden, nur müssen aus der Flüssigkeit vorher alle stickstoffhaltigen Bestandtheile durch chemisch-mechanische Behandlung entfernt werden, weil diese eine verkehrte Rotation veranlassen. Es wird dabei also nicht mit der Milch operirt sondern mit den nach Ausscheidung des Caseïns verbleibenden Molken, welche den Milchzucker in Lösung enthalten, dessen Verhältniß den Grad der Reinheit oder Wasserhaltigkeit der Milch, nach einer vorher bestimmten Normal-Lösung berechnet, anzeigt.

Die Darstellung des Leuchtgases berührt die Landwirthschaft nur in so fern, als diese verschiedene Materialien liefert, aus welchen es im Großen erzeugt wird, so vor Allen Torf und Holz; früher wurde versucht, aus Oelfrüchten direct das ölbildende Kohlenwasserstoffgas zu gewinnen, allein das Verfahren war zu kostspielig und lieferte ein Uebermaß an störenden Nebenproducten. Dagegen wird aus dem Fettschweiß im Wollwaschwasser mit Vortheil ein vorzügliches Gas gewonnen und haben namentlich Kammgarnspinnereien diese Production eingeführt. Auf großen Gütern, vorzugsweise solchen, die mit landwirthschaftlichen Industrien verbunden sind, findet sich häufig Gasbeleuchtung, und verdiente deren allgemeinere Einführung besonders dort ein Fürwort, wo das Material billig zu beschaffen ist. Uebrigens ist das Leuchtgas ein Feind des Baumzüchters und des Gärtners. Wenn es sich im Boden verbreitet, was bei schadhaft werdenden Leitungen der Fall ist, so tödtet es alle Pflanzen, mit deren Wurzeln es längere Zeit hindurch in Berührung kommt. Daher leiden so häufig die Anpflanzungen von Gehölzen und Bäumen in den Städten bei aller Pflege und Aufsicht. Um die von manchen Seiten geleugnete Wirkung des Leucht-Gases auf die Gewächse festzustellen, sind im botanischen Garten und in der städtischen Baumschule zu Berlin mehrere Jahre hintereinander sorgfältige Versuche angestellt worden, deren Resultat als ein entscheidendes betrachtet werden muß. Dieselben haben ergeben, daß selbst die geringe Menge von 0,772 Cubikmeter Leuchtgas täglich auf 17,8 Cubikmeter Erdboden vertheilt hinreicht um die mit demselben in Berührung kommenden Wurzeln abzutödten, worauf dann die Bäume zu siechen beginnen, endlich zu Grunde gehen. Dieser tödliche Erfolg ist um so sicherer, je fester die Bodenoberfläche ist, ein Umstand, der in Städten stets vorhanden zu sein pflegt. Die Bäume sind ungleich empfindlich gegen die Gas-Emanationen; Ulme, Götterbaum, Akazie, Gleditschie erliegen früher als Ahorn, Birke, Linde. In Wien hat sich namentlich der sonst unkrautwüchsige Götterbaum sehr zärtlich gegen die Gasvergiftung gezeigt. Im Winter ist dieselbe weniger zu fürchten als während der Periode des Wachsthums. Da es erwiesen ist, daß geringe Gasentweichungen bis zu 0,24 Cubikmeter durch kleine undichte Stellen der Leitungen gar nicht merkbar, der letzteren aber jedenfalls sehr viele vorhanden sind, und das Gas sich in dem Boden bis auf 20 Meter im Umkreis verbreitet, ehe es verflüchtet, so ist die stete Gefahr von Anpflanzungen in der Nähe von Leuchtgasleitungen dargethan.

Zu den Wundern unserer Zeit gehört bekanntlich, daß der Mensch „mit der Sonne malt“, oder mit anderen Worten, daß er die chemischen Wirkungen des Lichtes zur Herstellung von Lichtbildern, Photographien, zu benutzen gelernt hat. Die noch ziemlich junge Kunst der Photographie ist auch in die Dienste der Landwirthschaft getreten, deren wissenschaftlichen und praktischen Behelf sie erweitert, bequemer gemacht hat. Erst seitdem durch sie das Mittel geboten worden ist, auf billige Weise vollkommen getreue Abbildungen von Thieren zu erlangen, ist die Racenkenntniß auf einmal von ganz tiefem Standpunkt auf bedeutende Höhe gediehen und in Folge dessen hat auch die Züchtung theilweise veränderte Bahnen eingeschlagen. Ebenso vertreten die photographischen Reproductionen von Maschinen und Geräthen jetzt vielfach die Modelle oder künstlerischen Zeichnungen, ein Vortheil, welcher gleichfalls dem agricolen Betriebe zu gut kommt.

In den Vorsommertagen, mitunter auch im Herbste, zieht es sich zuweilen über den heiteren Himmel, wie ein bräunlicher Vorhang. Eine ganz eigenthümliche Dämpfung des Sonnenlichtes findet statt, die Atmosphäre hat einen sonderbaren Geruch, auf die Blätter der Pflanzen legt es sich, gleich einem scharfen Thau, es ist etwas Fremdes im Luftkreis, welches auf die Organismen eigenthümlichen Einfluß äußert. Die Thiere sind an solchen Tagen unruhig, weiden nicht mit der steten Ausdauer, wie gewöhnlich, die blühenden Gewächse werden, wie man zu sagen pflegt, befallen, namentlich wird die Blüthe der Halmfrüchte gestört, so daß viele taube Körner in den Aehren sich finden, wenn dieser ungewöhnliche Zustand längere Zeit anhält. Früher hat man denselben für eine kosmische Erscheinung gehalten und „Heerrauch“ oder „Höhenrauch“ genannt; heutzutage weiß man genau, was sie ist, und kennt ihre Ursache. Es ist Moorrauch und rührt her von dem Brennen der ausgedehnten Moore im nordwestlichen Europa. Diese uralte Form der Brandcultur des Bodens, eine der ersten, welche der Mensch zu dessen Urbarmachung anwendete, ist dort heute noch gebräuchlich, um durch Verkohlen der oberen Schichten des saueren, unfruchtbaren Moorlandes dasselbe zu einer Ernte von Haidekorn oder Buchweizen gerecht zu machen, weshalb denn auch das Verfahren „Bebuchweizen“

genannt wird. Es ist vorzugsweise im Schwange zur Beurbarung der Hochmoore, welche noch nicht abgetorft sind, kann auf denselben mehrere Jahre hintereinander ohne Nachtheil ausgeführt werden, und liefert, mit sehr geringem Aufwande, gewöhnlich treffliche Ernten. Das Brennen oder Schwelen der in Plaggen aufgehauenen Narbe vernichtet die der Vegetation schädlichen Humussäuren in derselben und schafft in der Asche eine den Wurzeln genehme Krume. Deßhalb wollen auch die Vehnbauern — Vehn heißt in jenen Gegenden das zur Cultur benutzte Moor — von der Abschaffung des Moorbrennens nichts wissen, trotzdem sich zu deren Bewirkung sogar Vereine gebildet haben. Denn der Rauch der schwelenden Torfstücke legt sich nicht bloß wie eine schwere, braune Wolke, welche bei stillem Wetter Tage lang haftet, über die Umgegend, sondern wird von dem Winde auch Hunderte von Meilen weit getragen; bis zur Grenze der Alpen im Süden reicht unter ihm günstigen Verhältnissen der Verbreitungsbezirk des Moorrauchs. Ehe sämmtliche Hochmoore auf Torf abgebaut sind, wird demselben trotz seiner internationalen Schädlichkeit schwerlich Einhalt geboten werden, da die Brandcultur zu einträglich ist; in Holland allein sind derselben alljährlich gegen 12000 Hectar gewidmet, deren Ertrag auf mindestens 800,000 Gulden berechnet wird. Die Niederungsmoore, solche, deren brauchbare Torfschicht schon abgebaut ist, werden seltener gebrannt, wo es geschieht, ist das Verfahren zu tadeln, weil es die letzten auf dem Sande ruhenden Humusreste vertilgt, die mit letzterem gemischt und zweckmäßig gedüngt, ein treffliches Ackerland abgeben würden. Das Moorbrennen wird in Friesland, Oldenburg, Hannover bis tief nach Westphalen hinein geübt, dessen Grafschaft Meppen von seinem Geruche den bezeichnenden Namen „Muffrika" erhalten hat. Der daselbst gegründete „Verein gegen das Moorbrennen" hat trotz anerkannter Thätigkeit noch wenig ausgerichtet gegen ein Verfahren, welches an und für sich praktisch, allerdings aber in seinen Folgen unangenehm und selbst verhängnißvoll für die Mehrzahl ist.

Neuere Forschungen haben es außer Zweifel gesetzt, daß das Licht als bewegende Kraft wirkt. Crookes und Armit haben darüber verschiedene überzeugende Experimente angestellt, unter welchen freilich dasjenige, daß eine im Dunkeln gehaltene Pflanze dem eindringenden Lichtstrahle sich entgegen beugt, anders gedeutet und auf den physiologischen Einfluß des Lichtreizes zurückgeführt werden muß. Dagegen haben sonstige Versuche dargethan, daß das Licht in der That mechanische Arbeit zu leisten vermag, daher eine Kraftquelle oder ein natürlicher Motor ist. Bei dem innigen Zusammenhange des Lichtes mit der Wärme und der Electricität war diese Thatsache schon wahrscheinlich, ehe sie noch durch den praktischen Beweis vorgeführt war. Einstweilen hat sie nur ein wissenschaftliches Interesse, wird aber sicherlich zur Verwerthung gelangen, wie ja auch die Sonnenstrahlen durch verschiedenartig construirte Sonnenmaschinen zur Leistung mechanischer Arbeit mittelst der Wärme gezwungen werden können.

Die Wärme.

Wenn ein Wanderer aus dem Tiefthale Savoyens die beschwerliche Fahrt antritt nach dem Gipfel des Montblanc, so durchwandert er eine Reihe von Regionen, deren Pflanzenwachsthum wesentlich von einander verschieden ist. Aus Rebengärten und Kastanienalleen tritt er über in den Laubwald, in gewisser Höhe macht dieser den Nadelhölzern Platz, welche, je höher er steigt, um so mehr zusammenzuschrumpfen scheinen bis zur bodenkriechenden Legföhre; diese wächst inmitten gewürzhafter Gräser der Alpenmatten, an die sich weitgedehnt das niedrig geschlossene Buschwerk schön blühender Rhododendren reiht; auch sie verlassen ihn, je höher aufwärts er gelangt, zwischen den Geschieben ragt hier und dort nur noch vegetabilisches Kleinzeug, Strauchbirken und krautartige Weiden hervor, bis endlich auch diese schwinden und nur noch graubunte Flechten oder braungrüne Moose die letzten Spuren einer organischen Welt verrathen, die begraben wird von dem unermeßlichen Wall des ewigen Eises. Und wenn dann der kühne Klimmer inmitten von dessen majestätischer Oede steht droben bei den Grands Mulets und zurückblickt auf den unter ihm liegenden schwindelnden Pfad, so kann er behaupten, daß er in pflanzengeographischem Sinne vertical den Weg vollbracht habe, der in horizontaler Richtung gleichkommt einer Reise von der lombardischen Ebene bis zum äußersten Norden Norwegens. Denn der senkrechten Verbreitung der Pflanzen entspricht die wagerechte, für beide gelten die gleichen Regionen derselben. Unter den letzteren aber versteht man Gürtel mit annähernd derselben Vegetation, bedingt durch die annähernd gleiche Jahrestemperatur. Für Europa hat man fünf Regionen der Nutzpflanzen angenommen: 1. der Südfrüchte, Oliven, Reis, Mohrhirsen. 2. des Mais und Weinstocks. 3. des Wintergetreides und der Laubholzbäume. 4. des Sommergetreides und der Nadelhölzer. 5. der Weidegräser und Alpensträucher. Zwischen der ersten und letzten dieser Pflanzenverbreitungsregionen beträgt die Differenz der mittleren Sommerwärme 20°, genau entsprechend derjenigen zwischen der piemontesischen Ebene und der Montblanchöhe von 4000m. Die Abnahme der Wärme in Folge des höheren Breitegrades oder der höheren Elevation über der Meeresfläche ist demnach die Ursache der in den verschiedenen Gürteln sich ausdrückenden Veränderungen des Charakters der Pflanzenwelt. Mit andern Worten: je weiter nach Norden, je höher in senkrechter Linie, um so mehr nimmt das Pflanzenwachsthum ab in Zahl und Ueppigkeit, während nach Süden zu oder von der Höhe bis zur Ebene das umgekehrte Verhältniß eintritt. Es ist demnach an die durchschnittliche Jahreswärme gebunden.

Wie die Luft, Licht und Feuchtigkeit so ist auch die Wärme, die unzertrennliche Schwester des Lichtes, gleich diesem die Wirkung einer beständigen Oscillationsbewegung der Atome oder kleinsten Körpertheilchen, — nothwendige Bedingung für alles organische Leben. Die niedrigste Pflanze, der auf unterster Entwickelungsstufe stehende Thierleib, sie haben eine Construction, welche die Einwirkung der Wärme mindestens nicht ausschließt, um so höher aber der Organismus, um so vollständiger wird auch der Apparat im Körper zur Aufnahme und Verwerthung dieses wichtigen Imponderabils (unwägbare Stoffe nennt man, mit Unrecht, die vorzüglichsten physikalischen Kräfte). Die Wärme ist es, welche alle Production schafft und durch den Umsatz der Stoffe das Dasein der Wesen ermöglicht. Ihre Quelle, so weit sie das Allgemeine berührt, ist die Sonne, deren Strahlen von der Erde eingesogen und zurückgeworfen werden; diese Refraction erwärmt die Luft und deren durchschnittliche Temperatur bildet das Klima. Der Einfluß desselben auf das Pflanzenwachsthum ist schon dargelegt worden, es bestimmt in erster Linie die Richtung und Ordnung einer landwirthschaftlichen Unternehmung. Diese wird vor Allem sich über das allgemeine, dann aber auch über das örtliche Klima zu vergewissern haben. Letzteres entwickelt sich wesentlich je nach der Wärmewirkung der Sonne auf die verschiedenen Gestaltungen des Erdkörpers, insbesondere nach der Wärmeleitungsfähigkeit der festen und flüssigen Stoffe. Bei der Beurtheilung des Einflusses der Wärme ist nicht außer Acht zu lassen, daß sie mit dem Lichte sowohl, als mit der Electricität stets in enger Beziehung steht.

Auf die Pflanzenentwickelung hat zunächst die Bodenwärme die ausgesprochenste Wirkung. Die Erdkugel wird als ein Körper betrachtet, dessen Kern eine glühende Masse im Zustande der Schmelzung bildet, die abgekühlte Rinde ist im Verhältniß zu dem Durchmesser nur von geringer Mächtigkeit. Die zunehmende Wärme im Erdinnern scheint diese Annahme zu bestätigen, der tiefste aller bekannten Bergwerksschachte, derjenige der Silbermine Przibram in Böhmen, hat aber blos die Tiefe von 1000 Metern erreicht. Immerhin lassen sich auch noch andere Ursachen für die erwähnte Zunahme aufstellen, die jedoch der Hypothese ihren Werth nicht benehmen. Allein diese Eigenwärme des Erdballs will an und für sich wenig bedeuten, sie würde ebensowenig hinreichen, das den lebenden Wesen erforderliche Maß zuzuführen, als dies andere unabhängige Wärmequellen zu thun vermögen. Es ist also nur oder doch hauptsächlich das Quantum und die Intensität der Sonnenstrahlen, welche für die Erzeugung der Bodenwärme in Betracht kommen. Die neuesten Untersuchungen über die Bodenwärme hat von Liebenberg angestellt, die Resultate derselben fassen sich im Folgenden zusammen. Je schwerer und feuchter ein Boden, um so langsamer, je leichter, trockner und dunkler gefärbt, um so rascher erwärmen ihn die Sonnenstrahlen. Demnach sind die Humusböden und die wasserarmen Sandböden am leichtesten, die wasserhaltenden Thonböden am schwersten zu erwärmen. Umgekehrt ist dagegen das Verhältniß der Abkühlung, auf welche die Farbe nicht, wohl aber der Gehalt an organischen Stoffen, welche das größere Wärmequantum in sich aufnehmen, maßgebend ist. Die Wärme dringt um so weniger tief in den Boden, je mehr Gehalt an Humus oder Thon derselbe besitzt; im Allgemeinen zeigen die mittleren Bodenarten im Vergleiche zu anderen bei gleichem Feuchtigkeitszustande die höchste durchschnittliche Temperatur, weil sie sich in der Sonne stärker erwärmen, die größere Abkühlung während der Nacht aber durch die höhere Tagestemperatur wieder ausgleichen. Diese von der Wissenschaft ermittelten Sätze sind aber in der Erfahrung längst festgestellt gewesen. Der Landwirth weiß, daß sein Boden um so ertragsfähiger sein wird, je zeitiger er ihn der Einwirkung der Sonne zu eröffnen vermag. Dies ist einer der wichtigen Zwecke der Entwässerung, welche vor Allem dazu beiträgt, die sogenannte Kälte aus dem Boden zu bannen, so daß nach ihr die Bestellung oft um einige Wochen früher geschehen kann, als vorher. Auch die Düngung wirkt, als eine selbstständige Wärmequelle, zur Erhöhung der Bodencultur, jedoch nicht in dem Maße, daß man diese bedeutend in Anschlag bringen dürfte. Dagegen trägt die Bearbeitung ihr Wesentliches dazu bei, weil, wie schon oben erwähnt, die Lockerung des Bodens sowohl das Uebermaß an Feuchtigkeit rascher verdunstet, als auch den Sonnenstrahlen gestattet, tiefer einzudringen. Der Boden ist ein schlechter Wärmeleiter, er behält die aufgenommene Wärme lang in sich, und zwar so, daß dieselbe sich in gewisser Tiefe constant erhält, worauf die Aufbewahrung von Wurzeln, Knollen u. dgl. in Erdgruben und die Anlage der Keller beruht. Das humose Erdreich besitzt die größte Wärmecapacität, das beste Leitungsvermögen der Sand und der Kalk. Ersterer nimmt die Sonnenwärme am raschesten und vollständigsten auf, giebt sie jedoch auch in gleichem Grade wieder ab. Ueber den Einfluß der Bodenwärme auf die Entwickelung der Culturpflanzen wurden Versuche von Bialoblocki angestellt, deren bemerkenswerthe Resultate sich in Nachstehendem zusammenfassen: Der Einfluß der Bodenwärme wird in zweierlei Richtungen geltend, in der Abkürzung oder Verlängerung der Vegetationsperioden und in dem äußeren Bau der Pflanzen. In der ersten Zeit des Wachsthums wirkt er insbesondere auf die Beschleunigung desselben; die Vegetation wird durch die steigende Bodenwärme bis zu einem gewissen Grade gefördert. Sobald der letztere erreicht ist, bewirkt eine zunehmende Bodentemperatur eine Verzögerung des Pflanzenwachsthums. Der Grad, bis zu welchem die Bodenwärme günstigen Einfluß auf die Pflanzen äußert, ist abhängig von der Art der letzteren. Eine constant erhaltene Bodentemperatur von 10° C. zeigt eine besonders kräftige Pflanzenentwickelung und gestattet namentlich der Halmfrucht den normalen Vollzug aller ihrer Lebensfunktionen und Vegetationsphasen. Der höchste Punkt constanter Bodentemperatur, bei dem noch ein Wachsthum der Wurzel stattfinden kann, liegt bei nicht ganz 40° C. Auf die Absorption der Nährstoffe durch die Wurzeln hat die erhöhte Bodenwärme keinen ausgesprochenen Einfluß; mit der durch sie bewirkten Beschleunigung der Vegetation steht ein größerer Wassergehalt der Pflanzen in Verbindung. —

Von der Erhöhung der Bodenwärme zur Förderung des Pflanzenwachsthums macht man in der praktischen Bodencultur vielfach Gebrauch; man nennt das Verfahren dabei „Treiben der Gewächse“. Es geschieht dasselbe in eigens angelegten Treibbeeten oder Couchen, wie deren eine Art schon früher beschrieben worden ist; die Erde derselben wird durch Substanzen von schlechter Wärmeleitungskraft gegen die Abkühlung geschützt, während sie zugleich künstlich, meistens mittelst Gährung, erwärmt wird; am häufigsten umgiebt man die sorgfältig ausgewählte Pflanzenerde mit einem Triebkasten, welchen oben ein Fenster bedeckt; solche Anlagen werden dann Mistbeete genannt und in ihnen Frühgewächse, besonders auch zum Verpflanzen in's Freiland, getrieben. Soll die Erwärmung des Bodens erhöht werden, so geschieht ein Begießen mit warmem Wasser, das sich insbesondere für Tropengewächse in den Conservatorien empfiehlt; dasselbe kann 25—30 Grad Temperatur haben. Am augenscheinlichsten bezeugen die Wirkungen dauernder Bodenerwärmung jene Oertlichkeiten, welchen sie durch unterirdisches Feuer, sei es vulkanischen oder zufälligen Ursprungs, zugeführt wird; so steht z. B. eine berühmte Treibgärtnerei zu Planitz in Sachsen über einem seit Jahrhunderten im Schooße der Erde fortschwelenden Grubenbrand; sie liefert auf billigste Weise ausgezeichnete Producte und bringt die Erzeugnisse heißer Zonen auch unter ungünstigem Himmel zu prächtiger Entwickelung.

Außer der Sonne, der hauptsächlichen, alle übrigen in Schatten stellenden Wärmequelle, giebt es deren, wie schon angedeutet, noch einige andere, welche ebenfalls in Betracht gezogen werden müssen. Die spezifische Wärme des Erdballs soll bei je 33 Meter Tiefe um 1° C. zunehmen, dies Verhältniß scheint aber ein ziemlich willkürliches, da es sich keineswegs allenthalben bewährt, und bald in Folge vulkanischer Nachbarthätigkeit die Zunahme der Temperatur eine größere, bald aus anderen Gründen eine mindere ist; zu den letzteren zählen namentlich die Eigenschaften der Felsarten, welche z. B. nach Thomsons Versuchen bei Sandstein, Trapp und Sand von 1 bis 8 Meter Tiefe Schwankungen zwischen 3,97° und 0,36° neben den Mittelwerthen ergaben. Die auf Grund dieser Untersuchungen construirten Curven zeigten eine Phasenverzögerung, indem die Perioden der Maxima und Minima bei den verschiedenen Tiefen ungleich waren, so daß, wenn bei 1 m. Wintertemperatur, bei 8. m. Sommertemperatur herrschte. Das Wärmeleitungsvermögen ergab sich dabei für Sandstein 784, Trapp 267 und Sand 295. Nach denselben Beobachtungen wäre, seitdem die gesammte Erdkugel sich in geschmolzenem Zustande befunden, ein Zeitraum von etwa 400 Millionen Jahren bis zu dem gegenwärtigen Stande der Abkühlung und Erstarrung ihrer Rinde vergangen. Nicht selten findet man die Meinung, die warme Luft tiefer Keller im Winter stehe mit der Eigenwärme der Erde in Verbindung;

11*

dem ist nicht so, zumal die Kellerluft nur relativ warm, wenn draußen die Temperatur tiefer gefallen ist, während sie im Sommer bekanntlich kühl erscheint; sie ist nur constanter, als diejenige der Atmosphäre, gegen deren öftere Schwankungen sie durch den Abschluß verwahrt wird. Wie schon berührt, ist eine Wärmequelle jeder Verbrennungsproceß, entwickeln sich dabei Flamme und Rauch, oder gehe er äußerlich unmerkbar vorüber, wie z. B. die Zersetzung organischer Reste, die Düngung, im Boden. Diese trägt zur Temperaturerhöhung in demselben einigermaßen bei, und wenn die letztere auch nicht in allen Fällen der Vegetation direct zu gut kommt, so bewirkt sie doch andere chemische Umsetzungen, welche jenen wünschenswerthen Culturzustand vorbereiten, der Ackergahre genannt, und, wie wir gesehen, durch die Beschattung wesentlich gefördert wird. Von Bedeutung ist die Wärmeerzeugung durch mechanische Mittel; die Reibung ist eine wichtige Erscheinung sowohl im Betriebe der Wirthschaft, wie in der Mechanik; in letzterer, überhaupt in der Industrie, werden Compression und Expansion der Gase zur Gewinnung von thermischen Wirkungen mehrfach benutzt; so bringt die mechanische Arbeit selber Wärme hervor, wie ja auch durch letztere die erstere geleistet werden kann. Endlich erzeugt sich Wärme in den Körpern der Organismen durch die in denselben während ihres Lebens unaufhörlich vor sich gehenden Umbildungen infolge der chemischen Prozesse der Ernährung und der Respiration.

Die Gegensätze des gewöhnlichen Lebens, Wärme und Kälte, giebt es in der Wissenschaft ebenso wenig, als ein absoluter Mangel an Wärme denkbar ist. Die Temperatur des Polarwinters, welche unter 80° n. B. das Quecksilber zur festen Kugel erstarren läßt, die in eine Büchse geladen und durch ein Brett geschossen werden kann, ist vergleichsweise Wärme gegenüber derjenigen, welche als im dunkelen Schooße des Aethers, durch den die Sphären ihren Wettgesang rollen, vorhanden angenommen wird. Kälte läßt sich nur durch das Gefühl bestimmen, durch die Comparation mit dem, was uns ebenfalls das Gefühl als Wärme bezeichnen läßt. Die Einwirkung der Kälte auf den Organismus ist das Frieren; es wird zum Gefrieren, sobald die Säfte desselben, überhaupt Flüssigkeiten, zu Eis erstarren. Diese Erscheinung des Frostes ist für die Bodencultur in verschiedener Beziehung sehr wichtig. Der Frost übt zunächst eine Wirkung auf den mit Feuchtigkeit imprägnirten Boden aus, in den er bis zu gewisser Tiefe eindringt, welche abhängig ist von der Zusammensetzung des Erdreichs, dem Wassergehalte desselben, der Bedeckung der Oberfläche und von der Lage. Auf einem mit dichtem Rasen überzogenen Boden dringt der Frost weit weniger tief ein, als auf dem freien Acker; eine Laubdecke schützt ebenso gegen ihn, wie die Bearbeitung seinen Effect verstärkt. Je tiefer der Frost in den Boden gelangt, um so langsamer geht sein Fortschritt vor sich, bis er endlich die ihm gesetzte Grenze erreicht hat, welche übrigens weit minderen Schwankungen unterworfen ist, als die Energie seines Auftretens und Eindringens. Seine Wirkung auf den Boden an und für sich ist insofern eine günstige, als er denselben vielfach klüftet, der Luft Zutritt verschafft und die Verwitterung begünstigt; gerne läß man daher von Zeit zu Zeit ein widerspenstiges Erdreich über Winter in den rauhen Schollen liegen, damit es recht gründlich durchfriert und im Frühjahre gefügig wird. Auf den Moorböden ist oft nur ein harter Frost der Vermittler des Zugangs, um von gewissen Stellen die Producte wegzubringen.

Die Aeußerung des Frostes auf die Pflanzenwelt bestimmt sich nach seiner Intensität und nach der Beschaffenheit der Gewächse, namentlich nach der schützenden Hülle, welche ihre Saftcanäle umgiebt, sowie nach der Concentration ihres

Saftes selber. Die Frostwirkung ist aber eine zweifache, sie trifft entweder die Pflanze direct, bringt sie zum Gefrieren, oder sie schädigt dieselbe durch Aenderung der Verhältnisse ihres Standorts und Vernichtung der Wachsthumsbedingungen. Letzterer Zustand wird bei dem Getreide das Auswintern genannt; er tritt ein, indem der Frost, der Feuchtigkeit folgend, die unterirdischen Theile der Pflanze mit Eisröhren umzieht, die Ausdehnung des Eises drängt die Erde ab von der innigen Berührung mit Wurzeln und Stammtheilen, letztere sind vom Zusammenhang mit ihrem Standorte abgelöst; das Uebel wächst durch mehrmalige Aufeinanderfolge von Frost und Aufthauen in demselben Winter, zuletzt muß die Pflanze zu Grunde gehen. In anderer, aber minder häufiger Weise kann das Auswintern auch derart erfolgen, daß die ausdehnende Wirkung des Frostes den gesammten Boden einer mit Feuchtigkeit vollgesogenen Fläche und mit ihm die darin wurzelnden Gewächse empor hebt; bei dem späteren Zusammensinken kommt es vor, daß die Pflanzen gehoben bleiben und somit aus dem Boden herausgezogen erscheinen. In beiden Fällen finden aber auch noch nebenbei Wurzelzerreißungen statt, genau so, wie sie auch bei großer Bodentrockenheit eintreten. Wird das Getreide bei der Saat zu tief nntergebracht, so daß sich Halm-Internodien in der Erde bilden, dann ist die Gefahr einer solchen Zerreißung und demnach diejenige des Auswinterns gesteigert. Inzwischen ist diesen Beobachtungen meist kein allzu großer Schaden für die Praxis zu unterlegen, da bei rechtzeitiger Wahrnehmung durch geeignete Maßregeln derselbe gut gemacht werden kann. Gewöhnlich beseitigt ihn ein Andrücken des Bodens mittelst der Walze, sobald es im Frühjahre angeht, mit den Gespannen die Felder zu befahren. Außerdem kann ihm, der landläufigen Ansicht entgegen, einigermaßen vorgebeugt werden durch die nur flache Bedeckung der Saat.

Anders verhält es sich mit dem Ausfrieren der Saaten, weches erfolgt, wenn die Pflanzen durch den Frost dauernd in ihrer Lebensthätigkeit gestört werden und dann absterben. Es ist noch nicht entschieden, ob das letztere eintritt durch die unmittelbare Wirkung des Gefrierens, die dadurch erfolgende Säftestockung, die Eisbildung in den Zellen und die Zerreißung der Zellenhäute durch die Ausdehnung, oder erst in Folge des Aufthauens, bei welchem sowohl chemische als mechanische Einflüsse sich geltend machen. Ein Erfahrungssatz ist es, daß Vegetabilien, welche vollkommen gefroren waren, sich dennoch wieder zurecht finden und in das Leben zurückkehren, allein dies hat nur bei allmählicher Einwirkung der Wärme statt, während eine plötzliche sie jedenfalls zu Grunde richtet. Viele Pflanzenerzeugnisse sind gegen das Erfrieren geschützt durch die Concentration ihres Saftes; so erträgt der Topinambur, welcher ohne Bedenken Winters über in der Erde gelassen werden kann, vermöge dieser Eigenschaft seiner Knolle den härtesten Frost ohne Gefährde, während ihm die Kartoffel, mit viel wässerigerem Safte, leicht erliegt. Der Saftgehalt überhaupt ist es, welcher dem Ausfrieren am meisten entgegen kommt; je üppiger die Saaten in den Winter gelangen, um so leichter sind sie ihm unterworfen; die Blätterfülle des Rapses verfällt ihm weit eher, als die mageren Blätter des Roggens; an Bäumen und Sträuchern erfrieren die saftreichen Jahresloden, während die älteren Zweige unberührt sind. Nicht immer fällt die ganze Pflanze zum Opfer, häufig bleibt der mehr geschützte Wurzelstock intact und begrünt sich wieder im Frühjahr. Oft hat der Landwirth nach hartem Winter traurigen Blickes die vielen Kahlstellen in seinen Saaten überzählt, und sich gefragt, ob er die Stücke umackern, und neu besamen solle; die ersten warmen Frühlingstage zeigten ihm, daß dies unnöthige Arbeit sei, denn aus den verschont gebliebenen unterirdischen Stammtheilen brachen die jungen grünen Spitzen hervor und hatten bald ihre vorangeeilten Genossen eingeholt. Daher soll man sich denn auch zum Umbrechen eines ausgefrorenen Stückes niemals allzu rasch entschließen, sondern wenigstens vorher eine gründliche Untersuchung anstellen. Es giebt wenig Schutz gegen das Ausfrieren, der beste ist eine warme Schneedecke zu rechter Zeit, die daher stets als eine Bürgschaft guter Ueberwinterung der Saaten gilt. In Gegenden, wo rauhe Nord- und Ostwinde die Schädigung der Wintersaaten zur Regel machen, pflegt man diese möglichst dicht in die rauhen Schollen zu säen, welche wenigstens einer größeren Anzahl von jungen Pflanzen als Schirmwand dienen, um ungefährdet davon zu kommen; erst im Frühjahr wird der Acker durch Egge und Walze geebnet, welche der aufgelaufenen Saat keineswegs schaden. Hat doch schon Thaer den Rath gegeben, den Weizen nach Winter so kräftig zu durcheggen, daß kein Blatt mehr davon zu sehen sei; bei allen Gräsern bringt die Wurzeltheilung eine vermehrte Bestockung hervor.

Die Verwendung von Eis bei der Wirthschaft ist in der Neuzeit eine ganz allgemeine geworden und nimmt immer mehr zu. Seine Gewinnung bringt heutzutage manchem Gute, welches geeignete Wasserflächen zur Verfügung hat, einen beträchtlichen Theil vom Reinertrag; es werden zu dem Zwecke besondere flache Eisteiche angelegt; in Nordamerika wird mittelst eigens construirter Eispflüge, die sogar mit Dampf betrieben werden, das Material gewonnen, welches gegenwärtig einen bedeutenden Handelsartikel bildet, der von schnellsegelnden Klippern aus einem Welttheile nach dem anderen gebracht wird. Bekanntlich dient das Eis nicht blos zur Kühlung der Getränke in heißer Jahreszeit, und zu Heilzwecken, sondern auch zur Conservirung von Nahrungsmitteln, überhaupt leicht zersetzbaren organischen Gegenständen. Daher sollte nicht blos jeder größere Gutsbesitzer, es sollte auch jede Gemeinde ihren Eiskeller, oder besser ihr Eishaus haben, dessen Anlage so einfach ist, daß die Kosten zu dem Vortheil im günstigsten Verhältniß stehen. Es braucht zu derselben nur die Verwendung von möglichst schlechten Wärmeleitern als Baumaterial, Wahl eines beschatteten, kühlen Orts und Abschluß des Eindringens der atmosphärischen Luft. Die amerikanischen Eishäuser sind durchgängig über der Erde aus Stroh gebaut, welches sich vermöge seiner Eigenschaft als geringer Wärmeleiter dazu vorzüglich eignet; dasselbe muß natürlich in möglichst dicken Mauern aufgethürmt und sorgsam verbunden werden; gewöhnlich wird eine kellerartige Vertiefung mit Doppelmauern — denn auch die Luft leitet Wärme schlecht — als Fundament genommen, auf welchem sich der runde Strohbau kegelförmig als Dach in Abstufungen erhebt. Fig. 27. 28. Uebrigens lassen sich auch andere

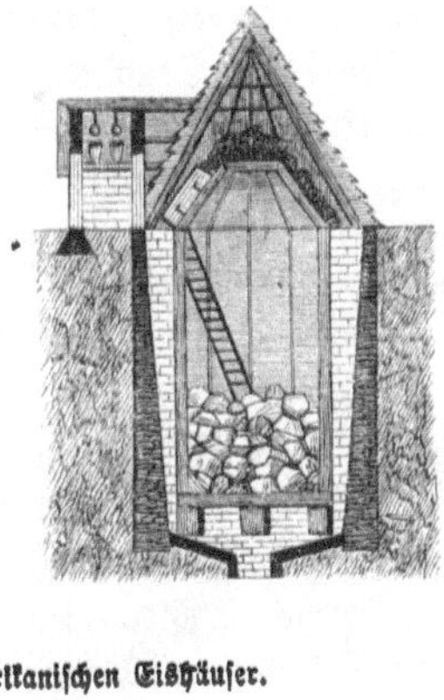

Fig. 27. u. 28. Einrichtung der amerikanischen Eishäuser.

Stoffe und Constructionen bei dem Baue der Eisbehälter verwenden. Ihren Inhalt vermögen die Bierbrauer bei der Darstellung der Lagerbiere nicht mehr zu entbehren, auch im

Betriebe der Molkerei hat sich neuerdings das Eis wichtig gemacht durch das immer mehr zur Geltung gelangende Swartz'sche Verfahren der Aufrahmung. Das Wesen desselben besteht darin, daß die Milch dabei in tiefen, nicht in flachen Gefäßen, die in Eis oder eisgekühltem Wasser eingestellt werden, zur Abscheidung ihres Fettgehaltes gebracht wird. Es soll auf diese Weise die letztere viel vollständiger erfolgen, überhaupt ein einfacherer und mehr lohnender Betrieb erzielt werden. Von anderer Seite hält man hingegen fest an den flachen Aufrahmungsgefäßen und will dem großen Eisbedarf des Verfahrensjahres eben einen schwierigen Uebelstand erblicken.

Ueber die Einwirkung der Kälte auf die Milch hat Eugène Tisserand die neuesten Untersuchungen angestellt, deren Resultate sich in Folgendem zusammenfassen lassen: Unterwirft man die Milch kurz nach dem Melken der Kuh verschiedenen Temperaturen zwischen 0 und 36 Grad und hält sie 24—36 Stunden auf dem anfänglichen Wärmegrad, so ergeben sich als Thatsachen: Die Abscheidung des Rahms erfolgt um so schneller, je mehr die Temperatur der Milch sich dem 0° nähert; je stärker durchkältet die Milch, um so bedeutender ihre Rahmablage; das Gleiche gilt von dem Gewinn der Butter aus dem Rahm; endlich ist in diesem Falle auch die abgerahmte Milch, Butter und Käse von besserer Beschaffenheit. Wahrscheinlich sind die günstigen Wirkungen der Kälte auf die Milch begründet durch die Zerstörung oder Unterdrückung lebender Organismen, welche als Fermente deren Zersetzung beschleunigen können, ebenso wie die Anwendung von Eis oder niedriger Tenperatur bei der Fabrication und Aufbewahrung der Lagerbiere theilweise den gleichen Zweck hat. Es geht aus diesen Beobachtungen hervor, daß die bisherigen Ansichten über die Rahmgewinnung aus der Milch einer entschiedenen Umgestaltung bedürfen. Bekannt ist der

Gebrauch des Eises zur Conservirung von frischem Fleisch; in Nordamerika wird dasselbe aus dem fernsten Westen nach den großen Städten im Osten per Bahn verfrachtet mittelst eigener Eis-Waggons, in welchen es sich in der größten Hitze vollkommen gut erhält; es sind auch schon gelungene Versuche gemacht worden, auf längeren Transporten, z. B. im Schiff von Australien nach Europa, das geschlachtete Fleisch zu erhalten und in befriedigendem Zustande auf den Markt zu liefern. Diese Versuche haben für die praktische Landwirthschaft in so fern Bedeutung, als im letztgenannten Welttheile die Viehzucht immer kostspieliger geworden, der Preis des Fleisches daher so in die Höhe gegangen ist, daß die entlegensten Gegenden bestrebt sind, hiebei in Concurrenz zu treten. Auch in Europa hat man schon die amerikanische Methode nachgeahmt, und gelangen z. B. größere Transporte frisch geschlachteten Fleisches in der gleichen Weise von der russischen Grenze auf den Wiener Markt. — Das Erfrieren der Thiere hat insbesondere Pouchet durch belehrende Versuche erklärt. Eine der ersten Erscheinungen, welche die Kälte auf den thierischen Körper hervorbringt, ist die Zusammenziehung der Capillargefäße, die Blutkörperchen können nicht mehr hindurchgehen, also bleiben diese Gefäße leer, daher die bleiche Farbe der erfrorenen Glieder. Die Blutkörperchen werden durch das Erfrieren nachtheilig angegriffen, indem ihre Ränder, wie bei Säugethieren, gezackt erscheinen, oder wie bei Fischen und Amphibien der Kern, Nucleus, austritt und frei schwimmt. Je weiter die Erfrieruug vorschreitet, desto mehr Blutkörperchen unterliegen diesen Veränderungen. Sind nur die Glieder erfroren, so ist $^1/_{20}$ bis $^1/_{15}$ jener von der Zerstörung ergriffen; ist der ganze Leib dem Frost verfallen, so sind fast alle Blutkörperchen desorganisirt und das Thier ist todt. Bei theilweisem Erfrieren wird das Glied, welches dem Frost ausgesetzt war, von Brand ergriffen; sobald nur wenige zerstörte

Blutkörperchen in den Kreislauf zurückkehren, ist auch das Leben nicht gefährdet. Werden dagegen viele Blutkörperchen durch das Aufthauen in die Blutcirculation übergeführt, so ruft dies den Tod hervor. Aus alledem folgt, daß, je weniger schnell die erfrorenen Glieder wieder aufthauen, um so weniger schnell auch das krankhaft veränderte Blut in den Stoffwechsel eingreifen, daher auch desto eher auf die Rückkehr des Erfrorenen zum Leben gerechnet werden kann; es ist daher eine solche Vorsicht bei der Behandlung von erfrorenen Thieren oder Menschen unbedingt erforderlich.

Die Sonnenstrahlen gehen durch die Luft, ohne dieselbe unmittelbar zu erwärmen, dies thut erst, wie schon angedeutet, die Rückstrahlung der erwärmten Erde und jedes auf ihr befindlichen undurchsichtigen Körpers. Dieser letztere muß die Wärme absorbiren, wenn dieselbe fühlbar werden soll. Je weniger geeignet der Körper ist, die Wärmestrahlen wieder zurückzuwerfen, je minder glänzend und hell er ist, um so stärker ist seine Absorptionsfähigkeit. Die schwarze Farbe der Körper trägt daher zur Wärmeaufnahme wesentlich bei; von der Erfahrung belehrt, weiß und benutzt dies der Landwirth seit lange. Will im Frühjahre der Schnee sich auf einzelnen Stellen länger halten, als wünschenswerth ist, so braucht er blos mit Erde oder Compost überworfen zu werden, um rasch hinwegzuschmelzen; es ist auf diese Weise leicht, völlig schneefreie Inseln inmitten der allgemeinen weißen Decke zu bilden. Die dunkelgefärbten Böden sind die warmen, in so weit sie nicht durch Verdunstung ihres Feuchtigkeitsgehalts die aufgenommene Wärme allzurasch wieder abgeben; der Winzer beschüttet den Boden seines Weinbergs mit schwarzblauem Schieferklein, um dessen Absorptionsfähigkeit für die Strahlen zu erhöhen. Das Gleiche thut der Gärtner, indem er recht schwarze Erde für die Umgebung seiner Pflanzen wählt und der Obstzüchter, welcher Mauern und Wände, an welchen er zeitiges Spalierobst ziehen will, mit dunkler Farbe anstreicht. Die Verglasung der Mistbeetfenster, die Bedeckung derselben über Nacht mit Strohmatten, der Schutz einzelner empfindlicher Pflanzen durch Glasstürze und derjenige ganzer Sammlungen durch Glashäuser beruht vorzugsweise auf der Wirkung der Wärmeaufnahme und deren Rückstrahlung durch die Körper, der Insolation. Ein wichtiges Beispiel derselben ist auch die für das Pflanzenthum bedeutungsvolle Thaubildung. Der Laie meint gewöhnlich, der Thau sei atmosphärischer Niederschlag, wie der Regen; dies ist nicht ganz der Fall. In stillen klaren Nächten wird in Folge der Abkühlung der Körper durch Ausstrahlung auch die Temperatur der sie zunächst umgebenden Luftschicht erniedrigt. Mit dieser letzteren Erscheinung wird die Fähigkeit der Luft, Wasser in Dunstform zu erhalten, in steigendem Grade aufgehoben, der concentrirte Wasserdampf muß sich daher niederschlagen. Indem er dies thut, bildet er die Thautropfen, welche früh morgens als Perlen in der Primeln Ohren hängen, die Ränder der Blätter mit funkelnden Diamanten säumen, und der gesammten Vegetation die Frische des Erwachens aufprägen. Allein nur, wenn die nächtliche Strahlung ungehemmt vor sich gehen kann, wird sich dieser ihr Effect zeigen, sobald sie durch Wolken oder Winde, überhaupt durch Körper verhindert oder aufgehoben wird, die sich zwischen den Aether und die Erdoberfläche stellen, und indem sie die ausgestrahlte Wärme selber absorbiren, deren stärkere Ausstrahlung durch ihre Eigenwärme verhüten, findet eine Erzeugung von Thau während der Nacht nicht statt. Ebenso wenig von Reif, welcher nur gefrorener Thau, aber nicht wie der letztere in der warmen Jahreszeit nützlich, sondern hochschädlich ist. Die Nachtreife im Frühling sind dem Landmann und dem Gärtner, dem Winzer und dem Seidenzüchter, dem sie das Maulbeerlaub zur Fütterung seiner in vollem Wachsthum befindlichen Raupen verderben, ein

Schrecken und Greuel. Sie sind zwar nicht eigentliche Nachtfröste, plötzliche Temperaturerniedrigungen in Folge von Luftströmungen, kommen aber in ihrem verderblichen Einfluß auf das Pflanzenwachsthum mit diesen überein, wenn auch vielleicht in minderem Grade. Natürlich hat sich der menschliche Geist Mühe gegeben, einen möglichsten Schutz gegen solche betrübende Naturereignisse zu finden, welche, wenn sie z. B. in die Blüthe der Obstbäume oder der Reben fallen, die Hoffnungen eines ganzen Jahres zerstören, und es ist ihm dies zum Theile gelungen. Und zwar schon seit undenklicher Zeit, ehe die Wissenschaft erklärt hatte, warum es so sei. Denn Boussingault erzählt nach dem Geschichtschreiber Südamerikas, Garcilasso de la Vega: Die Bewohner der Hochebene von Cuzco im nördlichen Peru schweben mehr, als ein anderes Volk der Erde, in der steten Gefahr, ihre Saaten durch Fröste in Folge der nächtlichen Ausstrahlung vernichtet zu sehen. Ihre Inka's aber hatten längst die Bedingungen genau erkannt, unter welchen Nachtfröste zu besorgen seien, sie wußten, daß dies nur bei stiller Luft und klarem Himmel einzutreten pflege. Da es ihnen also nicht entgangen war, daß das Vorhandensein von Wolken am Firmamente den Frost verhüte, so verfielen sie auf den Gedanken, ihre Saatfelder durch künstlich erzeugte Wolken gegen dessen Wirkungen zu schirmen. Sobald daher eine sogenannte schöne Nacht bevorstand, in welcher bei nicht oder schwach bewegter Luft die Sterne hell am Himmel funkelten, geboten die Inka's inmitten der Felder große Feuer anzuzünden und diese mit feuchtem Stroh und Mist zu nähren, um einen ungeheueren Rauchqualm zu erzeugen, welcher die gefährliche Durchsichtigkeit der Atmosphäre trübte, die Ausstrahlung verringerte und somit die Vegetation vor Schaden bewahrte. Es ist leicht erklärlich, daß ein derartiges Verfahren nur möglich und am Platze ist bei ruhiger Luft, welche der künstlich erzeugten

Rauchwolke gestattet, sich über das gefährdete Gebiet zu breiten; der Wind würde sie natürlich rasch verjagen, allein bei diesem ist eine solche Schutzmaßregel ohnedies überflüssig, weil in bewegter Luft ein Frost durch nächtliche Ausstrahlung nicht zu befürchten ist.

Was die Indianer der neuen Welt übten ist der alten nicht fremd gewesen, der Rauch gilt auch hier als Schutzmittel gegen die nächtlichen Frühjahrsfröste seit längsten Zeiten. Neuerdings ist man nur bestrebt gewesen, seine Anwendung zu erleichtern und in ein System zu bringen. Insbesondere ist dies geschehen mit Hinsicht auf die Rebenpflanzungen, deren Schädigung durch Nachtfröste die größten Verluste verursacht. In einem Aufrufe an die Weinbergbesitzer des Elsaß hat Dr. H. Vogel gesagt: Schlimmer als alle die zahlreichen Calamitäten, welche den Weinbau, den edelsten Zweig der Landwirthschaft, bedrohen, sind die Frühlingsfröste. Ihre Verheerungen treffen mit einemmale ganze Länderstriche, sie rauben in wenigen Stunden Millionen an Werthen. Mit Tücke überfällt der Wolf des Frostes in sternhellen Nächten und in den Stunden kurz vor Sonnenaufgang die zarten flaumigen Knospen und Blüthen; kaum dem schützenden Mutterarm durch die Frühlingssonne entlockt, zerstört er unzählbare junge Pflanzenleben und damit den erwarteten Mühelohn von tausend Familien fleißiger Winzer. Wie ein Lauffeuer durchfliegt anderen Tages die Kunde von dem Unglücke das Land, und verbreitet Trauer in allen Kreisen, denn eine der bedeutendsten Quellen des Wohlstandes, der sich aus der Hand des Weinbauers in die zahllosen Kanäle des socialen Verkehrs verbreitet, ist mit einemmale vernichtet. Doch es ist ein Mittel vorhanden, das Uebel abzuwenden! — Zahlreiche Erfahrungen haben dargethan, daß die Schaffung von künstlichen Wolken mittelst Rauch ihren Zweck vollkommen erfüllt und einen sicheren Schirm gegen die Nachtreife und Nachtfröste bietet. Das Material, welches dazu gewählt wird, kann verschiedenster Art sein: Organische Reste, Unkräuter, Sägespäne, Torfstücke, verdorbenes feuchtes Heu, Stallmist u. dgl., zur Vorsorge mit Theer oder Pech getränkt, bringen den wünschenswerthen Qualm hervor, der mit zäher Anhänglichkeit lange und schwer über dem Bezirke seiner Erzeugung brütet. In den Weinbergen und Gärten der Umgegend von Paris werden in je 15 Meter Abstand flache Blechgefäße aufgestellt, die mit schwerem Theeröl angefüllt und durch eine Handvoll darauf geworfener Hobelspäne oder Stroh angezündet, einen höchst intensiven Rauch erzeugen, der sich in einigen Metern Entfernung über dem Erdboden in eine Wolke zusammenballt, welche mit ungemeiner Beständigkeit ihrem Standorte längere Zeit treu bleibt. In Baden hat man mit Erfolg zu gleichem Zwecke große Räucherkerzen aus stark kohlenstoffhaltigen und daher raucherzeugenden Brennmaterialien nach Neßlers Angabe benutzt. Nach den in Frankreich gemachten Erfahrungen würden sich die Auslagen bei der Verwendung von schweren fetten Oelen auf 2,5 bis 5 Mark per Hectar belaufen, und sich dieser Aufwand bei praktischer Anordnung noch bedeutend erniedrigen lassen. Wenn er aber Nutzen bringen soll, dann ist ein Zusammenwirken der Betheiligten in einem Bezirke unerläßlich. Nur durch gemeinsames Vorgehen können die befürchteten Schäden vermindert oder verhütet werden. Außerdem ist es bezüglich der Anwendung der Räucherungsmittel durchaus nothwendig, daß durch ein geordnetes System von Zugängen deren Anwendung ohne Gefahr für die Pflanzungen selbst thunlichst erleichtert werde. In kleinerem Maßstabe, in Gärten, auf Pflanzenbeeten, lassen sich auch noch andere Maßregeln mit Vortheil gegen die Wirkung der Nachfröste verwenden. Die Bedeckung mit Stroh oder daraus gefertigten Matten schützt namentlich den Weinstock und das Spalierobst dagegen; letztere fertigt man in Frankreich billig auf eigens dazu construirten Webstühlen; in Oesterreich wendet man wasserdichte, durchscheinende Reben-Schirme zum Schutze der Weinpflanzungen gegen Reif und Frost an. In England begnügt man sich, Beete und Spaliere mit Dächern aus Theerpappe zu versehen, welche nach Bedarf leicht abgenommen und aufgesetzt werden können, anderer in Uebung befindlicher Schutzmaßregeln nicht zu gedenken.

Nach den Untersuchungen von M. Davy und Ch. Martin sind die Nachtfröste unmittelbar über der Bodenfläche am empfindlichsten, so daß in klaren Nächten mit der Höhe auch die Temperatur zunimmt. Versuche ergaben einen Unterschied bis zu 5°26′ auf 50 Meter, bei bedecktem Himmel dagegen nur von 1°,07′. Aus diesen Wahrnehmungen geht hervor, weshalb in strengen Wintern bei etwas zärtlichen Bäumen und Sträuchern die unteren Aeste eher erfrieren, als die höheren; weshalb so oft die Niederungen vom Froste gedrückt werden, während die Höhen unbeschädigt bleiben u. s. w. Gewöhnlich wird die Erscheinung durch die Feuchtigkeit erklärt, aber die localen Nebel, welche durch sie gebildet werden, sind eben eine Folge der Temperaturerniedrigung dicht an der Bodenfläche. Sie kann Einfluß nehmen auf die Wirkung des Nachtfrostes und sie vergrößern, allein sie ist nicht die Ursache des von den Landwirthen so sehr gefürchteten Uebels.

Der Einfluß der Lufttemperatur oder des Klimas auf die Entwickelung der Organismen ist schon wiederholt hervorgehoben worden. Die Insolation liefert den Pflanzen das zur Vollendung ihres Daseins nothwendige Wärmequantum, sie wirkt somit indirect auch auf das Wohlbefinden und Productionsvermögen der Thierwelt. Die Entfaltung der Vegetation zeigt sich nicht eher, als bis die Temperatur der Atmosphäre diejenige des Bodens übersteigt, und sie beschließt sich, sobald mit der kälteren Jahreszeit der umgekehrte Fall eintritt. Demnach ist das Pflanzenwachsthum bis zu einem gewissen Grade adäquat der ihm aus dem Boden, und durch ihn, aus der Luft zugeführten Wärmemenge. Wie diese durch örtliche Verhältnisse abgelenkt und beeinträchtigt werden kann, geht aus früher Mitgetheiltem zur Genüge hervor. Insbesondere sind es hier die Verhältnisse des atmosphärischen Niederschlags sowie der Luftströmungen, welche eine bedeutende Role spielen. Der Einfluß der Lufttemperatur beginnt schon bei dem Keimprozeß der Pflanze. Es liegen allerdings Beobachtungen vor, daß die Keimung der Samen bei einem sehr geringen Maß an Wärme, das im gewöhnlichen Leben als Kälte bezeichnet wird, ohne Anstand vor sich gehen kann, allein sobald die sich entwickelnde junge Pflanze die in dem Samen enthaltenen Reservestoffe für ihre Ernährung in Anspruch zu nehmen beginnt, bedarf sie eines höheren Grades daran, welcher bei Getreide nach Sachs im Minimum 5° C. beträgt, allein sich zur günstigsten Wirkung bei 29° C. gestaltet. Nach Haberlandt keimen die meisten Samen bei einer Temperatur von 4,75° C,; bis 10,5° C. verlangen Mais, Mohrenhirse, Speisebohne, Möhre, Sonnenblume, Kümmel, Esparsette; bis zu 15,6° C. Tabak, Kürbis, Tomate; endlich bis zu 18,5° C. Gurke und Melone. Ein gewisser Grad von Wärme ist also für die erfolgreiche Keimung jedenfalls erforderlich, wobei nicht unbeachtet bleiben mag, daß sich bei dem chemisch-physiologischen Prozeß des Keimens selber Wärme entwickelt in einem Maße, welche dem Bedarf zum Durchbruche des Würzelchens entspricht. Während die Samen im Boden ehe sie durch Feuchtigkeitsaufnahme geschwellt sind, eine Temperaturerniedrigung bis zum Froste ganz gut ertragen, ist dies keineswegs der Fall bei den schon in der Keimung begriffenen, oder den hervorgetretenen Keimlingen selbst, diese erliegen gewöhnlich einer derartigen Depression. Die durchschnittliche

Keimzeit der bekanntesten Nutzpflanzensamen beträgt bei einer Bodentemperatur von 10° — 12° und einer Lufttemperatur von 12 — 18° C. bei Wintergetreide 3 — 4 Tage, bei Sommergetreide 2 — 3, bei Mais 5 — 7, bei englischem Raygras 4 — 6, bei italienischem Raygras 5 — 7, bei Wiesenfuchsschwanz 14 — 18, bei Thimotygras 10 — 12, bei Rothklee 8 — 14, ebensoviel bei Weißklee und Luzerne, bei Futterrüben und Zuckerrüben 5 — 12 Tage im freien Felde. Besonders rasch keimen die Oelsamen, am langsamsten die Gräser.

Sobald die junge Pflanze im Sonnenlichte erstarkt ist und alle ihre Functionen angetreten hat, ist sie auch im Stande, die aufgenommene Wärme vollständig auszunutzen. Diese vermittelt vorzugsweise den Umsatz der Nährstoffe, bewirkt die Verdunstung des Wassers und die Respiration. Bei der letzteren selber und durch sie wird, wie bei den meisten chemisch-physiologischen Prozessen, ein bestimmtes Maß an Wärme entwickelt, welches jedoch an und für sich unbedeutend ist, wenn es gleich in Rechnung gezogen werden muß. Unter dem Einfluße der von dem Boden absorbirten und zurückgesendeten Strahlen des Tagesgestirns gewinnt die Pflanzendecke des Erdballs Leben und Charakter. Wenn in den Polarländern der kurze Sommer nur dürftige Moose, Gräser und Zwerggewächse aus der Verwitterungsschichte lockt, wenn im gemäßigten Klima ernste halblichte Laubwälder und weitgedehnte Getreide- oder Grasflächen die Landschaft kennzeichnen, dann ruft der scheitelrechte Strahl in den Tropenländern jene erdrückende Wucht des Pflanzenwachsthums hervor, welche in den Urwaldschilderungen der Reisenden die Sinne gefangen nimmt und die Verzweiflung des Pionniers der Wildniß ist, der hier Land klären soll, um der Cultur eine Stätte zu schaffen. In der Sonnengluth zwischen den Wendekreisen entfaltet sich die ganze Pracht des Pflanzendaseins, von den reichen Federwedeln baumartiger Farne und den Kronen der schlanken Palmen an bis zu den Riesenblumen, welche auf den Spiegeln stiller Wasser tief im jungfräulichen Dickicht schwimmen, prächtigen Stelzvögeln ihre Blätter zum Standort bietend. Sichtbar ist auch die Wirkung der Wärme bei der allmählichen Reife der Samen und Früchte. Durch sie festigt sich das milchige Korn und erlangt sein dauerhaftes Gefüge, durch ihre Macht verwandelt sich das Stärkemehl des unreifen Obstes in Zucker, sie bildet jene aromatischen Aetherverbindungen, welche den Wohlgeruch und Feingeschmack der Erdbeere und der Ananas erzeugen. Mit der Höhe der Temperatur steigt die Vegetation, wie sie mit ihrem Niedergange sinkt um gänzlich einzuschlummern dort, wo der Winter eintritt mit Schnee und Eis. Daher ist auch für den Anbau die durchschnittliche Jahrestemperatur sowohl des Bodens, wie der Atmosphäre durchaus maßgebend, wobei jedoch die Extreme der Abweichungen mit in Betracht gezogen werden müssen. So gedeiht Gerste ganz gut noch bei einer mittleren Jahrestemperatur von 2° C., sobald das niedrigste Wärmemaß während ihrer Vegetationsperiode nicht unter — 6° herabgeht, dagegen die mittlere Sommertemperatur über 12° C. beträgt. Die Rebe verlangt eine mittlere Jahrestemperatur von 10—12° bei einer mittleren Sommertemperatur von 16—18° und einem Temperaturminimum von — 20° C.

Die **Messung der Wärme** erfolgt bekanntlich mittelst des Thermometers, dessen Function auf dem Ausdehnungsvermögen der Körper, in diesem Falle der flüssigen, beruht. Die Benutzung des Instrumentes hat so großen Werth für die verschiedenen Zweige der Land- und Hauswirthschaft, daß man verlangen muß, es selbst in den Händen der Kleinbauern und sie damit vertraut zu sehen. Denn das Thermometer zeigt nicht blos die Luft- und die Zimmertemperatur — in dieser Hinsicht allerdings schon unschätzbar — sondern es giebt dem Fragenden auch genaue Antworten über die wichtigsten

Gegenstände der Bodencultur. Es zeigt dem Agricultur-chemiker die Bodenwärme an und lehrt ihn deren Schwankungen kennen; dem Gärtner meldet es die Grade, innerhalb welcher die Pflanzen in seinen Mistbeeten und Gewächshäusern am besten gedeihen, es ist vorgekommen, daß durch einmaliges Versehen in der Thermometerbeobachtung hier die schwersten Schäden entstanden sind. In jedem Stalle, groß oder klein, sei er bestanden mit irgend welchen Hausthieren, sollte der Wärmemesser vorhanden sein und fleißig zu Rathe gezogen werden, um den Bewohnern jene gleichmäßige Temperatur, von den Extremen gleichweit entfernt, zu schaffen und zu erhalten, welche unerläßliche Bedingung ihres Wohlbefindens, daher einer nutzbaren Production ist. Die mittlere Stallwärme stellt sich für die verschiedenen Nutzthiergattungen innerhalb der folgenden Grade: Für Rinder-Jungvieh 18—22° C., für Fohlen 17—20° C., für Kühe 15—18° C., für Mastvieh 20—25° C., für Zugthiere 12—17° C., für Schweine 12—18° C., für Schafe 10—12° C. Was über diese Minima und Maxima hinausgeht, ist den Thieren unbehaglich, daher schädlich. Deshalb darf denn auch heutzutage in dem Stalle eines mit seinem Berufe vertrauten Landwirths das Controle-Thermometer nicht fehlen. Ebensowenig in der Molkerei oder Käserei. Es ist schon oben dargelegt worden, welchen bedeutenden Einfluß die Temperatur auf die Fettabscheidung der Milch hat; auch bei der Fabrikation der Süßmilchkäse, die einen so großartigen Handelsartikel und Verzehrsgegenstand bilden, ist derselbe hochwichtig. Zur Darstellung von Schweizer Hartkäse muß die Milch vor dem Laben auf 34° C. erwärmt werden; in der guten alten Zeit und auch jetzt noch vielfach, prüfte der Senn oder Käser diesen Wärmegrad durch Eintauchen des nackten Elbogens in die Milch; es ist wahr, er täuscht sich dabei selten, wenn er einmal hinreichende Erfahrung besitzt; allein die Anwendung des

Thermometers ist doch weit weniger umständlich, appetitlicher und jedenfalls noch sicherer als die geübteste Käserhaut. Dazu kommt, daß nach dem Zusatze des Labs wiederum auf 55° C. erwärmt werden muß, und daß diese beiden Temperaturen kurz nach einander blos durch das Gefühl zu treffen, schon schwierig ist und zu manchem Irrthume veranlaßt. Daher ist das Thermometer ein unentbehrliches Geräth für die Käseküche geworden, und wo es in derselben nicht angetroffen wird, da ist es auch gewiß mit der Production nicht weit her. — Bei der Aufbewahrung verschiedener Rohproducte muß es ebenfalls Dienste leisten, namentlich um eine beginnende Gährung anzuzeigen, bei der sich immer Wärme entwickelt; insbesondere gilt dies für die Wurzelwerk-Mieten (im freien Felde angelegte Haufen, die mit Stroh und Erde überdeckt, auch theilweise in den Boden eingegraben sind), man hat zur Untersuchung derselben besondere Kartoffelthermometer construirt.

Das ungleiche Wärmeleitungsvermögen verschiedener Stoffe wird benutzt, um einen Körper durch den andern gegen allzugroße Temperaturschwankungen zu schützen. Schon früher ist erwähnt worden, daß Stroh, als schlechter Wärmeleiter, zum Bau von Eishäusern verwendet wird; auf dieser seiner Eigenschaft beruht die Vorliebe der Landleute für seine Verwendung als Bedachungsmaterial; Strohdächer sind im Winter warm, im Sommer kühlend. Gleicherweise wird es benützt zur Umhüllung der Bäume, von Röhrenleitungen, Pumpen u. dgl. gegen den Frost; mit Erfolg hat man auch öfters versucht, empfindliche Saaten damit zu überdecken um sie über den Winter gesund hinwegzubringen. Zur Bedeckung von Mieten und anderen Aufbewahrungslocalen ist es im allgemeinen Gebrauch. Wenn die Gärtner statt seiner Laub, Moos und andere Abfälle verwenden, so verbinden sie gleichzeitig damit den Zweck, durch dieselben die Feuchtigkeit längere Zeit hindurch im Boden zurückzuhalten. Da die Luft selber ein schlechter Wärmeleiter ist, so wird dort, wo strenge Winter daheim sind, den Gewächshäusern gern eine doppelte Verglasung mit gehörigem Zwischenraume der Scheiben gegeben; es ist dies dieselbe Vorsicht, welche die Wohnungen mit Doppelfenstern versieht. Da alle Flüssigkeiten schlechte Wärmeleiter sind, spielt die Kühlung durch Wasser bei verschiedenen technischen Zweigen der Landwirthschaft eine hervorragende Rolle, welcher schon oben gedacht worden ist.

Alle Körper werden durch Wärme ausgedehnt, am mindesten die festen, am meisten die luftartigen. Diesem Naturgesetze zufolge ist die Einwirkung der Hitze auf den Boden häufig eine verderbliche für die demselben anvertrauten Saaten. Durch den Wechsel zwischen Ausdehnung und Zusammenziehung wird das Erdreich mit unwiderstehlicher Gewalt in zahlreiche Spalten zerrissen, die in demselben haftenden zarten Wurzeln, insbesondere der Gräser, besitzen nicht Elastizität genug, um diesen Volumveränderungen folgen zu können, werden daher durch die erfolgende Klüftung zertheilt und so die Pflanze selbst, wo nicht zerstört, so doch in ihrem Wachsthume zurückgebracht, Fig. 29. Was der Landwirth „Verbrennen oder Verscheinen der Saaten“ nennt, läßt sich großentheils auf diese Ursache zurückführen. Dieselbe tritt am deutlichsten auf, wenn der Boden längere Zeit hindurch abgekühlt, etwa mit Wasser überstaut gewesen ist, und wird um so merkbarer, je schwerer oder gebundener derselbe sich darstellt. Bei rinnendem Sande ist die Volumveränderung durch Wärme am geringsten, bei Thon und reinem Humus am größten. Zuweilen kann ihrem Schaden durch Anwendung der Egge und Walze einigermaßen abgeholfen werden, am gründlichsten besorgen aber die Ausgleichung nachfolgende Niederschläge. — Der Einfluß der unmittelbar auffallenden Sonnenstrahlen, deren Wärme die Gewächse anstatt des Erdbodens unreflectirt aufnehmen, ist nicht immer ein günstiger. Zarte Pflanzentheile, wie der Gärtner sie zu produciren die

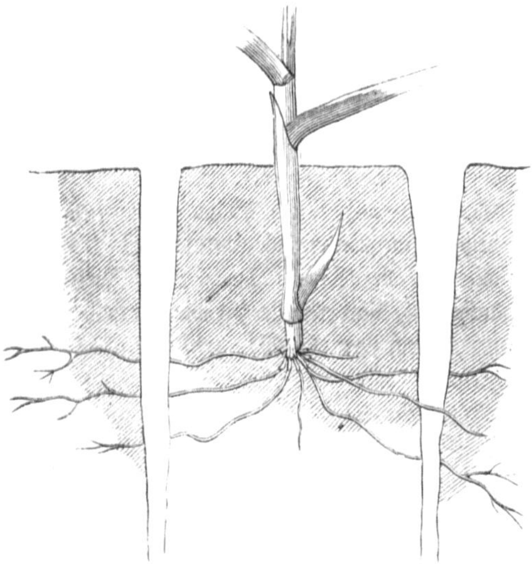

Fig. 29. Wirkung der Austrocknung des Bodens.

Aufgabe hat, werden dadurch hart und holzig, wenn er nicht unablässig durch Verdunstung von Feuchtigkeit und andere Vorkehrungen dagegen arbeitet; die Blüthen entwickeln sich unter der gleichzeitigen Thätigkeit des vollen Lichtes rascher und intensiver, aber sie vergehen auch schneller, lassen die Blumenblätter fallen. Der bulgarische Rosenzüchter, welcher weitgedehnte Felder mit der Königin der Blumen — übrigens keiner Centifolie, wie man meistens glaubt, sondern der einfachen Rose — bestellt, um daraus das kostbare Oel zu gewinnen, fürchtet nichts so sehr, als den grellen Sonnenstrahl, beeilt sich daher, vor der Mittagshöhe die halberblühte, eben im Entfalten begriffene Ernte abzubringen. Dagegen durchstreift der persische oder indische Opiumbauer die leuchtenden Mohnfelder nur zur Zeit des sengenden Strahls, weil dann der narkotische Milchsaft am kräftigsten aus den angeritzten Köpfen quillt. Auch die Blätter des Tabaks sammelt man am liebsten in der Tageshöhe, weil dann alle äußerliche Feuchtigkeit von ihnen entfernt ist. Die Sonne ist der Freund der Ernte, während dieser späht der Landmann ängstlicher, als sonst im Jahre, nach ihrem Stand am Firmament, und freut sich, wenn keine verrätherischen Wolken einen Schleier vor sie ziehen. Die erste Einheimsung des Arbeitsjahres ist diejenige von Heu und Dürrklee; die Futtergräser und Kräuter bedürfen, mit der Sense oder der Grasmähemaschine abgebracht, einer möglichst raschen Trocknung, wie sie nur der intensive Sonnenstrahl gewähren kann, um nicht zu viel von ihren Nährbestandtheilen und ihrem Gewürz zu verlieren, das sich in dem kräftigen Cumaringeruche des frischen Heu's offenbart, während das durch Regen beschädigte, ausgelaugte, ihn nicht mehr besitzt. „Das Heu muß auf dem Rechen trocknen", sagt der Landwirth, das heißt, er sucht das Gras nach allen Seiten hin der Sonne und der Luft auszusetzen durch unverdrossene Bearbeitung, bei welcher freilich viele werthvolle Theile, zarte Blätter und Blüthen, abfallen, verloren gehen. Man hat daher daran gedacht, die zeitraubende Menschenkraft bei der Heuernte möglichst durch Maschinen zu ersetzen, und es ist dies gelungen durch die ursprünglich englische Construction der Heuwendemaschine, Fig. 30, einer von einem Pferde gezogenen, mit Zinken bewaffneten Trommel von ziemlichen Umfange, welche bei der raschen Fortbewegung das über Wiese oder Feld verstreute Futter ergreift, empor wirbelt und wieder hinter sich fallen läßt; auf diese Weise wird die Arbeit von 20 Personen durch eine Maschine verrichtet, welche freilich nur auf möglichst ebenem Terrain anwendbar, aber auf dem Continent doch noch nicht so verbreitet ist, wie sie verdient. Zum Zusammenrechen des auf solche Weise verstreuten Grases oder Klees in Trockenschwaden oder

Fig. 30. Heuwendemaschine.

Langhaufen dient dann gleichfalls eine arbeitsparende Maschine, der Pferderechen, Fig. 31, der aus einer Reihe von federnden Zinken zwischen einem Räderpaare besteht, und nach der neuesten empfehlenswerthen Construction der Amerikaner von dem darauf placirten Kutscher mittelst eines durch Fußdruck zu regierenden Hebels seiner Last entledigt werden kann, sobald er sich mit dem aufgenommenen Futter angefüllt hat. Dasselbe nützliche Instrument verrichtet auch das alte Befugniß der Aehrenleser auf der Getreidestoppel anstatt der noch häufig gebrauchten, „Hungerharke" oder „Sausterbe" genannten, ungefügen, von Menschen gezogenen Rechen. Die rechte Zeit der Heuernte ist da, wenn der Mehrbestand der Gräser und Futterkräuter eines Grundstücks eben in die Blüthe getreten ist; wird früher gemäht, so erhält man zu wenig und zu weiches, wenn später zu hartes Heu. Die Ernte des zweiten Schnittes und der etwa folgenden, bindet sich natürlich nicht an diese Regel: das Grummet wird abgebracht, wenn es im besten Bestande ist und die Witterung noch Trocknung verheißt. Weil in der Tageshitze alle Pflanzen schlaff werden, so müssen die Gräser am frühen Morgen im

Fig. 31. Pferderechen.

Thau gemäht werden, wo „die Sense besser schneidet" weil ihr die erfrischten Pflanzen einen festeren Widerstand bieten.

Die Getreide=Ernte, die wichtigste für den mitteleuropäischen Landwirth, soll niemals vorgenommen werden, wenn die Körner schon ihre volle Reife in den Aehren erlangt haben. Alsdann sind sie durch den Einfluß der Sonnenwärme schon locker in den Spelzen geworden und fallen durch die Erschütterung beim Abbringen und Niederlegen leicht aus, wodurch der Ernteertrag bedeutend verringert werden kann. Als Regel gilt, daß das Abbringen des Getreides erfolgen soll, sobald die Körner eben fest geworden sind, was sich durch eine hellere Färbung als diejenige der später eintretenden Vollreife kennzeichnet. Das Getreide wird mit der Sichel, einem der ältesten Werkzeuge, das schon die Pfahlbauleute kannten, geschnitten oder mit der Hausichte (Sichet) abgehauen, endlich mit der Sense oder Mähemaschine abgemäht. Letztere, eine Erfindung der Neuzeit, gelangt mit von Jahr zu Jahr vervollkommneter Construction immer mehr in Aufnahme und wird voraussichtlich mit der Zeit jedes andere Verfahren verdrängen. Die hauptsächlich von Amerika aus verbreitete Getreidemähemaschine, Fig. 32, arbeitet mit einer durch

Fig. 32. Champion-Getreide-Mähemaschine von Warder, Mitchell u. Co.

ein Triebwerk, das durch die Fahrräder des Gestells bewegt wird, in rascher Hin- und Herbewegung gesetzten Klinge, deren einzelne dreieckige Messer die von vorausgehenden eisernen Fingern gefaßten Halme gewissermassen absägen; sie fallen auf eine hinter dem Schneideapparat angebrachte breite Platform, von der sie durch ein System sich in schräger Kreisebene schwingender articulirter Rechen abgenommen und säuberlich hinter die Maschine in Gelege gebracht werden.

Wenigstens ist dies das allgemeine Princip der besseren unter den zahllosen Varietäten von Mähemaschinenconstructionen, mit welchen die Welt gesegnet ist. Auch der Seitenzug ist den meisten gemeinsam; das Gespann ist nämlich seitwärts angehängt, neben der zu fällenden Getreidebahn schreitend; die Construction muß darauf bedacht sein, den hieraus resultirenden Nachtheil für die Zugkraft möglichst auszugleichen. Nach dem Schnitt wird das Halmgetreide gewöhnlich in Garben gebunden und in Haufen zusammengestellt, um in der Sonne nachzureifen; eingefahren soll es nicht eher werden, als bis sämmtliche Körner vollständig erhärtet sind. Während man im Süden mit der Gewinnung der Körner aus den Aehren möglichst eilt und sie auf improvisirten Tennen im freien Felde ausstampft, ausreitet, auseggt (mit der Feuersteinegge!) oder auswalzt (mit der alten römischen Dreschwalze, dem egyptischen Noreg) ist man in nördlichen Klimaten genöthigt, künstliche Wärme zu Hülfe zu nehmen, um das Getreide so weit zu trocknen, daß es beim Dreschen die Körner aus den Aehren hergiebt. In Schweden, Littauen, in den russischen Ostseeprovinzen haben zu diesem Zwecke größere Güter wie Gemeinden besondere Trockenhäuser, Riegen, zur Verfügung, in welche die Getreidegarben stehend eingeschichtet werden, worauf dann die Temperatur mittelst Heizung bis auf 40° C. gebracht wird. Dieselbe schadet der Keimkraft nicht, Stroh und Körner können aber unter jenem Himmelsstriche nur auf diese Weise für eine längere Aufbewahrung vorbereitet werden. —

Die Wirkung allzugroßer Sonnenhitze beeinträchtigt die Fruchtbildung. Sie trocknet die Samen aus, ehe sie noch den zu ihrer Fortpflanzung nothwendigen Reifegrad erreicht haben; es tritt dann der Zustand des Verschrumpfens ein, welcher die Körner der Halmfrüchte ebenso zur Saat ungeeignet macht, wie zu der Mehlbereitung; für die letztere enthalten sie in diesem Zustand zu wenig Stärkemehl, dagegen eine dem Backprozeß hinderliche Fülle an Proteinstoffen. Auch dem Obst und dem Wein schadet die zu grelle Hitze. Bei dem ersteren verursacht sie die Vertrocknung des Fruchtstengels, so daß die unentwickelten Früchte zahlreich abfallen oder verrunzeln und unbrauchbar werden; das Gleiche ist der Fall bei den Trauben, deren Stiele dürr werden, so daß die Beeren verschrumpfen. Der vorsichtige Obstzüchter oder Winzer sucht diesem Uebel dadurch vorzubeugen, daß er, wo dies thunlich ist, den einzelnen Früchten eine Blätterbeschattung läßt, während er sonst dahin strebt, durch Ausbrechen und Geizen die Belaubung zu mindern, um den Sonnenstrahlen freien Zugang zu dem Boden zu schaffen. Besonders schädlich ist der warme Sonnenschein im zeitigen Frühjahre dem Spalierobste, weil dasselbe, namentlich wenn an Mauern oder Bordwänden gezogen, sich früher entwickelt, als völlig im Freien stehende Bäume, daher von den nachkommenden Spätfrösten am meisten leidet. Es ist daher von Vortheil, die Spaliere mittelst einer einfachen Vorrichtung gegen die allzufrühe Wärmewirkung zu schützen; eine solche von Shirley Hibberd angegeben, ist die verschiebbare Obstwand, Fig. 33, welche dem Cultivateur gestattet, seine Spaliere nach jeder Seite hin sowohl gegen die Sonne, als auch gegen den Wind zu schirmen. Hergestellt wird das Spalier selbst durch eingesetzte Pfosten, die mit horizontalen Drähten verbunden sind, an welchen die Bäume gezogen werden. Die Wand ist aus Brettern gebildet und über dem obersten Drahte dergestalt eingehängt, daß sie bequem abgenommen und auf die andere Seite gehängt werden kann, so daß die Formstämme nach jeder Himmelsrichtung hin nach Erforderniß geschützt werden können. Gewöhnlich giebt man den Pfosten 2,66 m. Länge, so daß sie 2 m. über den Boden emporragen; sie haben an der Spitze einen Einschnitt für die an den Bretterwänden angebrachten Krampen zum Aufhängen; die beste Entfernung der Pfosten von einander ist 2,66 m. Zwei Mann können die verschiebbare Obstwand mit Leichtigkeit versetzen, ihre Vortheilhaftigkeit ist bewährt und findet man sie namentlich in den englischen Obstgärten ziemlich allgemein angewendet.

Die schädliche Wirkung der Wintersonne läßt sich bei den Obstbäumen oft beobachten an den sogenannten Frostplatten, abgegrenzten Stellen ihrer Rinde, welche aufgesprungen, schorfig, schuppig oder, wie bei Birnbäumen, eingesunken

Fig. 83. Verschiebbare Obstwand.

erscheint. Diese nicht seltene Erscheinung rührt her von der localen Erwärmung einer kräftigen Nachmittagssonne nach kalten Winternächten, in Folge deren an der betreffenden Stelle, der Westseite des Baumes, der gestockte Saft flüssig wird und zur circuliren strebt. Allein die mit der Nacht wieder hereinbrechende Kälte wirkt nunmehr erstarrend und es erfolgt ein partielles Erfrieren, durch das eine Schichte von Rindenzellen abstirbt. Uebrigens ist die abgestorbene Rinde, die sogenannte Borke, an und für sich ein Schutz gegen die Kälte, da sie ein schlechter Wärmeleiter ist; daher sollen vor Winter die Bäume so wenig als möglich der Borke entkleidet und so dem leichteren Erfrieren preisgegeben werden.

Wo die Temperatur der Luft nicht hinreicht für die Zwecke oder das Wohlbefinden des Menschen, da nimmt er zur künstlichen Wärme seine Zuflucht, sei es, daß er sie erzeugt durch Concentration derjenigen, die sein eigener Körper erzeugt, wie es der Eskimo thut in der thranigen Atmosphäre seiner Schneehütte, sei es, daß er die Quellen benutzt, welche das Imponderabile außer der Sonne und der Erde erzeugen. Jedermann weiß, daß eine solche die mechanische Arbeit oder die Bewegung ist; es ist dabei ein Stoffverbrauch unvermeidlich, wie er sich auch im thierischen Körper vollzieht, sobald er durch den Stoffwechsel in seinem Innern Wärme producirt. Eine andere, schon mehrfach besprochene, Wärmequelle bildet der Prozeß der Gährung, bei dessen höheren Graden in Folge der Oxydation eine Zersetzung, oder Verbrennung stattfindet. Die dabei erhaltene höhere Temperatur wird mehrfach in der Praxis benutzt; wie sie der Landwirth für die Gahre seines Bodens benutzt oder der Gärtner zum Treiben seiner Frühgemüse, ist mitgetheilt; in Egypten und China soll man die aus dem gährenden Dünger sich entwickelnde Wärme zur künstlichen Ausbrütung von Hühnereiern verwendet haben; erst neuerdings ist ein Vorschlag zu gleichem Zweck in verbesserter Form aufgetaucht. Da die Gährung zu ihrer Entwickelung eines gewissen Grades von äußerer Wärme, der Luft, der Feuchtigkeit und der Anwesenheit eines Gährungserregers bedarf, so tritt sie bei organischen Stoffen unter diesen Bedingungen öfters ein zum großen Schaden für deren beabsichtigte Erhaltung, so daß darauf gesehen werden muß, für solche jene Factoren so viel als möglich, abzuschneiden.

Feucht eingebrachte, kranke oder pilzbehaftete Wurzeln oder Knollen erliegen durch sie der Zerstörung, wenn nicht rechtzeitig Abhülfe geschieht (Kartoffelthermometer!); Getreide, welches vor dem völligen Austrocknen eingebracht wird, erwärmt sich, das Stroh wird stockig, mit Pilzformationen überwuchert, die Körner verlieren die Keimkraft, werden taub. Bei nicht gehörig getrocknetem Heu oder anderem Dürrfutter steigert sich die durch Gährung erzeugte Hitze öfters bis zur Selbstentzündung; zwar ist die Letztere wiederholt als eine hergebrachte Fabel bezeichnet worden, die wissenschaftliche Untersuchung hat aber zum Mindesten ihre Möglichkeit dargethan. Durch die fortgesetzte, sich bis zu hohem Grade steigernde Erhitzung eines Haufens von Heu oder Grummet durch die Gährung erzeugt sich nämlich aus den letzteren Stoffen eine poröse Kohle, welche durch rasche Absorption und Verdichtung des Sauerstoffs aus der Atmosphäre in's Glühen geräth und endlich die gesammte Masse in Flammen setzt. Bekanntlich hat auch frisch gepulverte Holzkohle in größeren Mengen verpackt die Eigenschaft, rasch atmosphärische Luft zu absorbiren, wobei eine Wärmeentwickelung bis zur Selbstentzündung stattfinden kann.

Wo man der Witterung zur vollständigen Trocknung des Rauhfutters von Gras, Klee, Mischling u. s. w. nicht ganz sicher ist, da erlangt man durch die Braunheubereitung ein zuträgliches und den Thieren angenehmes Futter. Es wird dabei das Material absichtlich in Gährung gesetzt, indem die abgebrachten Gräser 2c. nachdem man sie einen Tag lang hat abwelken lassen, in feste Haufen zusammengestampft werden, in welchen sich zufolge der Oxydation eine bedeutende Hitze entwickelt, die sich durch starkes Dampfen verräth. Der ganze Prozeß dauert 4 bis 6 Wochen, worauf das Innere des gewöhnlich 8 m. breiten, 6 m. hohen Haufens — in kleineren mißräth die Operation — zu einer ziemlich festen, braunen Masse geworden ist, welche mit dem Heumesser oder Spaten abgestochen werden muß, aber ein kräftiges Aroma behalten hat und sich dann beliebig aufbewahren läßt. Will man das Braunheu den Thieren besonders angenehm machen, so empfiehlt sich das Einstreuen von Salz — 1 Procent — zwischen die Schichten. Setzt man auf die nämliche Weise Stroh mit Grünfutter zusammen in Haufen, so wird auch das erstere durch die Gährung den Thieren angenehmer und nahrhafter. Es lassen sich auf solche Art fast alle Grünfutterstoffe unabhängig von der Witterung für die Aufbewahrung zubereiten. Sorgfalt und genaue Ueberwachung sind bei der Anwendung dieses in der Praxis vielbeliebten Verfahrens unerläßlich. Auch andere Methoden der Selbsterhitzung des Futters sind in Uebung. Gewöhnlich versteht man unter selbsterhitztem Futter eine Mischung von kurzem Rauhfutter mit geschnittenem Wurzelwerk, vielleicht unter Zugabe eines Kraftfutters; das Ganze mit heißem Wasser, Schlempe oder verdünnter Melasse angebrüht und in besonderen Bottichen, Kufen oder Kästen zur Gährung gebracht. Dergleichen Futter gilt, besonders in England, wo es selbst die jungen Pferde erhalten, für besonders vortheilhaft, wird auch von den Thieren mit Vorliebe genommen. Ob die Verdaulichkeit durch die Selbsterhitzung gefördert wird, ist nicht erwiesen. Wo diese Fütterungsmethode eingeführt wird, ist es nothwendig, eine Reihe von Abtheilungen für die einzelnen Tagesrationen zur Verfügung zu haben, in welchen die Gährung vor sich geht; sie beansprucht je nach der Lufttemperatur eine Dauer von 48 bis 64 Stunden, und darf selbst einen höheren Wärmegrad als 35 C. nicht erreichen. Die größte Reinlichkeit ist bei dieser Methode Bedingung, damit sich in den Gefäßen nicht Säuren oder Pilze bilden.

Durch den steigenden Einfluß der Wärme findet bei allen organischen Körpern eine Entmischung statt, während welcher die sich entwickelnden Gasarten vermittelst besonderer Apparate aufgefangen werden können. So entweicht auch bei der Gährung Kohlensäure als Nebenproduct in ziemlich bedeutenden Mengen, welche gewöhnlich verloren gehen. Bringt man aber über den Gährungsgefäßen Recipienten an, so läßt sich das Gas gewinnen und zur Herstellung von chemischen Producten, von künstlichen Mineralwassern und Schaumweinen, zur Fällung des Kalkes in Flüssigkeiten, wie Melasse, zur Haltbarmachung der Biere, als Zusatz für Brotteig, zur Aufbewahrung von Speisen unter Luftabschluß u. A. vortheilhaft verwerthen. Ebenso wurde vorgeschlagen, die auf diese Weise fast kostenlos erhaltene Kohlensäure, wie sie die Gährungslocale der Branntweinbrenneien oder Bierbrauereien und der Mostkeller liefern, als Mittel zur Erhöhung des Futterwerthes in Schlempe und anderem Weichfutter der Thiere, selbst zur Imprägnirung des Wassers zu verwenden, welches dadurch für den Genuß schmackhafter, zuträglicher wird; sogar die Benutzung von kohlensäurehaltigem Wasser zum Begießen oder Bewässern der Pflanzen dürfte von großem Erfolge sein. Bekanntlich läßt sich das Gas unter hohem Druck in eine tropfbare Flüssigkeit verwandeln, welche durch ihre Verdunstung eine sehr bedeutende Temperaturerniedrigung bewirkt. Demzufolge wird es zur Herstellung von künstlichem Eis oder von Kältemischungen verwendet und empfiehlt sich vorzugsweise als Schnellkühlungsmaterial für Bierwürzen, Branntweinmaischen oder andere Zwecke. Es ist daher die Verwerthung der bei der Gährung entweichenden Kohlensäure, als eines schädlichen, bisher verlorenen Stoffes in vieler Beziehung beachtungswerth. Die Entmischung fester Körper durch vermehrte Wärme beginnt mit der Verdampfung des in ihnen enthaltenen Wassers, ein Zustand, der insbesondere zu Aufbewahrungszwecken herbeigeführt wird, und das Dörren oder Darren heißt. Es geschieht mit den Leinstengeln nach der Röste, um die letzte

Feuchtigkeit daraus zu entfernen, welche die Loslösung und Trennung der Fasern von einander verhindert, und zwar am besten in der Sonne, sodann in einem Backofen nach Herausnahme des Brotes, in Gruben oder eigens errichteten Darrstuben. Bei größerer Production sind immer die letzteren vorzuziehen, in welchen die Temperatur im Anfange durchschnittlich 30° beträgt; erst wenn der Lein schon beinahe ganz getrocknet ist, wird sie einige Augenblicke lang auf 45° erhöht und darauf die Operation beendet. Die Stengel kommen darnach unter die Breche oder den Botthammer, darauf in den Schwingstock, in welchem sie durch die Arbeit des Schwingmessers zu Flachs werden, der vor der Verwendung zu Garn durch das Spinnen der Einzelnfasern nur noch die Hechel zu passiren hat, welche ihn von Gummiharz und Stengelresten reinigt. Der Behandlung des Saatguts mittelst künstlicher Wärme ist schon oben gedacht, vor Allem werden ihr die Nadelholzsamen unterworfen und das Verfahren „Klengen" genannt; es giebt eigene großartige Klenganstalten zu diesem Zweck. Auch die Erbsen und andere Hülsenfrüchte werden gedörrt, oder bis zu 60° C. erhitzt, um die in ihnen oft außerordentlich zahlreichen Larven des Erbsenrüsselkäfers, Bruchus pisi, zu vernichten. Zum Klengen soll die Temperatur die äußerste Grenze, bis zur Ertödtung der Keimkraft, welche etwa bei 70° liegt, niemals überschreiten, Hülsenfrüchte können eine etwas höhere noch ganz gut ertragen. Je wasserreicher die Luft, um so niedriger stellt sich jene Grenze. In den Getreideriegen der Ostseeländer wird die künstliche Temperatur dauernd auf 35 — 40° C. gehalten. Da der Feuchtigkeitsgehalt der Samen von bedeutendem Einfluß auf deren Aufbewahrungsfähigkeit ist, so empfiehlt sich in manchen Fällen die Untersuchung desselben mittelst des Johnson'schen Xerometers, in welchem die zu prüfenden Körner so vollkommen getrocknet werden, daß der Gewichtsverlust jenen Gehalt genau angiebt. Das Darren des Malzes, nachdem es den Keimhaufen verlassen, hat den Zweck, das Wasser aus den gekeimten Gerstenkörnern durch künstliche Wärme möglichst zu entfernen, jede etwaige Entmischung zu verhüten, den ausgewachsenen Keim zu tödten, und zuweilen auch noch den höheren Grad des Därrens, die Röstung, zu bewirken, um mittelst derselben neue Producte für die fernere Verwendung des Malzes zu gewinnen. Dem Darren geht gerne das Schwelchen voraus, ein vorläufiges Abtrocknen des Malzes auf dem Luftboden, um Brennmaterial zu ersparen; wenn Luftmalz bereitet werden soll, wie für die Brennerei, so genügt dies einfachere Verfahren, das jedoch über Winter nicht anwendbar ist. Die Malzdarre besteht aus durchschlagenen Metallplatten oder Drahtgeflechten, welche mittelst erhitzter Luft langsam durchheizt werden, am besten ist eine gleichmäßige Temperatur von 38° C, wobei die Hülsen nicht austrocknen und dadurch die Entwickelung der Wasserdämpfe aus dem Inneren der Körner verhindern. Bei dem Malzen der Gerste findet ein Gewichtsverlust von 20 Procent statt; die vom Malze gelösten Keime und Wurzelfasern sind ein vortreffliches Futter, besonders für Jungvieh, können auch als Beidünger verwendet werden. Neuerdings wird die Mälzerei im Großen durch eigene Malzfabriken betrieben, welche mit minderem Verluste arbeiten, als der kleinere Fabrikant, der sich seinen Bedarf nur nebenher selber erzeugt. — In vielen Gegenden bildet das Dörren des Obstes einen Industriezweig, dessen Bedeutung nicht unterschätzt werden mag. Südfranzösische, böhmische und bulgarische Pflaumen oder Zwetschen durchwandern als Handelsartikel die halbe Welt; Nordamerika liefert in getrockneten Pfirsichen und Aprikosen einen hochgeschätzten Schiffsproviant für lange Fahrt; gedörrte Kirschen, Prünellen (geschälte und getrocknete Pflaumen), Aepfel- und Birnenschnitze haben ihre Märkte und gehören in vielen Gegenden zu den altgewöhnten Volksspeisen. Der getrockneten Weinbeeren nicht zu gedenken, welche als Rosinen, Sultaninen und Korinthen ein Hauptproduct südlicher Länder sind, ebenso wie die Feigen, deren massenhafter Verbrauch neuerdings durch ihre Verwendung zu einem trefflichen Kaffeesurrogat nur noch gesteigert worden ist. Die Herstellung des Dörrobstes geschieht leider noch häufig in sehr primitiver Weise, zum Theil im Backofen oder nebenbei in der Küche; ein schönes gleichmäßiges, daher gut verkäufliches Product kann aber nur in besonderen Darröfen erzielt werden, zu deren Anlage Dr. E. Lucas das beste Muster gegeben hat (Kurze Anleitnng zum Obstdörren und zur Gesälzbereitung).

Bei fortgesetzter Steigerung der Wärme erfolgt die gänzliche Entmischung der organischen Körper. Vollzieht sich dieser Proceß unter möglichstem Abschluß der Luft, also in geschlossenen Gefäßen oder Räumen, so heißt er trockene Destillation, bei welcher gasartige, flüssige und feste Producte gewonnen werden, so Leuchtgas, Holzessig, Kohle, letztere als Rückstand. Die Gewinnung der Holzkohle durch Vermeilerung, diejenige des Spodiums aus den Thierknochen, die Leuchtgasfabrikation 2c. beruhen auf dem gleichen Vorgange. Der letzte Grad der Entmischung ist die Verbrennung. In alter Zeit war das Feuer ein Heiligthum — es ist es noch heute bei den indischen Parsen, von deren Cult die ewige Lampe bei anderen geblieben ist — wie so Vieles, was die Menschen göttlich verehrten, aus dem einfachen Grunde, weil sie nicht wußten, was es war. Sein Räthsel hat viele Jahrtausende lang keine Lösung gefunden; die Vorzeit sah in ihm ein Uranfängliches, ein Element; die Alchymisten des Mittelalters schrieben das geheimnißvolle Walten der Flamme einem besonderen Feuergeiste zu, und als sich nach und nach ihre empirische Sudelkocherei zu Wissenschaft umkrystallisirte, dauerte es doch noch geraume Zeit, bis die ererbte Anschauung überwunden ward. Man glaubte Wunder wie gelehrt und tief zu sein, wenn man zuletzt einen gewaltigen Urstoff, das Phlogiston, als die Grundlage der Brennbarkeit der Körper annahm. Ein französischer Chemiker, Lavoisier, fand im Jahre 1780 endlich das Rechte; der von Priestley 1774 entdeckte Sauerstoff ist die Urquelle der Verbrennung, welche eintritt durch seine Verbindung mit anderen Körpern. Von diesem Zeitpunkte an ist der Fortschritt in der Wissenschaft ein unaufhaltsamer gewesen, aus dem ersten Gesetz entwickelte sich das zweite, eine Entdeckung folgte der anderen. Ueberblicken wir gegenwärtig das große Gebiet dessen, was wir über Verbrennung mit gleichzeitiger Entwickelung von Wärme und Licht, sowie von deren tausendfältiger Benutzung im praktischen Leben wissen und kennen, so müssen uns frühere Zustände der menschlichen Gesellschaft wahrhaft arm und bedauernswerth vorkommen gegenüber unserer erwärmten, durchleuchteten Zeit. Und es wird uns die Symbolik alter Mythen klar; erst als der Mensch das Feuer gefunden und benutzen gelernt hatte, begann für sein Geschlecht das veredelnde Dasein der Cultur und endlich der Civilisation.

Eine jede Verbrennung ist mit Entwickelung von Wärme, häufig, aber nicht immer, auch mit derjenigen von Licht verbunden, denn beiden ist das Streben gemeinsam, Eines das Andere zu erzeugen, und höchst wahrscheinlich gehen sie sogar im Wesen in einander über. Es ist z. B. ein weit verbreiteter Irrthum, welcher annimmt, die Mondesstrahlen machten eine Ausnahme von dieser Regel; wie kann man sich darüber wundern, daß unsere besten Instrumente keine Wärme in denselben nachzuweisen vermögen, wenn man bedenkt, daß ein Strahl des Nachtgestirnes kaum den dreimalhunderttausendsten Theil des Lichtes von einem gleichgroßen Sonnenstrahle besitzt! Wo eine gewöhnliche Verbrennung stattfindet, da muß atmosphärische Luft zugegen sein, und alle dabei auftretenden Erscheinungen lassen sich genügend erklären durch die merkwürdigen chemischen Vorgänge, die bei höheren Hitzegraden in den brennbaren Körpern unter Einwirkung des Sauerstoffs ins Leben treten. Freilich kann irgend eine Temperatur, bei welcher Körper in der Luft verbrennen oder in Flammen aufgehen, keineswegs festgesetzt werden; im Gegentheile, manche davon entzünden sich schon, sobald sie nur mit der Luft in Berührung kommen; andere bei einem Wärmegrade, nicht höher, als derjenige eines heißen Sommertages; viele erst bei denkbar höchster Hitze; einzelne sogar unter keinerlei Umständen. Bei jeder Verbrennung erzeugen sich Producte aus der Verbindung des Sauerstoffs mit dem brennenden Körper; meistentheils sind dieselben luftartig oder Gase und entgehen daher der Wahrnehmung des oberflächlichen Beobachters. In dem menschlichen Haushalt werden die Verbrennungsproducte hauptsächlich in zweierlei Richtungen ausgenutzt, als Quellen des Lichtes und der Wärme, zur Beleuchtung und Heizung. Selbstverständlich nimmt auch die Landwirthschaft ihren Theil daran. Sie baut den Raps, den Rübsen, den Lein, den Dotter, den Sesam, aus welchen das Oel geschlagen wird, das die Lampe nährte — so lange das fossile Oel, das Petroleum, ihm nicht den Rang streitig gemacht hatte; sie erzieht und mästet die Thiere, deren Talg das Stearin, sie hegt die fleißigen Insecten, die das Wachs liefern zur Kerzenfabrikation. Und der Forstmann bietet das Holz, das erste und gemäßeste Brennmaterial, das leider immer spärlicher und daher mit Recht von Kohle und Torf verdrängt wird; aber die Alten heimelt es immer noch an, wenn sie von den mächtigen Klötzen lesen, die vor Zeiten im hohen Kamine glimmten, um das die ganze Familie sich gruppirte; sie „hüteten das Feuer des Hauses“ hieß es und das war ein gutes Ding und Wort. Die Landwirthschaft bedarf der Brennmaterialien außerhalb der Wohnungsräume zur Herstellung des Brühfutters der Thiere, zum Betriebe großer Motoren und in ihren technisch-industriellen

Nebenzweigen. Die Sorge um dieselben und ihre entsprechende Verwendung ist daher keineswegs gering. Locale Verhältnisse sind es in erster Reihe, welche die Wahl der Heizungsstoffe bedingen, in zweiter aber ist ihr Brennwerth oder Heizeffect maßgebend. Nach den Normen des deutschen Ingenieur-Vereins beträgt der relative Brennwerth, die Steinkohle zu 1,0 angenommen, bei Coaks 0,86, Holzkohlen 0,77, Torfkohlen 0,59, Braunkohlen 0,58, Holz 0,39, Torf 0,33. Professor Fritz in Zürich macht bezüglich der Heizmaterialien und deren Ausnutzung darauf aufmerksam, daß bei allen der Feuchtigkeitszustand von sehr großen Einflusse ist, da alles in denselben enthaltene Wasser verdampft werden muß, wozu ein großer Theil der erzeugten Wärme erforderlich ist. Deshalb ist auch das landesübliche Anfeuchten der Steinkohlen stets von nachtheiligem Einfluße auf den Heizwerth derselben. Außer der Beschaffenheit des Brennmaterials ist die Ausnutzung des Heizwerths desselben zunächst abhängig von der mehr oder minder zweck- und naturgemäßen Heizeinrichtung und dann noch ganz besonders von der Art, wie die Heizanlagen benutzt und mehr oder weniger entsprechend bedient werden. Zur Veranschaulichung führt Fritz an, daß noch auf der landwirthschaftlichen Ausstellung zu Oxford 1872 Locomobilen vorhanden waren, die 7,5 und sogar 13,5 Kilo Steinkohlen pro Stunde und Pferdekraft bedurften, während die beste mit 1,85 Kilogramm ausreichte, daß bei stationären Maschinen dieser Verbrauch zwischen 2 und 3 K. betrug, und daß bei dem Wettheizen zu Mühlhausen und Valenciennes bei dem gleichen Kessel und den gleichen Steinkohlensorten der eine Heizer mit 1 K. Steinkohlen 8,4 K., der andere nur 4,5 K. Wasser zu verdampfen vermochte. Zwischen diesen Werthen schwankten zu Valenciennes die Leistungen von 19 Heizern, nur 7 derselben vermochten mehr als das sechsfache Steinkohlengewicht an Wasser zu verdampfen. Demselben trefflichen

Autor seien folgende erfahrungsgemäße Daten über den Werth der verschiedenen Heizanlagen entnommen. Offene Feuer, wie sie überall noch auf dem Lande zum Kochen benutzt werden, geben einen sehr geringen Heizeffect und sind nebenbei ungesund, da sie die Luft bis zur Untauglichkeit für das Athmen verderben. Die Kaminheizung ist gleichfalls sehr unvollkommen, sie nutzt kaum ein Viertel der strahlenden, kaum ein Zehntel der gesammten Wärme der Heizmaterialien aus. Kanalheizung, in Leitungen, aus Kanälen unter dem Fußboden oder in Röhren über demselben ausgeführt, wie sie zum Heizen von öffentlichen Localen, von Gewächshäusern, Trockenräumen u. dgl. üblich ist, kommt einer guten Ofenheizung gleich, wenn sie dieselbe nicht noch übertrifft. Letztere gestattet bis zu 80 Procent der entwickelten Wärme nutzbar zu machen. Für Centralheizungen, überall dort praktisch, wo eine größere Reihe von Räumen gleichzeitig erwärmt werden muß, eignen sich die Luftheizung, die Heißwasserheizung und die Dampfheizung, bei welchen je nach der Ausdehnung und den Verhältnissen 50 bis 75 Procent der von den Brennmaterialien entwickelten Wärmemengen zur Ausnutzung gelangen.

Die thierische Wärme ist ein Product des Stoffwechsels im Körper, erzeugt durch die Oxydation oder Verbrennung, welche in dem Prozeß der Athmung begründet wird. Die auf diese Weise chemisch-physiologisch producirte Eigenwärme des Körpers der Nutzthiere beträgt durchschnittlich 38—50° C., sie wechselt je nach Ernährung und Anstrengung, differirt aber beim gesunden Thiere höchstens um 4—6° täglich. Steigen oder sinken diese Temperaturen, dann ist ein abnormaler Zustand vorhanden, welcher auf Mißbehagen oder Krankheit schließen läßt. Die Körperwärme wird fortlaufend durch die Verdunstung und Abkühlung mittelst der Haut, welche ihr Gradmesser ist, in die Luft geleitet; sie leidet Einbuße durch Arbeit oder Bewegung und durch die

Ausstrahlung. Demzufolge ist in kälteren Klimaten immer ein bestimmtes Quantum Nahrung zu veranschlagen, welches nur den Ersatz des Wärmeverlustes zu decken hat, außerdem muß demselben durch verschiedene andere Mittel vorgebeugt werden, wie Zudecken und Abreiben der Arbeitsthiere, zugleich Gabe von den Stoffumsatz fördernden Stimulantien nach anstrengenden Leistungen, Sorge für genügend warme Stallung, Verhütung des plötzlichen Uebergangs von der Arbeit in die Ruhe u. s. w. Ebenso erforderlich ist aber auch ein Schutz gegen das Uebermaß der Wärme, wie er geboten werden kann durch frisches Tränken, Abwaschen und Schwemmen, kühlende Nahrung rc. Für den letzteren Zweck hat sich das Scheeren der Thiere, insbesondere der Pferde und Ochsen, als vortheilhaft erwiesen. Dasselbe ist ein altbekanntes Verfahren; im Süden befreit der Maulthiertreiber sein Thier regelmäßig von der Last der Sommerhaare, an den Schafen gewahrt man, welche Erleichterung die Entfernung des Pelzes gewährt. Das Scheeren befördert das Wohlsein der Thiere nicht blos durch Verminderung der Transpiration, sondern auch durch Vermehrung der Reinlichkeit; bei den Ochsen hat es sich vortheilhaft erwiesen als ein Mittel zur Beschleunigung der Mästung; jedenfalls verdient es allseitige Beachtung. Zu seiner glatten und geschwinden Ausführung sind verschiedene sinnreiche Scheerapparate erfunden worden, unter welchen einer sogar die Gasflamme zu Hülfe nimmt, um die kurzen Stoppelhaare gründlich wegzusengen, ohne daß das Thier dabei im mindesten leidet.

Man nimmt an, daß Ausstrahlung und Verdunstung zwei Drittheile der Wärme des thierischen Körpers verbrauchen, während der Rest nach Henneberg auf die Verwandlung der condensirten eingeathmeten Feuchtigkeit in Dampf und die Erhöhung der eingenommenen Nahrungsmittel auf den Grad der Körperwärme verwandt wird. In dieser Beziehung macht sich die Temperatur des Raumes geltend, in welchem das Thier lebt; der Verlust an Wärme wird natürlich geringer sein, wenn dieselbe eine hohe, größer, wenn sie eine niedrige ist. Durch eine zu hohe Temperatur des Aufenthaltsorts wird aber hinwiederum der Verdunstung Vorschub geleistet, abgesehen davon, daß in solcher das Blut in den Gefäßen rascher circulirt, daher die Consumtion an Nährstoffen, welche den Athmungsprozeß zu unterhalten bestimmt sind, vermehrt. Ueber die Stallwärme ist schon oben geredet worden, zu ihr in das richtige Verhältniß muß treten die Ernährung der Thiere mit Rücksicht auf die Sauerstoffaufnahme und die Kohlensäureerzeugung. Diese ist um so regelmäßiger, je weniger Schwankungen die Zusammensetzung des Futters erleidet. Die Wissenschaft hat durch, übrigens bis jetzt nur vereinzelte, Versuche auch in diesem Falle nur bestätigt, was die Praxis längst wußte, nämlich daß die Wärme bis zu gewissem Grade Ersatz der Nahrung bietet, daß die letztere mit der sinkenden Lufttemperatur mehr verbraucht wird und zwar mit Rücksicht auf die Unterhaltung der inneren Wärme mittelst der Respiration ohne verhältnißmäßigen Nutzen für die Production, und daß endlich für die letztere ein mäßiger, sich möglichst gleichbleibender Wärmegrad des Aufenthaltsortes der Thiere am vortheilhaftesten ist. Der Futterumsatz findet bei letzterem Verhältniß am promptesten statt und es begünstigt am meisten die Verwandlung des Pflanzenalbumins in thierisches Fibrin oder Muskelstoff, während im Gegentheile sonst sowohl Eiweiß als Kohlehydrate und Fette zu der Kohlensäureproduction beitragen. Daß die thierische Wärme sonach das Product eines fortgesetzten langsamen Verbrennungsprozesses in dem Körper ist, geht deutlich hervor aus den gasartigen Ausscheidungen, welche dabei erfolgen.

Durch andauernd gesteigerte Erhitzung werden Flüssigkeiten zum Kochen oder Sieden, endlich zum Verdampfen gebracht. Diese Vorgänge werden tausendfach im Dienste des Hauses und der Oekonomie verwerthet, sie bilden die Signatur sowohl eines geordneten häuslichen Lebens, wie diejenige eines Jahrhunderts, das die Naturkräfte in das Joch des Menschen zwingt, wie vor ihm kein anderes. Aus dem bescheidenen Klappern des über dem Topfe voll brodelnden Wassers tanzenden Deckels hat sich die Idee der Anwendung der Dampfkraft entwickelt, einer Kraft, welche ganz entschieden die Physiognomie der Welt umgestaltet hat. Wie dieselbe aber heute die feuersprühende Riesenschlange gewaltiger Bahnzüge über Höhen schleppt, welche vordem nur dem Saumrosse zugängig waren, wie sie Maschinen in Bewegung setzt, welche der Anstrengung von tausend Pferden entsprechen, so hilft sie auch im Kleinen zu den verschiedensten Erleichterungen im Bereiche des agricolen Haushalts. Was sie dem Betrieb im Großen leistet, davon wird weiter unten die Rede sein; es soll nicht näher darauf hingewiesen werden, was der einfache Prozeß der Wasserverdampfung beigetragen hat zur Entwickelung und Gestaltung der häufig mit der Landwirthschaft verbundenen technischen Gewerbe; hier mag nur hervorgehoben werden, daß die Dampfbenutzung auch zu kleineren Verrichtungen, wie Reinigung der Wäsche und der Gefäße — besonders der Fässer für den Kellergebrauch — Heizen und Sieden, Erweichen der Knochen und noch manchem Anderen vortheilhaft verwendet wird und immer mehr in Aufnahme gelangt. Es wurde schon der Darstellung des Brühfutters für die Thiere gedacht. Durch Selbsterhitzung oder Dämpfung gemengter Futterstoffe sucht man sowohl deren Schmackhaftigkeit als Verdaulichkeit zu erhöhen; wenn auch hinsichtlich der letzteren der Zweck schwerlich erreicht wird, so ist doch durch die Erfahrung bewiesen, daß sowohl der warme Zustand derartigen Futters als seine verringerte Consistenz den Thieren angenehm ist, so daß sie, die richtige Zusammensetzung und Ration vorausgesetzt, dasselbe lieber nehmen, und besser verwerthen, als das Trockenfutter des gewöhnlichen Regimes. Deshalb ist auch in vielen Wirthschaften die Brühfütterung mit Erfolg eingeführt; das Kochen der Futterstoffe erfolgt mittelst Dampfes in einem besonderen Futterdampfapparat, Fig. 34, welcher aus einem stabilen Dampfkessel mit Feuerung besteht, zu dessen beiden Seiten eiserne, mit Sicherheitsventilen ausgestattete Dampfkessel in Lagerböcken schwebend angebracht

Fig. 34. Futterdampfapparat.

sind, so daß sie ohne Kraftanstrengung geneigt und ausgeleert werden können. In diese werden die Futterstoffe eingefüllt, durch absperrbare Dampfrohre tritt der im Kessel entwickelte Dampf hinzu, und beendigt binnen kurzer Frist die vollständige Siede-Operation. Wo eine Dampfmaschine in Betrieb ist, da kann das Kochen des Futters auch mit deren abgehendem Dampfe einfach und kostenlos bewerkstelligt werden.

Verschiedene Körper besitzen die Eigenschaft, daß sie ohne Einwirkung der atmosphärischen Luft durch Entzündung ungemein rasch verbrennen und dabei mit Heftigkeit Gase entbinden, deren rasche Ausdehnung einen gewaltigen Druck hervorbringt, welcher gewöhnlich von einer Detonation begleitet ist. Die außerordentliche Wirksamkeit von dergleichen künstlichen Explosionen hat die technische Verwendung derselben für mancherlei Zwecke zur Folge gehabt. Lange Zeit hindurch wurde das Schieß= oder Schwarzpulver einzig dazu verwendet, außer im Krieg und zur Jagd benutzte man es vorzugsweise zum Sprengen von Gesteinen und Erzen, zum Niederwerfen von Baulichkeiten, zur Zertrümmerung von Baumwurzelstöcken im Boden u. s. w. Die Chemie entdeckte nach und nach eine Anzahl von Verbindungen, welche eine höhere Explosionskraft besitzen, als das Schießpulver, allein dieselben sind, wie z. B. das zum Füllen der Zündhütchen gebräuchliche Knallquecksilber, theils zu kostspielig herzustellen, theils zu gefährlich, um die allgemeinere Verwendung zu gestatten. Erst mit der Entdeckung des Nitroglycerins und dessen Verbindung mit Aufsaugestoffen zu Dynamit wurde ein Sprengmittel gewonnen, welches allen Anforderungen entspricht. Seit man mit demselben operirt, ist auch die moderne Sprengtechnik auf eine Höhe der Ausbildung gediehen, welche bewundernswürdig ist. Das Dynamit hat bei gleichem Gewicht eine vier= bis achtfach größere Sprengleistung, als Schwarzpulver, ist daher verhältnißmäßig billiger und mindestens nicht gefährlicher als dieses; nur die Außerachtlassung der gewöhnlichsten Vorsichtsmaßregeln kann bei dem Gebahren damit einen besonderen Unglücksfall ermöglichen. Die Explosionskraft des Dynamits bei sachgemäßer Zündung ist so gewaltig, daß die atmosphärische Luft ihrer Gasentwickelung gegenüber als feste Widerlage wirkt, so daß Eisenschienen, starke Holzbalken ꝛc. einfach durch freie Auflegung und Schlagentzündung einer Dynamitpatrone glatt gebrochen werden. In der Neuzeit wird daher das Dynamit in seinen durch die Aufsaugestoffe — Infusorienerde oder

Kieselguhr, Holzmehl, Cellulose u. s. w. — bedingten verschiedenartigen Zusammensetzungen zu allen größeren Sprengarbeiten, namentlich in Bergwerken und in der Technik des Kriegs vorzugsweise in Anwendung gebracht. Es hat aber auch für die Bodencultur Bedeutung. Abgesehen von der Benutzung zum Steinsprengen hat es sich insbesondere bewährt zum Roden von mächtigen Wurzelstöcken, welches bekanntlich so viele Arbeit verursacht, daß der Holzgewinn selten im Verhältnisse zum Aufwande steht. Das Verfahren der Baumsprengung mit Dynamit, Fig. 35, ist das folgende: der Stock wird mit einem Schneckenbohrer angebohrt und zwar bei gesundem Kern und starker Pfahlwurzel von der Hiebfläche aus bis in den Wurzelknoten a b; ist der Stock kernfaul, so geschieht die Bohrung von der Seite aus c b. Wo die Pfahlwurzel fehlt, geschieht die Bohrung immer in der Richtung der stärksten Wurzel. Stärkere Seitenwurzeln müssen vor der Sprengung durchgehauen werden. Eine Ladung von einer 50—80 cm. Patrone genügt in den meisten Fällen, um den Stock aus dem Boden zu heben und in kleine Stücke zu zersplittern. Soll nur das erstere erreicht werden, so ist die Mine mittelst schrägen Bohrlochs unter dem Wurzelstock anzulegen, wobei die Ladung derselben verstärkt werden muß.

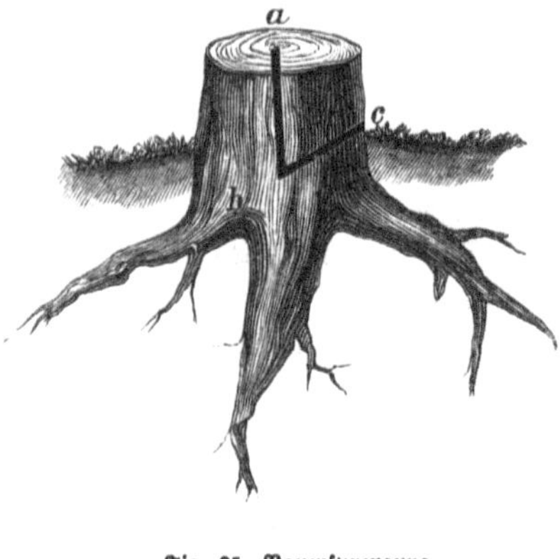

Fig. 35. Baumsprengung.

Versuche, welche zur Bekämpfung der Phylloxera angestellt wurden, haben den Verfasser dieses Buches auf eine neuartige Verwendung des Dynamits geführt, welche er Sprengcultur genannt hat. Die Tendenz des Ackerbaus ist dahin gerichtet, durch möglichste Tiefcultur auch die unteren Schichten der Erdrinde zur Pflanzenernährung heranzuziehen, den Wurzeln ein größeres Bereich zur Aufsuchung von Nahrungsmaterial darzubieten, ihnen die seit Jahrtausenden im Untergrund unbenützt ruhenden Mineralstoffe zugängig zu machen. Auf diesem Grundsatze beruht das Verfahren des Rigolens, des Untergrundpflügens, der Dampf-Bodencultur. Allein auch mit den gewaltigsten Motoren erreicht man im günstigsten Falle nur eine Bodenvertiefung von 0,66 bis 0,75 m., während es doch bekannte Thatsache ist, daß die meisten Nutzpflanzen in geeignetem Boden ihre Wurzeln viel tiefer aussenden, manche, wie Luzerne, Rebe, Bäume oft in fast unglaubliche Entfernungen von der Oberfläche. Es braucht nicht erwiesen zu werden, daß die junge, zarte Wurzel in gelockertem Erdreiche rascher abwärts bringt, größere Nahrungsgebiete ausnutzt, als im Gegentheile; es ist zugleich nicht außer Acht zu lassen, daß der Pflanze in trockener Jahreszeit die Feuchtigkeit der Tiefe zu gut kommen wird, sobald nur ihre Wurzeln sie zu erreichen 'vermögen. Wenn es nun gelingt, durch ein ganz einfaches, für Jedermann ausführbares Verfahren den widerspenstigen Boden eines Grundstücks bis in eine Tiefe von 2 oder 3 m. vollständig zu lockern, so daß Luft, Feuchtigkeit und Wurzeln überall hin freien Zugang finden, so muß hierdurch ein Bodenzustand erreicht werden, wie er günstiger für den Pflanzenbau nicht gedacht werden kann. Durch die Verwendung des Sprengpulvers Dynamit ist, wie wiederholte Versuche gezeigt haben, ein solcher Zustand herzustellen. Namentlich wird dort, wo der Landmann alter Väterregel nach den Pflug immer in demselben Loche geführt und sich dadurch eine zusammengebackene oder geschleifte Decke zwischen der Ackerkrume und dem Untergrunde gebildet hat, oder in jenen Gegenden, wo der Ortstein aller gewöhnlichen Tiefcultur spottet, jenes mächtige Mittel wohl an seinem Platze sein. Jedenfalls ist vorauszusehen, daß, wenn auch der bedeutenden Kosten halber nicht allgemein, so doch in besonderen Lagen und unter berücksichtigenswerthen Verhältnissen, die Sprengcultur mittelst Dynamit dereinst eine Stellung in der Bodenbearbeitung bei der Landwirthschaft einnehmen wird. Die Bestellung des Ackers mit Saat scheint ihrer Anwendung nicht hinderlich zu sein, wenigstens hat sich bei der Stockrodung eine Benachtheiligung des jungen Holzwuchses durch die Bodenerschütterungen in Folge der Explosionen nirgends gezeigt, im Gegentheile wurde stets darauf ein besonders kräftiger Nachwuchs wahrgenommen.

Die Electricität.

Die geheimnißvolle Naturkraft der Electricität steht in engster Verbindung mit dem Chemismus, wo dieser thätig ist, fehlt sie selten, sie muß daher auch von Einfluß auf die lebenden Wesen sein, deren Existenz an den Stoffwechsel geknüpft ist. Während aber die Forschung die verschiedenen Formen des Auftretens der Electricität als Product der Reibung und als Galvanismus, die Wirkungen der electrischen Strömungen, die Electrodynamik und den Electromagnetismus eingehenden Analysen unterzogen und wichtige Gesetze aus ihnen abgeleitet hat, so hat sie bisher das Gebiet seiner Beziehungen zu den Organismen nur ungenügend cultivirt, und ziemlich geringe Eroberungen auf demselben gemacht. Allerdings haben sich ältere Gelehrte, so de Candolle, Davy, Sprengel, Meißner, Wollaston, Becquerel, Humboldt, Broussonet, Buff, u. A. mit dem Einflusse der Electricität auf das

Pflanzenwachsthum beschäftigt; später haben Forster, Hlubek, Sheppard, Unger, Helmert, von Ende, Graf Sierstorpf, Trommer, Jühlke, Fichtner u. A. auf mehr oder minder rationelle Weise versucht, durch künstliche Erzeugung von electrischen Strömungen auf die Vegetation einzuwirken, allein sie haben Alle keine unumstößlichen Gesetze in dieser Richtung aufzustellen vermocht, zumal die in der Pflanze selbst während ihres Wachsthums sich vollziehenden Umbildungen unbedingt von electrischen Aeußerungen begleitet sind. Dagegen haben sie unwiderleglich dargethan, daß in den Gewächsen galvanische Stromwirkungen auftreten, wie in dem thierischen Körper. Ueber die in dem letzteren thätige Electricität hat Du Bois-Reymond maßgebende Untersuchungen angestellt und darauf seine Molecular-Theorie begründet, nach welcher die durch Berührung Electricität im Thierkörper erregenden Molecüle oder Atome eine je durch ihre Lagerung bedingte negative Polarzone und eine positive Aequatorialzone haben müssen. Ranke, welcher diese Forschungen in gleicher Weise auf die Pflanzen ausdehnte, fand für deren Electricitätserreger das umgekehrte Verhältniß. Nach ihm zeigen die pflanzlichen Electromotoren, gerade so wie die animalischen, verschieden starke Strömungen je nach den Polachsen der Molecüle; thierische sowohl, wie vegetabile Electricität ist an das Leben der Gewebe gebunden, abgestorbene Pflanzen lassen eine Strömung nicht mehr wahrnehmen. „Allein entsprechend dem charakteristischen, quantitativen Gegensatz in den chemischen Lebensvorgängen bei Pflanze und Thier — Vorwalten des Stoffwechsels beim Thiere, des Stoffaufbaues bei der Pflanze — ist die Richtung der Pflanzenströme der Richtung der thierischen Electromotoren entgegengesetzt, indem der Querschnitt von Pflanzenstücken sich positiv, der Längenschnitt negativ verhält."

Die älteren Versuche haben mit ziemlicher Uebereinstimmung eine günstige Einwirkung der Electricität auf den Proceß der Keimung der Samen proclamirt. Daß bei dem Anschwellen und der Entwickelung des Samenkornes electrische Strömungen stattfinden, ist unbezweifelt; dagegen herrscht noch Zweifel darüber, ob eine künstliche Zufuhr von Electricität die Keimung zu befördern vermöge. Schon am Ende des vorigen Jahrhunders hat Jugenhouß dies auf Grund von Experimenten, vermeint, welchen jedoch spätere mit günstigen Resultaten gegenüberstehen, die nicht unbedingt verworfen werden können. Namentlich scheint es dabei auf die Art der Electricität und den Feuchtigkeitsgrad des Bodens anzukommen; der galvanische Strom hat sich am geeignetsten erwiesen, er entwickelte sich aber nur in stark feuchtem Boden derart, daß ihn das Galvanometer markirte. Daß Samen in einer mit Electricität geschwängerten Atmosphäre rascher keimen, hat schon Humboldt auf experimentellem Wege ermittelt, Davy behauptet, daß Getreidekörner bei Induction durch die Volta'sche Säule in positiv electrisirtem Wasser sich schneller entwickelten, als in negativem; de Candolle und Sprengel sind sogar der Ansicht, der positive Pol befördere die Keimung der Samen bei nicht übermäßiger Entladung der Batterie, der negative dagegen erschöpfe die Lebensthätigkeit. Ueber die Vernichtung der letzteren durch allzu starke Strömungen sind die genannten Autoren alle einig. Von den Neueren haben sich besonders Professor Hlubek in Graz und Conrector Helmert in Dresden für die Beschleunigung des Keimprocesses durch constante Zuleitungen von künstlich erregten electrischen Strömungen ausgesprochen. Im Ganzen muß aber bekannt werden, daß hier noch viel geforscht und richtig gestellt werden muß, ehe man zur Ermittellung von bestimmten Gesetzen berechtigt sein wird.

Das Gleiche gilt auch bezüglich des Einflusses der Electricität auf das Wachsthum der Pflanzen, worüber die widersprechendsten Meinungen und Erfahrungen vorliegen. Fichtner, welcher in der neueren Zeit die meisten Versuche in dieser Richtung angestellt hat, ist geneigt, einen mittelbaren Einfluß der electrischen Strömungen im Boden auf die Vegetation zu constatiren. Dieser macht sich dadurch geltend, daß eine beschleunigte Verwitterung der Gesteinstrümmer und zugleich eine vermehrte Löslichmachung der Mineralstoffe stattfindet, wodurch den Pflanzen neue Nahrungsquellen eröffnet werden. Durch die Analyse wurde nachgewiesen, daß durch die vierzehntägige Einwirkung eines galvanischen Stroms auf feuchte Erde eine bedeutende Vermehrung löslicher, für die Assimilation zubereiteter Nährstoffe stattgefunden hatte. In Folge dieser Experimente ergab sich die Wahrnehmung, daß die Ausbreitung der Wurzeln auf weitere Entfernungen vom Standorte der Pflanzen hin bedingt sei nach Maßgabe der löslich gewordenen Nährstoffe längs der Stromrichtung. Wenn auch die Wahrscheinlichkeit für diese Resultate sprechen mag, so sind sie immerhin mit Vorsicht aufzunehmen, da sie sich theilweise aus Diffusionserscheinungen oder aus chemischen Metamorphosen ebenso ungezwungen werden erklären lassen. Das Gleiche ist der Fall mit Meißner's Ansicht über den unmittelbaren Effect der Electricität: Bei Tag mit dem Erscheinen der Sonne strömt electrisches Fluidum (Ausdruck der alten Schule!) in den Boden, die Wurzel wächst aus dem Samen und folgt dem Strome hinunter in die Erde; die Würzelchen sind die Leiter der Elemente aus dem Boden und machen den Keim wachsen (nach Verbrauch der Reservestoffe!), organische Thätigkeit wird entwickelt durch den Einfluß der electrischen Strömungen. Bei dem Wechsel derselben, der früh und Abends eintritt, ist Ruhe, und diese benutzt der Chemismus, um Material abzulagern. Die Wurzel wächst bei Tage, die Pflanze bei der Nacht (?). Die durch Endosmose vermittelte Saftbewegung in den Pflanzen hat schon

Wollaston durch Anwendung der Volta'schen Säule nachgebildet, Schumacher hat durch Experiment die Betheiligung der Electricität an der Membrandiffussion constatirt. Durch Electrisirung vermochte de Candolle Zweige zur früheren Knospenbildung zu bringen, während Becquerel behauptete, das Pflanzenwachsthum sowohl im Ganzen, wie im Einzelnen durch geschickte Zuleitung electrischer Strömungen beschleunigen oder verzögern zu können. Unger hat den Einfluß der Electricität auf die Protoplasmaströmungen in den Pflanzenzellen nachgewiesen. Daß dieselbe theilweise das Licht zu ersetzen im Stande sei, hat Westrumb dargethan, bei dessen Experimenten in völliges Dunkel gebrachte Wurzelstöcke unter Einwirkung der electrischen Strömung satt grüne Blätter und selbst Blüten entwickelten, während ohne sie keines von beiden stattfand. Der Nämliche behauptet auch mit Goebel, daß sich durch künstliche Zufuhr von Electricität die Blütenbildung beschleunigen und selbst eine Farbenveränderung der Blumenblätter erzielen lasse. Die älteren Pflanzenphysiologen haben sogar den ganzen Proceß der Befruchtung für einen durch die Spannung heterogener Stoffe bewirkten galvanischen Vorgang gehalten. Im Gegensatze zu andern Beobachtern soll nach Broussonet und Humboldt ein Uebermaß an Electricität zwar schädlich wirken, allein nur vorübergehend, so daß späterhin die behandelten Pflanzen sich wieder erholen und kräftig fortwachsen. In diesen spärlichen Notizen ist so ziemlich Alles enthalten, was wir gegenwärtig über die directe Rolle der Electricität gegenüber der Vegetation wissen. Mittelbar nimmt sie noch Einfluß dnrch die von Peltier und Reitlinger nachgewiesene Beschleunigung der Verdunstung, in Folge deren eine rasche Erniedrigung der Temperatur eintritt. Diese durch das Psychrometer leicht zu constatirende Erscheinung will bei den Electro-Cultur-Versuchen jedenfalls in Rechnung gezogen werden.

Alle Vorschläge, welche zur Erzeugung oder Nutzbarmachung der Electricität für die Vegetation gemacht worden sind, bewegen sich in ziemlich engen Kreisen. Der berühmte Darwin, welcher sich früher angelegentlich mit diesem Gegenstande beschäftigte, gab den Rath, Metallspitzen als Leiter der Luftelectricität etwa 1 Meter hoch über dem Boden anzubringen, dadurch die Pflanzen dauernd mit electrischen Strömungen zu versehen und zugleich auch während der trockenen Jahreszeit die atmosphärischen Niederschläge zu befördern. Die Anwendung der galvanischen Electricität erfolgte bei den verschiedenen damit angestellten Versuchen gewöhnlich mittelst eingegrabener Batterieen und über die Versuchsstellen gezogener kupferner Leitungsdrähte. An Curiositäten in dieser Richtung mangelt es nicht, so wurde ernstlich vorgeschlagen, riesige Electrisirmaschinen im Felde aufzustellen und durch den Wind bewegen zu lassen. Dahin gehört auch die Construction von Pflügen, deren Arbeitskörper einen electrischen Strom in den Boden leiten soll, oder von Eggen aus Zink und Kupfer, deren in Verbindung gesetzte Zinken den gleichen Effect liefern sollen, um die Zersetzung des Wassers, bekanntlich eine hervorragende Wirkung der galvanischen Electricität, zur schnelleren Fruchtbarmachung des sogenannten todten, vom Sauerstoff noch nicht durchdrungenen und daher zur erforderlichen Entwickelung von Kohlensäure noch nicht befähigten Bodens anzuwenden."

Die mittelbare Wirkung der Electricität ist hoch anzuschlagen; sie besteht nach Cavendish vorzugsweise in der Bildung von Salpetersäure aus den Grundstoffen der Atmosphäre; in der That ist jene in den Niederschlägen bei Gewittern stets nachzuweisen, so daß schon Liebig bemerkt hat, die Materie des Blitzes führe einen der glänzendsten Versuche der neueren Chemie aus. Hält man auch die auf electrischem Wege in der Atmosphäre gebildete Salpetersäure nicht für eine Stickstoffquelle der Pflanzen, so kann doch ihr indirecter Einfluß auf die Umwandlung und Neubildung von Stoffen nicht bestritten werden. Wie Payen behauptet, befördern electrische Strömungen sowohl die Zersetzungen und Verbindungen von Mineralstoffen, als auch die Fermentation von organischen Resten im Boden, und soll hierauf die befruchtende Wirkung der Gewitter vorzugsweise beruhen. Unter warmen Himmelsstrichen, wo dieselben häufiger und regelmäßiger auftreten, begründen sie dergestalt die sogenannte Unerschöpflichkeit, oder die lang andauernde Fruchtbarkeit des Erdreichs ohne künstlichen Ersatz. Sie sollen auch dort jene auffallenden Ablagerungen von salpeterhaltiger Erde begünstigen, welche man Salpeterplantagen nennt und im Interesse der Landwirthschaft, wie Industrie, ausbeutet.

Schon im Jahre 1845 hatte Hull angerathen, den Geschmack des Weines durch Leitung beider Pole einer electrischen Säule in denselben und Wegnahme der an dem positiven Pol sich anhäufenden Säure (!) zu verbessern. Scoutetten und neuerdings Fichtner haben die Versuche der Einwirkung der Electricität auf den Wein wiederholt und im Ganzen nicht ungünstige Resultate erhalten. Der galvanisirte Wein hatte eine größere Reife, den Character eines höheren Alters angenommen gegenüber dem nicht behandelten von der nämlichen Sorte und Abstammung. Die Sage erzählt, daß in Frankreich einmal ein Faß Wein von einem Blitzstrahle getroffen und dadurch sein Inhalt so veredelt worden sei, daß der Besitzer sein Erzeugniß gar nicht wieder erkannt habe; diese Geschichte darf wohl nur mit einiger Vorsicht aufgenommen werden. Der Einfluß des electrischen Stroms wurde bis jetzt nur auf jungen, noch nicht vergohrenen Wein geprüft; die dabei — nicht überall — beobachtete Erscheinung des Aelterwerdens wird der Begünstigung der Hefenvegetation zugeschrieben; nach Anderen übt die Electricität in dem schon fertigen Weine den gleichen Effect, wie die Pasteurisirung, sie tödtet die darin enthaltenen Keime von Organismen, deren Vervielfältigung die Weinkrankheiten veranlaßt. In Frankreich soll die Galvanisirung der Weine schon gewerbmäßig betrieben werden; es ist sehr zu bezweifeln, daß dies Dauer haben werde, weil Feinschmecker in den so behandelten Sorten stets einen ebenso unverkennbaren als unangenehmen Metallgeschmack herausfinden, wie er sich ergibt, wenn Kupfer und Zink sich im Munde berühren.

Die Sprengtechnik, deren landwirthschaftliche Beziehungen schon oben angedeutet wurden, hat die gegenwärtige Stufe ihrer Ausbildung neben dem eruptiveren Material der Ladung hauptsächlich der Anwendung der electrischen Zündung zu verdanken. Früher benutzte man zur Entzündung der Bohrladungen Lunten oder Zündschnüre, in deren Fertigung allerdings ein großer Fortschritt erreicht worden ist, die aber doch nicht immer volle Zuverlässigkeit boten und zu mancherlei Unglücksfällen Veranlassung geben. Sie werden auch heute noch in einzelnen Fällen verwendet, wo es jedoch irgend angeht, wendet man electromagnetische Zündapparate an, deren Wirkung niemals versagt, und welche zugleich den Vortheil bieten, daß eine Reihe von Ladungen gleichzeitig zur Explosion gebracht werden kann, was den brisanten Effect in gewissen Fällen bedeutend erhöht. Dies gilt namentlich bei der Verwendung des Dynamits bei der Sprengcultur. Die bis jetzt in dieser Hinsicht angestellten Experimente haben ergeben, daß das Erdreich dann am erfolgreichsten zerklüftet und gelockert, wenn eine Gruppe von Ladungen gleichzeitig entzündet wird, was nur durch die electrische Leitung ermöglicht werden kann. Alsdann wird der Untergrund derartig zerrissen, daß die Spalten sich nach jeder Richtung hin kreuzen, und den gewünschten Zustand der Vertiefung in vortheilhafter Weise herstellen.

Mehrfach ist beobachtet worden, daß Pflanzen in der

Nähe von Blitzableitern ein auffallend starkes Wachsthum zeigten, so daß man geneigt war, diese Thatsache der Wirkung des electrischen Strahles zuzuschreiben. Wahrscheinlich läßt sie sich aber mit mehr Recht darauf zurückführen, daß dieselben sich auch in der Nähe der Dachtraufe und in geschützter Lage befanden, daher weit eher von diesen Vortheilen als von der noch nicht constatirten Macht des Blitzes gefördert wurden. Die letztere kennt der Landwirth nur von schädlicher Seite. Wenn es auch, trotz der alten Bauernregel, Fabel sein mag, daß die Gewitter in der Blütenzeit dem Körneransatz des Buchweizens Schaden bringen, oder die seltsamen „Taschen" des Steinobstes verursachen, so ist es doch unabweisbare Thatsache, daß der Blitzstrahl den Pflanzen, die er trifft, in den meisten Fällen Verderben bringt. Bei den Bäumen äußert sich seine furchtbare Gewalt in sehr verschiedener, oft auffallender Weise; bald wird der Stamm gespalten, zerrissen, in Bruchstücken umhergeschleudert, bald nur seiner Rinde beraubt, oder diese mit tiefen Furchen gezeichnet, häufig auch geht er ganz in Feuer auf, brennt ab oder verkohlt. Manchmal werden Bäume vom Blitze getroffen und getödtet, ohne daß man von Außen die geringste Spur wahrnimmt; es erfolgt das Absterben durch die gewaltsame Zerreißung einer großen Zahl von Zellen, wahrscheinlich unter Mitwirkung einer chemischen Action. Häufig ist das Erdreich rings um die versehrten Stämme tief aufgewühlt, der Rasen abgeschält und mit der Narbe nach unten gekehrt. Uebrigens sterben keineswegs alle blitzgetroffenen Bäume, im Gegentheil scheint dies nur bei der Minderzahl der Fall zu sein; als gute Electricitätsleiter ziehen sie den Blitz an, so daß über Wälder hinziehende Gewitter sich eines großen Theiles ihrer Electricität entladen; erst beim Fällen des Forstes gewahrt man, wie viele Bäume getroffen worden, durch die innere Zerklüftung des Holzes. Ob höhere Bäume als Blitzableiter für die in ihrer Nähe befindlichen Wohnungen angesehen werden dürfen, wie dies z. B. in England allgemein geglaubt und demnach in der Praxis festgehalten wird, bedarf noch der Entscheidung, es sind ebensoviele Fälle bekannt, in welchen sie keinen Schutz gewährten, als umgekehrt. Auch der Blitzableiter ist nicht immer seiner Wirkung sicher, namentlich wenn er in so handwerksmäßig unphysikalischer Weise hergestellt wird, wie dies gewöhnlich geschieht. Den Landwirthen empfiehlt es sich, die Getreide- und Heufeimen, welche sehr häufig vom Blitzschlag heimgesucht werden und dann gewöhnlich in Flammen aufgehen, durch Errichtung von Ableitern zu schützen, welche, wo mehrere Feimen einen Hof bilden, in der Mitte desselben aufgestellt werden können. Bei Gewittern ist die Nähe solcher Auffangstangen von Menschen und Thieren zu meiden, deshalb und um sie vor Störungen zu schützen, soll ihr Fuß mit einer genügenden Barriere umgeben sein.

Mechanik.

Alle jene Bewegungen, welche als eine Wirkung der Schwerkraft und von deren Verwandten aufgefaßt werden müssen, erfolgen in den Bahnen der mechanischen Kräfte. Die Mechanik ist die Lehre von der Anwendung derselben auf das Gesetz der Trägheit und auf den Widerstand der Körper; sie umfaßt demnach die Disciplinen des Gleichgewichts, Statik, sowie der Bewegung, Dynamik, und zwar sowohl der festen, als der tropfbar flüssigen und gasartigen Körper, daher die Lehren der Geostatik oder des Gleichgewichtes fester, der Hydrostatik, des der flüssiger, und der Aëreostatik, desjenigen luftförmiger Körper; in die gleichen Abtheilungen trennt sich die Dynamik, die Lehre von der Bewegung oder der Ueberwindung der Trägheit der Körper. Ein trockenes Studium erscheint es auf den ersten Blick, dasjenige dieses Theiles der Physik, welcher zu seinem gründlichen Verständniß der Basis schwieriger mathematischer Formeln bedarf und in seiner Anwendung auf das Leben nur den ganz materiellen Bedürfnissen desselben Dienste leisten will; blicken wir aber näher ein in die wunderbare Werkstatt der mechanischen Kräfte, messen wir den außerordentlichen Scharfsinn, den der menschliche Geist zur Erkundung und Nutzbarmachung ihrer Normen aufgewendet hat, wägen wir den unermeßlichen Einfluß, den dieselben auf die Oekonomie der Menschheit gewonnen haben, so werden wir bald zugestehen müssen, daß wir in ihnen den Hauptschlüssel für die Fortentwickelung der materiellen Wohlfahrt, mit ihr des Aufschwungs des gesammten Daseins in die Hände bekommen haben. Das neunzehnte Jahrhundert ist gekennzeichnet durch die fabelhaft rasche Entwickelung der sogenannten exacten Wissenschaften, insbesondere aber der Naturlehre, deren Alles durchdringender Einfluß ihm den Stempel aufgeprägt hat. Mag die leuchtende classische Zeit der Griechen und Römer noch so blendende Strahlen in unser Epigonenthum werfen, wir dürfen sie getrost abprallen lassen an dem wunderbaren Rüstzeug, das der menschliche Geist der Neuzeit sich geschaffen hat durch geduldige, liebevolle Erforschung der Natur bis in Regionen, deren Tiefe die weitblickendsten Weisen des Alterthums niemals auch nur geahnt haben. Daß sie dazu in vielen Fällen uns den Weg gebahnt, wird dankbar anerkannt, allein die Errichtung eines dauerhaften Gebäudes auf schwankendem Fundamente ist ein größeres Verdienst, als der Fortbau prächtig sicherer Anlage. Und dennoch müssen wir bei allem Selbstgefühl oft staunend den Blick zurückrichten auf jene Anfänge der Naturlehre, welche uns die Alten hinterlassen haben, deren Principien sie geistig erforschten, unausgerüstet mit den zahlreichen Hülfsmitteln, die dem späteren Geschlecht zu Gebote standen. Wenn schon Archimedes sich vermessen, den Erdball aus seinen Angeln heben zu können, sobald man ihm den Stützpunkt außerhalb desselben gäbe, wessen würde er sich heutzutage nicht unterfangen wollen?

Es ist nicht Aufgabe des vorliegenden Werkes, die verschiedenen Disciplinen der Mechanik abzuhandeln, oder auch nur einen Umriß ihrer wissenschaftlich technischen Begründung zu geben. Hier handelt es sich vielmehr nur darum, nachzuweisen, welchen Einfluß die mechanischen Kräfte auf die Bodencultur der Neuzeit gewonnen haben, in welchem Zusammenhange die Mechanik mit dem landwirthschaftlichen Betriebe steht. Wenn es auch noch nicht lange her ist, daß der letztere sich vervollkommneter Hülfsmittel zu seinem Zweck bedient, so hat er doch von jeher einfache Maschinen oder Werkzeuge dazu gebraucht. Haben die Pfahlbauer mit der Hirschhornhaue oder dem aus dem Schulterblatte des Urs gefertigten Spaten das Stückchen Culturland mühselig bebaut, welches ihnen Weizen, Gerste und Lein liefern mußte, so verstand das arische Stammvolk schon, den zugespitzten Baumast durch Ochsen über den Boden ziehen zu lassen, um ihn aufzuwühlen für Aufnahme der Saat. Wie dort in Haue und Spaten, so ist hier im uranfänglichsten Pfluge die Form für alle Zeiten von der Nothwendigkeit gegeben worden, und in den vollendetsten Geräthen der Gegenwart ist immer noch das nämliche Princip zur Geltung gebracht. Jahrtausende hindurch änderte ein Fortschritt nur ganz wenig an den primitiven Gestaltungen der Feldwerkzeuge. An die Stelle des Horns oder des Steins trat die Bronze, der Baumast ward durch ein bequemeres Gefüge ersetzt und erhielt eine metallene Spitze; aber die Zusätze erfolgten in unglaublich langen Abständen und brachen sich immer nur schwer Bahn. Der Conservatismus der Landbauer existirt, seit die Welt steht, er ist begründet in der Seßhaftigkeit und im Wesen des Besitzes; er ist aber auch anerzogen durch die

Leiter des Volkes. Es sei nur an die blühende Bodencultur der Ureinwohner Italiens erinnert; sie war ein Ausfluß der Volksreligion. So geschah es, daß die einfachen Geräthschaften zum Zwecke der Bodenbestellung mit dem Nimbus eines Heiligthumes umgeben wurden, so daß daran zu rühren nicht für gut galt; eine Gepflogenheit, die sich bis auf unsere Tage vererbt hat und in vielen Spuren noch deutlich auftritt. Zwar sind uns aus den Zeiten der römischen Hochcultur auch Ueberlieferungen zugekommen von complicirten mechanischen Verrichtungen für Ernte und Ausdrusch; wir wissen, daß die Gallier sogar eine Art Getreide-Erntemaschine, ähnlich dem heutigen Kleekamm benutzten, allein wie weit entfernt waren diese damals bestaunten Combinationen von den sinnreichen und gewaltigen Mechanismen, deren sich die heutige Landwirthschaft bedient! Von den Römerzeiten an bis in das achtzehnte Jahrhundert ist auf dem Gebiete der landwirthschaftlichen Mechanik fast gar kein Fortschritt zu verzeichnen gewesen. Erst mit dem Wiedererwachen der gründlichen Naturforschung kam auch ein Trieb der Neuerung in das agricole Gewerbe. England war es, welches zuerst auf die Vervollkommnung seiner Hülfsgeräthe das Augenmerk richtete; dieses Land ist die Heimath des landwirthschaftlichen Maschinenwesens und seiner Uebertragung in die Praxis. Die Landwirthe der übrigen Welt schauten ihm mißtrauisch zu; zur Nachahmung konnten sie sich erst entschließen, nachdem die Londoner Weltausstellung 1851 vorgeführt hatte, mit welchen Mitteln die britische Agricultur auf die hohe Stufe gediehen war, die man ihr allgemein einräumte. Von jener Zeit ab hat sich der Charakter der Landwirthschaft in allen nur einigermaßen vorangeschrittenen Ländern gänzlich verändert vermöge Einführung einer Reihe von Mechanismen, welche nicht blos die Cultur erleichtern und verbessern, sondern sie auch theilweise unabhängig machen von dem Wollen oder der Geschicklichkeit der Arbeiter. Selbst in die Schichten des Kleingrundbesitzes ist die Ueberzeugung von dem Werthe und Nutzen solcher Hülfsmittel getreten, und selten nur wehrt sich noch das Vorurtheil des verknöcherten Schlendrians gegen ihre Einführung. Die Zeit wird kommen, in welcher die mechanischen Arbeiten vorzugsweise anderen Kräften, als denjenigen der Muskeln lebender Wesen übertragen sein werden; wer darf daran zweifeln, der einen Blick um fünfzig Jahre rückwärts zu werfen vermag?

Wenn wir von landwirthschaftlicher Mechanik reden, so haben wir nur das eigentliche Maschinenwesen im Sinne, obgleich streng genommen auch das Gebiet des landwirthschaftlichen Bauwesens, sowie ein großer Theil desjenigen der Culturtechnik darunter einbezogen werden müßte. Wir sehen aber hier davon ab und halten uns nur an die engere Umgrenzung.

Unter einer Maschine versteht die Wissenschaft jede Vorrichtung, welche dazu dient, eine Kraft zu übertragen, zu regeln, auf einen Gegenstand wirken zu lassen. In diesem Sinne ist der Hammer oder Spaten in der Hand des Menschen, die einfache Ackerschleife oder der Pflug hinter dem Zugthiere eine Maschine. Im gewöhnlichen Leben macht man aber insoferne einen Unterschied, als man dergleichen einfache Maschinen lieber Werkzeuge oder Geräthe nennt, während man mit dem Begriff einer wirklichen Maschine die Bedingung verbindet, daß sie die bewegende Kraft mittelst eines Systems von geeignet gruppirten Rotationen zur Geltung oder zur Erreichung ihres Zweckes bringt. Diese Definition ist allerdings nicht unanfechtbar, allein sie hat und verlangt auch keine wissenschaftliche Begründung. Aufgabe jeder Maschine ist es, durch die Kraft, welche sie vermittelt, einen Widerstand zu überwinden, demnach jene Kraft aufzunehmen, weiter zu leiten, zur Wirkung zu bringen. Darnach scheidet man sowohl die Maschinen an und für sich, als die Gesammtheit der Maschinen überhaupt, in drei große Klassen: 1. Kraftmaschinen, welche die empfangene Kraft liefern; 2. Uebertragungsmaschinen, welche sie weiter leiten und 3. Arbeitsmaschinen, welche sie anwenden. Nicht immer sind diese drei Klassen in einem und demselben Mechanismus vereinigt, nur bei vollkommenen Maschinen pflegt dies der Fall zu sein. Durch größere oder mindere Zusammensetzung, unter Anwendung verschiedener mechanischer Gesetze und Hülfsmittel, können derartige Maschinen zu den mannichfachsten Operationen geschaffen werden, deren Dauer immer gleich ist derjenigen der anregenden Kraft. Bekanntlich wird die Leistung der Maschinen gemessen nach der Einheit der Pferdekraft, deren Maß gewonnen wird durch Berechnung der in bestimmter Frist geleisteten Arbeit; nach der am allgemeinsten verbreiteten Annahme von James Watt hebt die Pferdekraft ein Gewicht von 3300 engl. Pfund in der Minute 1 Fuß engl. hoch.

Ueber den Nutzen der Maschinen und ihren unendlichen Einfluß auf alle Zweige der menschlichen Thätigkeit, überhaupt der Volkswohlfahrt, brauchte kaum ein Wort geredet zu werden, wenn es nicht doch noch Manche gäbe, welche neben den Vortheilen auch ängstlich wirkliche oder eingebildete Nachtheile in den Vordergrund zu stellen lieben; insbesondere haben die Anhänger des thörichten — es giebt auch einen weisen — Socialismus Haß auf die Maschinen geworfen. Im Ganzen sind aber glücklicherweise jene „guten alten Zeiten" vorbei, in welchen man die Maschinen als Menschen verdummende und verderbende Erfindungen proclamirte, wie dies lustig in älteren Lehrbüchern der Landwirtschaft zu lesen ist; heute ist anerkannt: Werkzeuge und Maschinen sind die Waffen, mit welchen der Mensch sich im Kampfe mit den Naturkräften versieht; Waffen, die ihm bei richtigem Gebrauche stets so entschieden den Sieg verleihen, wie dem bewehrten Manne gegenüber dem wilden

Thiere. Die Vortheile, welche die Anwendung der Maschinen bietet, stellen sich in folgende Reihe: Sie ersparen Arbeit und erübrigen Kräfte, welche, wie diejenigen des Menschen, in würdigerer Weise verwerthet werden können. Sie vermögen zwar die auf sie wirkende Kraft keineswegs zu verstärken, wohl aber so zu sammeln, zu concentriren und auf den richtigen Angriffspunkt zu leiten, daß dennoch eine weit bedeutendere Ausnutzung der Kraft durch, als ohne sie, stattfindet. Die Maschine nutzt sich ab, wird mit der Zeit unzuverlässig in ihrem Gange, allein sie ermüdet niemals, gleich der thierischen Kraft, sondern verrichtet, nur von dem menschlichen Verstande überwacht, ihre Aufgabe unverdrossen und mit vollkommenster Gleichmäßigkeit so lange die bewegende Kraft gleichmäßig auf sie wirkt. Durch zweckentsprechende Combinationen können die Maschinen zu Leistungen erhoben werden, welche bezüglich der Kraft und Schnelligkeit in anderer Weise kaum zu ermöglichen wären. Zugleich schaffen sie, in Folge der Gleichmäßigkeit ihrer Arbeit bessere und nebenbei billigere Production; sie ermöglichen die Erübrigung productiver Kräfte; daran knüpfen sich beschleunigtere, bessere Verwerthung der Producte, gesicherter Absatz; verringerte Verluste, daher größerer Reinertrag. Viele Maschinen sind berufen zur Verrichtung gesundheitschädlicher oder die thierische Kraft allzurasch erschöpfender Arbeiten, zahlreicher anderer Vorzüge, welche sie noch im Einzelnen bieten, nicht zu gedenken. Was man denselben gegenüber als Nachtheil geltend machen will, läßt sich nur bedingungsweise als solcher zugeben, kommt aber namentlich bei der Landwirthschaft meist entschieden in Wegfall. Der gewöhnlichste Einwand ist, daß durch die Maschinen viele Arbeiter brotlos würden; es kann dies jedoch in den bezüglichen Fällen nur für bestimmte Oertlichkeiten und die begrenzten Perioden des Ueberganges statthaben. Wenn eine Gegend sich nur einer einzigen Thätigkeit zu widmen angewöhnt hat, da können allerdings durch Verdrängung der Handarbeit die Bewohner zeitweilig erwerbslos werden. Allein die menschliche Thätigkeit ist so wenig begrenzt, ihr Kreislauf so umfassend, daß sich immer wieder neue Erwerbsquellen eröffnen für Jeden, der nicht zuwartend die Hände in den Schoß legt. Wenn daher ein Landwirth, wie dies häufig vorkommt, sich scheut, Mähemaschinen oder Dreschmaschinen einzuführen aus dem Grunde, weil dadurch seinen Tagelöhnern ein Verdienst entgeht, auf welchen sie sicher rechnen, dann stellt er sich nur selber ein Armuthszeugniß aus: Denn nur an ihm wird es liegen, die Arbeiter durch billige Entschädigung die ihm selber immer noch den Mehrgewinn läßt, zu begütigen, oder besser, sie durch Zuweisung anderer Verrichtungen dauernd zu beschäftigen, denn bis heute existirt kein Grundbesitz, welcher nicht der Melioration fähig, daher um Beschäftigung für das Arbeitspersonal verlegen wäre. Im Gegentheile erfordert gerade die Anwendung von Maschinen bei der Hochcultur eine solche Menge von nebensächlichen, aber unerläßlichen Vorbereitungen und Hülfskräften, daß an ein Verdrängen der Lohnarbeiter durch dieselben vorläufig wohl weit weniger gedacht wird, als vielmehr nur an einen eventuellen Schutz gegen deren ungerechtfertigte Ansprüche, sowie an die dadurch sicher zu bewirkende Erhöhung des Reinertrags. Daher hat sich denn auch überall in den Maschinendistricten die Zahl der Bewohner nicht vermindert, sondern erheblich erhöht. Wenn von der Maschinenarbeit in Manufacturen behauptet wird, sie würdige den Menschen selber herab zur Maschine, zum gedankenlos mechanischen Ueberwacher des seelenlosen Mechanismus, so kann dieser Vorwurf, dessen Berechtigung dahin gestellt sein mag, die Behandlung der landwirthschaftlichen Maschinen zum wenigsten nicht treffen. Sie verlangt im Gegentheile meistens eine weit höhere Intelligenz, als diejenige des bäuerlichen Handarbeiters, so daß sich ihrer Verallgemeinerung immer noch das Bedenken entgegenstellt, ob der zu Gebote stehende Menschenschlag auch damit umzugehen wisse. Wenn übrigens der Erfolg Bürge ist für den Werth einer Sache, so gehören unstreitig die Maschinen gegenwärtig zu den nützlichsten Nothwendigkeiten der Welt. Der Einzelne kann ihrer so wenig mehr entrathen, wie die Gesammtheit, das Landgut bedarf ihrer wie der Staat, zu Gedeihen und Wohlfahrt. —

Die bewegenden Kräfte des Menschen und der Thiere, des Windes, des Wassers, des Dampfes, der Ausdehnung erhitzter Luft, der Gasentwickelung mittelst Explosion, ja der directen Sonnenwärme werden zur auf den Zweck gerichteten Wirksamkeit gebracht mittelst der sie aufnehmenden Kraftmaschinen, auch Aufnahms- oder Umtriebsmaschinen genannt. Je nach den Motoren ist die Construction derselben eine ganz einfache oder sehr verwickelte; von der Seilrolle bis zur Hochdruck-Dampfmaschine ist der Abstand ein gewaltiger; er wird ausgefüllt durch eine Reihe der verschiedenartigsten Maschinen. Diejenigen zur Aufnahme der menschlichen und thierischen Kraft sind die einfachsten, sie wirken nach den Gesetzen des Hebels, des Seils an der Rolle und des Rades an der Welle. Es finden sich für die Anwendung derselben zahlreiche Beispiele in der Landwirthschaft von dem Dreschflegel an, bei welchem die rechte Hand als Kraft wirkt, die linke als Stützpunkt dient, und der Schlägel die zu hebende und dann niederfallende Last bildet, bis zu den complicirten Pferdegöpeln, mit welchen größere Maschinen betrieben werden. Es gehört hierher eine Reihe von Hand- und Hülfswerkzeugen, insbesondere diejenigen, welche zum Wägen und Messen der Kräfte dienen; die wichtigeren davon sollen aber später besprochen werden. Auch die Göpel finden am besten ihre Stelle neben den Dreschmaschinen, zu deren Betrieb sie am meisten benutzt werden. Hier sei nur erwähnt der Tret-

oder Laufgöpel, welcher aus einer über Rollen laufenden endlosen Bahn besteht, deren geneigte Lage einem darauf gestellten Menschen oder Thiere gestattet, beim Streben der Vorwärtsbewegung sein Gewicht zur Bewegung der unter seinen Füßen gleitenden Rollbahn zu verwerthen, und als Kraft mittelst geeigneter Zwischenwerke weiter zu leiten. Man findet solche Tretgöpel noch hier und da zum Betriebe kleinerer Maschinen in Verwendung, besonders in Amerika sollen sie üblich sein; wenn aber auch ihr Nutzeffect ein ganz entsprechender, so ist doch das unaufhörliche Bergansteigen ohne vom Platze zu gelangen, eine der anstrengendsten und quälendsten Verrichtungen, welche ohne Schaden nicht lange ausgehalten wird. Nichtsdestoweniger hat man seiner Zeit vorgeschlagen, mächtige, von 6 Pferden bewegte Laufgöpel als Motoren schwerer Lasten zu verwenden; die auf diese Weise hergestellte Transportmaschine wurde Impulsoria getauft. In der Wirkung ganz ähnlich ist die früher mehr als jetzt gebräuchliche Tretscheibe, eine geneigte, mit schräger Achse versehene, gerippte Kreisbahn, auf welcher ein Thier oder Gespann, das seitwärts an festem Mauerwerk oder Pfosten angebunden ist, vorwärts schreiten muß, nicht ob es will, die Rotation pflanzt die durch Schwerewirkung erzeugte Kraft weiter. Steht die Scheibe senkrecht, so wird daraus das Tretrad, innerhalb welches mittelst Sprossen oder Stufen ein Mensch oder ein Thier durch aufwärts steigende Bewegung den Umschwung erzeugt. Dergleichen Treträder mit einem Esel oder Hunde sieht man öfters verwendet, um kleinere Werke, insbesondere Buttermaschinen, damit zu betreiben; sie haben das Gute für sich, daß sie compendiös sind, keinen so großen Platz brauchen, als ein Göpel mit Zugbäumen, während auch die geringe Zeitdauer ihrer Verwendung den Thieren keinen Schaden bringt. Am vortheilhaftesten verwerthet der Mensch seine Kraft im Tretrad, freilich mit ungewöhnlicher Ermüdung, weshalb es auch bekanntlich in Strafanstalten als Correctionsmittel eingeführt ist; Thiere leisten an dem gewöhnlichen Göpel mit geringerer Anstrengung mehr, da sie zur Entwickelung ihrer vollen Kraft auf den ebenen Boden angewiesen sind. Was man im landwirthschaftlichen Sinne gegenwärtig allgemein unter einem Göpel versteht, ist schon eine Zusammensetzung von Kraft- und Uebertragungsmaschine.

Seit uralter Zeit ist die bewegende Kraft des Windes, der Luftströmungen, dem Menschen zu verschiedenerlei Verrichtungen dienstbar gewesen. Mit ziemlicher Sicherheit ist anzunehmen, daß sie zuerst in Asien, und zwar vorzugsweise zum Wasserheben, benutzt worden ist; wer im Orient die zahllosen originellen Windradconstructionen gesehen hat, der kann keinen Zweifel daran hegen, daß dieselben auf dortigem Boden gewachsen sind; im Mittelalter erst wurde die Windkraft auch in Europa allgemeiner, und hier allerdings zuerst zum Mahlen des Getreides verwendet. Wenn auch eine unbeständige, nicht zuverläßige, so ist doch die Kraft des Windes nicht allein eine sehr bedeutende, sondern auch in so leichter einfacher Weise aufzunehmen und zu verwerthen, daß es sich vom landwirthschaftlichen Standpunkte aus lohnen würde, ihr größere Beachtung zu schenken, als dies im Allgemeinen geschieht. Allerdings giebt es Länder, namentlich solche längs der Meeresküsten, welche davon schon ausreichenden Gebrauch machen, in anderen hingegen ist dies unbegreiflicherweise gar nicht der Fall, obgleich die betreffenden Anlagen mit wenig Mühe und Kosten herzustellen sind, und zwar aus dem Grunde, weil hier das Erscheinen des Windes ein zu unsicheres, unregelmäßiges ist, um ihn zur dauernden Betreibung von Leistungen zu verwenden, deren Vollendung an eine bestimmte Zeit gebunden ist. Es bleiben aber immer noch genug Verrichtungen übrig, bei welchen dieser Fall nicht eintritt, und wenn der Wind auch im Ganzen nur wenige Monate hindurch im

Jahre weht, so könnte doch selbst diese Zeit mit um so höherem Vortheile benutzt werden, als die Aufnahme-Anlage nur ein geringes, der Betrieb fast gar kein Capital beansprucht.

Der Wind wird zur Verrichtung von mechanischer Arbeit aufgefangen durch verticale oder horizontale Flügel oder auch durch horizontale Kastenräder, welche ihre Rotationsbewegung mittelst Welle und Zwischenwerk auf die Arbeitstheile übertragen. Das Gebäude, in welchem die letzteren geborgen sind, dient gewöhnlich auch zur Anbringung der Flügelräder; manchmal aber auch stehen dieselben ganz frei und übertragen die Motion durch eine Leitung. Am meisten wird die Windkraft vernutzt in den Windmühlen zum Mahlen des Getreides, außerdem auch zum Schälen und Rollen der Früchte, zum Vermahlen von Farben, Gyps, Knoppern, Lohe u. s. w. Man unterscheidet Bockwindmühlen und Thurmwindmühlen; bei den ersteren, den in Deutschland gebräuchlicheren, steht das ganze hölzerne Mühlengebäude auf einem senkrechten Zapfen, dem Hausbaum, und kann mittelst einer langen Sterze um denselben durch Menschenkraft gedreht werden, wie die Windrichtung dies erfordert. Bei den festen Thurmwindmühlen hingegen dreht sich nur das Dach oder der obere Theil des Gebäudes mit den Windrädern und zwar entweder durch ein selbstthätiges Regulirwerk oder mittelst eines Haspels; diese Construction heißt nach ihrer Heimath auch holländische Windmühle. Ohne hier auf den Nutzen einer Getreidemahlmühle für einen Gutsbesitz näher einzugehen, sei nur hervorgehoben, daß es kaum eine lohnendere Anlage geben kann, als diejenige einer kleinen Windmühle zur Betreibung eines Schrotgangs. Dieselbe läßt sich mit äußerst geringen Mitteln ausführen und verrichtet ihr Tagewerk fast ohne alle Beaufsichtigung; man kann leicht die Einrichtung treffen, daß nur alle sechs Stunden einmal aufgegeben zu werden braucht, außerdem läßt sich auch bequem ein Läutewerk anbringen, welches meldet, sobald der Gang leer geht. Es läßt sich auf einer solchen Windschrotmühle der Futterbedarf für das ganze Jahr fast ohne Kosten herstellen; außerdem kann sie arbeiten für die technischen Gewerbe oder auch für Kunden. Sie läßt sich noch zu mancherlei Zwecken gleich gut verwenden, so zum Quetschen des Mais und der Hülsenfrüchte, zum Brechen der Oelkuchen und zu ähnlichen Zerkleinerungsarbeiten. Uebrigens läßt sich mit ihrem Getriebe jede andere kleinere Wirthschaftsmaschine verbinden, so z. B. um während der Grünfutterzeit Häcksel im Vorrath zu schneiden, dann um Holz zu sägen u. dgl. m., überhaupt solche Verrichtungen auszuführen, welche keineswegs Eile haben, wenn sie gleich einmal geschehen müssen.

Insbesondere wichtig ist die Benutzung der Windkraft zur Wasserhebung. Diese ist in vielen Fällen, namentlich bei der Entwässerung, nicht an eine Zeit gebunden, so daß der unregelmäßige Zustrom des Motors weniger in Betracht kommt. Es sind deßwegen in jenen Ländern, deren Hauptculturaufgabe die stete Bekämpfung des Wassers ist, die Windräder mit großem Vortheile zu diesem Zwecke in Thätigkeit, und ergeben, wie namentlich in Holland, sehr befriedigende Resultate. Zur Bewässerung dagegen genügen sie seltener, weil jene Jahresperiode, welche der Berieselung am meisten bedarf, gewöhnlich im Binnenlande auch diejenige der anhaltenden Windstillen ist. Wo daher die Kraft des Windes zur Bewässerung mit Aussicht auf Erfolg verwendet werden soll, da muß man entweder auf constante Luftströmungen zählen können, oder Reservemittel zur Hand haben, die bei ihrem Versagen ins Werk gesetzt werden können. Zur Hebung des Wassers aus nicht allzu großen Tiefen und in mäßigen Verhältnissen genügt oft eine einfache Pumpe, welche durch ein leichtes Windrad in Bewegung gesetzt werden kann; dergleichen Apparate findet man insbesondere zur Befeuchtnng der Gärten und Parks in Uebung. Einer der hübschesten davon ist die Eckert'sche Windrose, Fig. 36. Das fächerförmige Windrad derselben ist mit zierlichem Unterbau auf einer Anhöhe so gestellt, daß es die Luftströme frei empfangen kann. Es regulirt sich selber mittelst einer Steuerung nicht blos hinsichtlich der Richtung, sondern auch der Stärke des Windes, bedarf daher gar keiner Aufsicht. Sobald ein vermehrter Luftdruck eintritt, so drehen sich die einzelnen Radialtheile der Windrose derartig, daß die Zwischenräume derselben immer größer werden; bei Sturm sind sie so weit geöffnet, daß die Luft unbehindert die Rose hindurch streichen, mithin das Werk selbst nicht geschädigt werden kann. Die Bewegung der Rose wird durch ein kleines Räderwerk auf eine am Boden liegende Welle übertragen und diese zieht dann mittelst einer Kurbel und eines die Anhöhe hinablaufenden Drahtes die Wasserpumpe, die man in Parks und Gärten gern inmitten eines Gebüsches anbringt. Die Windrose bleibt sich ganz selbst überlassen und geht, so lange die Kraft anhält, Tag und Nacht ununterbrochen fort; bei einigermaßen gutem Winde hebt sie in der Stunde 2—3000 Liter Wasser. Es ist selbstverständlich, daß der Motor nicht blos zum Betriebe einer Pumpe, sondern auch zu anderen entsprechenden Leistungen verwendet werden kann.

Zur Entwässerung im Großen werden entweder Schlagräder, oder kräftige Pumpen (Centrifugalpumpen) oder endlich Schnecken angewendet und häufig durch den Wind betrieben. Das Schlagrad, eine chinesische Erfindung, ist in Holland, Belgien und Nordfrankreich vielfach eingebürgert; es ergreift das ihm in einem Gerinne zugeleitete Wasser mittelst seiner Schaufeln und schleudert dasselbe empor in einen Abflußcanal, welcher mittelst eines beweglichen Schleußenverschlusses es ein- aber nicht zurückströmen läßt; ganz in ähnlicher Weise wird in Indien und Egypten das Wasser aus der Tiefe von Stufe zu Stufe bis in die Bewässerungsgräben

Fig. 36. Windrose.

mittelst Handleistung geworfen. Centrifugalpumpen, von welchen, wie von den Wasserhebungsmaschinen überhaupt, w. u. die Rede sein wird, werden unseres Wissens durch Windkraft nicht in Bewegung gesetzt, wohl aber ist dies in Holland und Norddeutschland ziemlich allgemein der Fall mit den Schnecken oder Wasserschrauben, welche, aus einer schrägliegenden Schraube mit hohen, im spitzen Winkel gegen die Achse aufstehenden Gängen bestehen, und am besten sich in einem Gerinne oder Mantel drehen. Die sie bewegenden Windmühlen

Fig. 37. Windmühle zum Wasserheben.

len zum Wasserheben, Fig. 37, sind möglichst einfacher Construction und reguliren sich selbst mittelst eines Windfanges aus Brettern, der dem Flügelrade gegenüber angebracht ist, natürlich sind dieselben mit beweglichem Dach konstruirt. Statt der gewöhnlichen Windmühle wird übrigens in Holland neuerdings vielfach das Kastenwindrad, Fig. 38, 39, an-

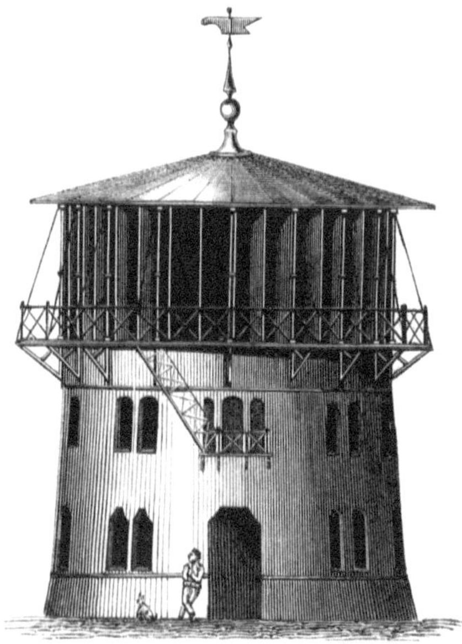

Fig. 38. Holländisches Kastenwindrad.

gewendet, welches dem Wesen nach aus einem inneren drehbaren Rade und einem äußeren feststehenden Leitschaufelkranze besteht, dessen einzelne Schaufeln und Zapfen bewegbar, untereinander durch Lenkstangen verbunden, sowie durch ein Zahnrad oder einen Winkelhebel verstellbar sind, so daß jederzeit eine Regelung der Geschwindigkeit des inneren Rades je nach der Stärke des Windes eintreten kann. Dergleichen Kastenwindräder sollen sicherer arbeiten und mehr leisten, als die gewöhnlichen Flügelräder. Von den letzteren rechnet man in Holland bei einer Förderhöhe des Wassers von nicht über 1,3 Meter auf je 500 Hectar ein Windrad mit 25 M. Durchmesser. In Frankreich haben sich die Durand'schen Windräder eingeführt, die sechs mit Leinwand bezogene Flügel haben,

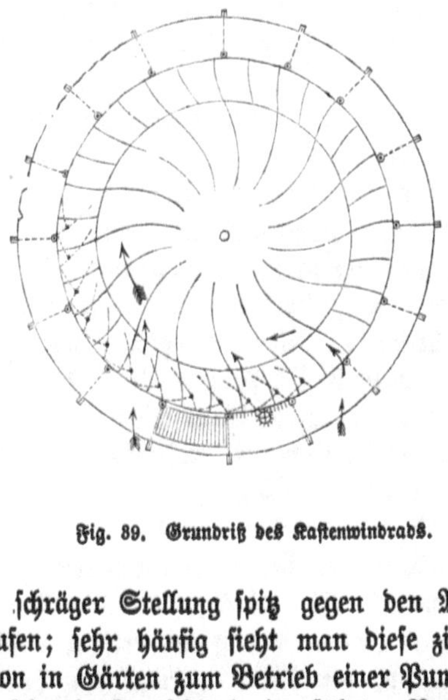

Fig. 89. Grundriß des Kastenwindrads.

welche in schräger Stellung spitz gegen den Mittelpunkt zusammenlaufen; sehr häufig sieht man diese ziemlich einfache Construction in Gärten zum Betrieb einer Pumpe verwendet; sie ist auch schon in Deutschland eingeführt. Neuerdings ist für Ent- und Bewässerungen das Petersen'sche Windrad als das zweckentsprechendste empfohlen worden, welches ganz aus Eisen besteht und mit strahlenförmig abstehenden Blechstreifen den Wind faßt, dem diese während des Betriebs ihre Breitfläche, außerhalb desselben die scharfe Kante zuwenden und sich in solcher Richtung selber reguliren. Mittelst einer besonderen Stellvorrichtung wird das Rad in den Bereich des

Windes gebracht. Gewöhnlich verbindet man mit diesen kleineren Windmaschinen entsprechende Kolbenpumpen.

Das Maß der Arbeit, welches die Windmotoren liefern, hängt ab von der Stärke der Luftströmung oder der Windgeschwindigkeit. Ein gerade fühlbarer Luftzug hat nach Weisbach 0,50 M., ein sehr schwacher Wind 1,0 M., ein schwacher Wind 2,0 M., ein lebhafter Wind 6,0 M., ein günstiger Wind für die Windmühlen 7,33 M. Geschwindigkeit. Darüber hinaus beträgt die letztere bei sehr lebhaftem Winde 10,0 M., bei starkem Winde 15,0 M., bei sehr starkem Winde 20,0 M., bei Sturm 25,0 — 30,0 M., bei einem Orkane endlich über 33,33 M. Ein Wind von nur 3,33 M. Geschwindigkeit reicht in der Regel nicht hin, um ein belastetes Windrad im Umgange zu erhalten; steigt hingegen die Geschwindigkeit über 9,0 M., so wird sie zu stark, veranlaßt eine zu rasche Flügelumdrehung, welche für den Bestand des ganzen Werkes um so gefährlicher wird, je mehr sie sich steigert. Nach Fritz bewegt sich ein für die Mühlen vortheilhafter Wind mit etwa 7 M. Geschwindigkeit in der Secunde, und verübt auf 1 Quadratmeter Fläche einen Druck von nahezu 6,5 Kg., guter Segelwind hat etwa 9 M. Geschwindigkeit und drückt auf den Quadratmeter mit ungefähr 11 Kg. Pressung, die sich bei einem heftigen Sturme von 30 M. Geschwindigkeit auf 122 Kg. pro Qu. M. hebt. Mit Recht macht derselbe zugleich darauf aufmerksam, welche enorme Kräfte somit die auf der Erde in Folge der Sonnenwärme bewegten Luftmassen repräsentiren.

Die bewegende Kraft des Wassers ist jedenfalls noch früher benutzt worden als diejenige des Windes, wenn es gleich zweifelhaft bleibt, ob sich die Schifffahrt der Segel, deren Anwendung die Natur selber lehrte, viel später bedient hat, als der Ruder. Zum Betriebe von Maschinen wurde sie dagegen schwerlich vor den Römerzeiten allgemeiner verwendet; die Zerkleinerung des Getreides geschah in der Urzeit durch Menschenkraft zwischen zwei Reibsteinen, wie dieselben zahlreich bei den Pfahlbaufunden vorkommen; die ältesten Ueberlieferungen wissen nur von Handmühlen zu berichten; in Griechenland kamen Wassermühlen erst lange nach der Zeit des Perikles in Anwendung; Strabo erwähnt einer solchen in der Residenz des Mithridates; die Römer benutzten anfänglich mit der Hand betriebene Stampfmühlen, dann Drehmühlen, welche von Eseln bewegt wurden; erst Palladius, Vitruvius, Plinius und der Justinianische Codex wissen von Wassermühlen, Molae aquariae. Diese aber gewannen so rasch die Oberhand, daß sie sich überall hin verbreiteten und namentlich das ganze Mittelalter hindurch fast die einzigen Kraftmaschinen für die Mehlbereitung waren. Da sehr viele Gegenden Wasserläufe von der erforderlichen Stärke und dem entsprechenden Gefälle besitzen, so konnte es nicht fehlen, daß deren Kraft in mehr oder minder ergiebige Nutzung gezogen wurde. Bäche, Flüsse, Canäle, Abzugsgräben von Entwässerungen, ja selbst das Meer mit seiner regelmäßigen Bewegung in Fluth und Ebbe liefern dieselbe, so daß sie in ungezwungenster Weise zum Betriebe einer Maschine verwendet werden kann. Es ist dabei nur erforderlich jene stetige Motion, welche ein Gefälle oder eine Strömung hervorbringen; beide lassen sich, wenn nöthig, durch gewisse Anlagen zu dem nutzbaren Grade verstärken. Das Maß der mechanischen Arbeit, welches der Sturz oder das Gefälle eines Wasserlaufes hervorbringt, ist gleich dem Product des in einer bestimmten Zeit gefallenen oder verflossenen Wasservolumens mit der Höhe des Falls. Demnach kann dort, wo das Volumen an und für sich nicht ausreicht, durch die Höhe des Sturzes schon ein bedeutender Effect mit einer geringen Wassermenge erzielt werden und umgekehrt.

Auf dieses Princip gründet sich die Construction der Aufnahmsmaschinen für die Wasserkraft, welche im Allgemeinen Wasserräder heißen. Dieselben sind, gerade wie bei den

Windmotoren, entweder verticale oder horizontale. Die ersteren, die eigentlichen Wasserräder, bestehen aus einem mit Kasten oder Schaufeln besetzten Radkranz auf einer Welle; der Strom oder Fall des Wassers übt gegen jene einen Druck aus, der die Rotation des Rades bewirkt und mittelst geeigneter Transmission die Kraft auf den zu bewältigenden Widerstand überträgt. Die verticalen Wasserräder theilt man ihrer Bauart nach in zwei Classen: in oberschlächtige und unterschlächtige. Ein oberschlächtiges Wasserrad ist ein solches, welches das Aufschlagwasser mit starkem Gefälle von oben so empfängt, daß dessen Strahl oder Fall es senkrecht auf den Scheitel oder die Peripherie seines Kranzes trifft, wo es von Kastenschaufeln aufgenommen in continuirlicher Weise die Umdrehung des Rades durch den Druck der Schwere bewirkt, welcher bekanntlich mit der Höhe des Gefälles wächst. Wo dieses minder, dagegen größere Wassermenge vorhanden ist, kann das oberschlächtige Rad auch mit flachen Schaufeln und Aufschlagbrettern gebaut werden, wobei es jedoch in einem Gerinne stehen muß, ähnlich wie das sehr schön construirte Schaufelrad mit Ueberfall-Einlauf, Fig. 40, bei welchem der Wasserstrom dem Radkranz gegenüber den Raddurchmesser trifft. Bei dieser Bauart wird der Zufluß ohne Verlust vollständig verwerthet, so daß dabei auch eine kleinere Wassermenge zu der höchsten nutzbaren Wirkung gebracht werden kann. Solche Räder, welche den Druck nicht höher, als an ihrem Mittelpunkte aufnehmen, heißen Seitenräder oder Kropfräder. Der Nutzeffect der gewöhnlichen oberschlächtigen Wasserräder wechselt zwischen 0,60 bis 0,70 und selbst bis zu 0,78 der absoluten Wirkung des Motors. Da das Wasser auf dieselben mit der Geschwindigkeit von wenigstens 2,75 bis 3 Meter strömt, und der Fall immer beträchtlich ist, so brauchen die Schaufeln oder Kasten nicht allzu breit zu sein. Die Seitenräder bringen einen Nutzeffect

Fig. 40. Schaufelrad.

von 0,40 bis 0,55 hervor, er wird um so größer, wenn das Wasser nahe an seinem Spiegel aufgefangen oder durch einen sogenannten Ueberfall=Einlauf zugeleitet wird.

Das unterschlächtige Wasserrad empfängt den Druck der Kraft an dem unteren Theile seines Kranzes mittelst flacher Schaufeln und bewegt sich in der Regel in einem dasselbe einschließenden Gerinne, welches die Wirkung des Zustroms concentrirt. Eine Ausnahme davon machen die freigehenden Räder der Schiffmühlen, welche mit besonders breiten Schaufeln die Kraft einer Flußströmung verwerthen. Unterschlächtige Räder sind für stetige, ruhige Wasserläufe von bedeutenderem Massen=Gehalte vorzugsweise geeignet; die Umdrehungsgeschwindigkeit ihrer Schaufeln soll blos 0,4 derjenigen des Wasserstroms sein; ihr Nutzeffect übersteigt bei gewöhnlicher Construction selten 0,3 des Gefälls. Es ist nothwendig, daß ihre Schaufeln das Gerinne der Breite nach möglichst sperren, sowie daß sie hoch genug sind, damit nicht durch Neben= und Ueberwasser ein Theil der wirkenden Kraft verloren geht. Eine vorzügliche derartige Construction ist das viel angewendete Poncelet'sche Wasserrad, Fig. 41, aus Eisen mit Hohlschaufeln, dem das Aufschlagewasser in gemauertem Gerinne mit bogenförmiger Sohle zugeführt wird, so daß die Druckwirkung ohne Stoß continuirlich erfolgen kann; sein Nutzeffect beträgt bis 0,60. Dasselbe kann vermöge seiner gekrümmten Schaufeln auch bei geringem Gefälle noch mit Vortheil angewendet werden und bedarf nicht der großen Dimensionen des Baus, wie die gewöhnlichen Räder mit flachen Aufschlagebrettern.

Die horizontalen Wasserräder, auch Schneckenräder oder Turbinen genannt, bestehen gemeinhin aus einem Cylinder, der sich um eine verticale Achse dreht, und mit flachen oder gehöhlten Schaufeln versehen ist, welche das von der Seite oder schräg von oben zuströmende, in das Innere der Maschine selbst geleitete Wasser aufnehmen; solche Räder wirken vorzugsweise mittelst der Centrifugalkraft des Wassers und heißen daher auch Centrifugalturbinen. Andere, die

Fig. 41. Wasserrad von Poncelet.

Tangentialturbinen, empfangen das Wasser mit schrägem Zustrom von der Seite in gekrümmten Schaufeln ihres Kranzes. Die Schneckenräder, welche eine sehr verbreitete Anwendung finden, geben namentlich bei geringem Gefälle einen größeren Nutzeffect, als andere Wasserräder, allein nur bei gleichmäßigem Zustrom; übrigens lassen sie sich auch bei den stärksten Gefällen noch anwenden, für welche verticale Räder nicht mehr geeignet sind. Gewöhnlich arbeiten sie völlig unter Wasser. Es sind davon die verschiedenartigsten Constructionen im Gebrauch; zu rein landwirthschaftlichen Zwecken, welchen die Müllerei nicht beigezählt wird, werden sie wohl seltener benutzt. Es giebt außerdem noch eine Anzahl von Apparaten, die den Druck der Wasserkraft durch Ausfluß unter stetem Ersatz zu einer rotirenden Bewegung verwerthen, wie z. B. das bekannte Segner'sche Wasserrad, allein diese sogenannten Reactionsräder haben nur eine beschränkte Verwendung gefunden.

Der Nutzen einer zu Gebote stehenden Wasserkraft für den landwirthschaftlichen Betrieb ist nicht hoch genug anzuschlagen. Sie bildet für denselben die billigste Kraftquelle, welche meistens den Vorzug der Stetigkeit gegenüber dem Winde hat und ermöglicht nicht allein die sonst nur durch die viel kostspieligere Dampfkraft zu erreichende maschinelle Fundirung der Wirthschaft, sondern auch die Verbindung der Industrie mit der Urproduction in der vortheilhaftesten Weise. Selbst aber in dem Falle, daß die Wasserkraft nur in der gewöhnlichen Art als Umtriebsmittel benutzt wird, ist sie werthvoller an und für sich, als jede andere. Oft genügt ein geringer Wasserlauf, um sie in genügender Stärke für die Bewegung einer Maschine zu gewinnen; ohne Zweifel sind noch zahlreiche Oertlichkeiten vorhanden, wo man mit Vortheil die Abflüsse von Teichen, Reservoirs, Hochmoor-Entwässerungen, Drainanlagen u. s. w. in dieser Richtung ohne viele Kosten verwenden könnte. Denn die Anlage der Aufnahmsmaschinen für Wasserkraft ist gemeinhin eine ziemlich einfache, sie wird nur kostspielig, wenn zugleich bedeutendere Wasserbauten zu ihrer schicklichen Placirung vorgenommen werden müssen. Zum Betriebe von Mühlen ist bekanntlich das Wasser von Alters her der bevorzugte Motor gewesen, erst seit dem Jahre 1784 hat ihm der Dampf eine Concurrenz gemacht. Die vortheilhafte Verbindung einer Mühle zur Herstellung von Mehl und Schrot, zum Oelschlagen und Gypsstampfen u. s. w. mit einem landwirthschaftlichen Betriebe ist in der

Praxis längst bewährt; dauernde Beschäftigung kann ihr auf größeren Gütern meist ohne Handels- oder Kundenmüllerei zugewiesen werden. Häufig sieht man eine stationäre Dreschmaschine von dem Mühlwerke bewegt, wie z. B. in Steiermark, wo das Ausdreschen im Lohn oder gegen die Garbe den Müllern einen hübschen Gewinn abwirft; auch die Bauern wissen das rasche und reine Ausbringen der Körner so zu schätzen, daß sie den Transport der Früchte vom Acker nach der Mühle selbst auf weitere Entfernung hin nicht anschlagen. Gewöhnlich ist auch eine Häckselmaschine mit der Wasserkraft in Verbindung gesetzt, so daß gleich ein Theil des Strohs auf Vorrath geschnitten werden kann. In Gebirgsthälern kann man häufig ganz dünne Wasseradern in Deucheln gefaßt sehen, welche zum Betriebe des Butterfasses oder selbst nur eines Schleifsteins verwendet werden. Oefter ist Gelegenheit gegeben, durch Anlegung von Reservoirs sich die Wasserkraft mindestens auf eine bestimmte Zeit hinaus genügend zu verschaffen. Dem Landwirthe ist nicht genug zu empfehlen, diesem wichtigen und billigen Bewegungsmittel, welches nur die manchmal zweifelhafte Stabilität gegen sich hat, die verdiente Aufmerksamkeit zu schenken und das Seinige zu thun, um sich dasselbe in gegebenem Falle für seinen Bedarf zu sichern.

Die Eigenschaft der Wärme, tropfbar flüssige Körper in die Gasform des Dampfes überzuführen, ist schon oben berührt worden. Die entwickelten Dämpfe besitzen Expansionsvermögen, sie lassen sich durch Druck bis zu einem gewissen Grade zusammenpressen und nehmen, sobald dieser aufhört, sofort wieder einen größeren Raum ein; diese Spannkraft der Wasserdämpfe, deren Höhen durch Manometer nach Atmosphären Druck gemessen wird, liefert den Motor zur Bewegung der Dampfmaschine, dieses Hebels des Jahrhunderts, welcher auch in der Landwirthschaft vielerorts eine vollkommene Umwälzung des Betriebs hervorgebracht hat. Die Dampfkraft dankt den raschen Aufschwung ihrer Benutzung der universellen Anwendbarkeit, welcher sie fähig ist. Ueberall, wo so viel Wasser und Brennmaterial zu beschaffen ist, um ein bestimmtes Quantum des ersteren in Dampf zu verwandeln, ist sie an ihrem Platze und zur Leistung bereit; seit der Erfindung der transportabeln Dampfmaschinen, welche am wichtigsten für die Bodencultur sind, bedarf es keiner besonderen Bauten oder Vorkehrungen mehr, um sich der Kraft an jedem beliebigen Orte zu versichern; nach dem Erforderniß daran steht es ganz im Belieben, die Maschinen von der entsprechenden Leistung zu wählen; die Dampfkraft versiegt nicht, wie das Wasser und der Wind, und sie ist mit gleichem Vortheil für jede erdenkliche Arbeit anzuwenden. Es hat ziemlich lange gedauert bis sie Eingang in die Landwirthschaft gefunden, nachdem die Industrie sich ihrer schon längst und zwar mit gewaltigem Vortheile bemächtigt hatte. Erst seit 1851 ist das Erstere geschehen; in diesem Jahre hat der Verfasser dieses Buchs die erste transportable Dampfmaschine zu landwirthschaftlichem Gebrauche nach Deutschland gebracht; seitdem ist dieselbe zum Bedürfnisse der Hochcultur geworden und hat eine ganz staunenswerthe Verbreitung sowie Anwendung gefunden. Wenn nicht irgend ein anderer ebenso mächtiger, aber mehr billiger Motor entdeckt wird, so ist die Dampfkraft berufen, auch im Ackerbau die nämliche Reform zu bewirken, wie sie dieselbe bei der Industrie in's Leben gesetzt hat; die Dampfbodencultur zeigt den Weg dazu; es sind keine fünfzig Jahre her, daß man Jedermann verlachte, der von der Einführung des Dampfes in die Agricultur zu träumen wagte; was wird man nach abermals fünfzig Jahren sagen und thun?

Im gewöhnlichen Leben werden unter Dampfmaschine verstanden zwei von einander zu trennende Apparate, derjenige zur Dampferzeugung, der Kessel, und die eigentliche, durch Dampfkraft bewegte Maschine, deren Bewegung dann mittelst

Transmission übertragen wird. Es giebt vielerlei Constructionen der Dampfkessel, unter welchen diejenigen mit Siederröhren für landwirthschaftliche Zwecke die geeignetsten und meistverbreiteten sind. Die Dampfkessel müssen mit einer sogenannten Armatur versehen sein, zu welcher gehören: das Manometer zur Messung der Spannkraft des Dampfes, welche beträgt bei 81° C. 0,5 Atmosphäre, bei 100° 1, bei 121° 2, bei 145° 4, bei 173° 8, bei 204° C. 16 Atmosphären u. s. f.; der Wasserstandszeiger, der die Wasserhöhe im Kessel außerhalb angiebt; das Sicherheitsventil, durch welches die Dämpfe bei allzustraffer Spannung entweichen; endlich die Speisepumpe zur selbstthätigen Zuführung des Ersatzwassers, vielfach durch das Mittel eines Vorwärmers. Man wendet liegende und stehende Dampfkessel an, wie später im Beispiel erläutert werden wird. Die Dampfmaschine nimmt den vom Kessel gelieferten Dampf auf in einem Cylinder, innerhalb welches dessen Expansion einen Kolben bewegt, der seine Arbeit weiter leitet, meistens durch ein Kurbelsystem in Rotation überführt; ein besonderer Apparat, die Steuerung oder der Regulator, verrichtet den regelmäßigen Zugang und die Abfuhr des Dampfes. Man unterscheidet Hochdruckdampfmaschinen, bei welchen die Spannung des Dampfes über fünf Atmosphären beträgt: sodann Niederdruckmaschinen, die mit einer Dampfspannung von nicht über die Hälfte des atmosphärischen Drucks arbeiten, und Mitteldruckmaschinen mit zwei bis vier Atmosphären Spannung. Eine Verstärkung der Wirkung wird erreicht durch die, vorzugsweise bei Niederdruckmaschinen angewendete Condensation des Dampfes mittelst kalten Wassers, ferner durch die Expansion, den Abschluß der Dampfzuströmung während der Kolbenhebung, welcher eine bedeutende Arbeitsersparniß ermöglicht, man spricht daher auch von Dampfmaschinen mit oder ohne Condensation und Expansion. Auf die nähere Construction derselben kann hier natürlich nicht eingegangen, und muß diesbezüglich auf die Lehre der Mechanik und Maschinenkunde verwiesen werden. Hinsichtlich der Aufstellung unterscheidet man feststehende, stationäre, und bewegliche, locomobile Dampfmaschinen. Die ersteren bedürfen eines Unterbaues, auf welchem sie unbeweglich befestigt sind, die letzteren befinden sich auf einem Transportgestell — einem Schiff, einem Wagen — mittelst dessen sie den Ort wechseln können. Man macht auch zuweilen einen Unterschied zwischen transportabeln und transportirenden Dampfmaschinen; erstere, eigentliche Locomobilen, bedürfen zur Fortbewegung einer fremden, letztere — Locomotiven, Schiffsmaschinen — bewirken sie durch die eigene Kraft. — Bei der Wahl einer Dampfmaschine soll sich der Landwirth die Zwecke, welche er damit erreichen will, genau vor Augen führen; er wird nicht selten in die Lage kommen, darüber zu entscheiden, ob es zweckmäßiger für ihn sei, eine feststehende oder eine transportable Dampfmaschine aufzustellen; die Vorzüge und die Nachtheile beider wollen daher gegeneinander erwogen werden.

Die feststehende Dampfmaschine verrichtet ohne Zweifel ein größeres Maß an Arbeit und mit dem minderen Aufwand an Brennmaterial; ihre Abnützung ist bedeutend geringer, sie bedarf weniger Geschicklichkeit der Bedienung und ist nicht so häufigen Störungen unterworfen. Wo daher die Wirthschaftsorganisation eines Gutes eine derartige Concentration der Arbeiten zuläßt, wie dies in den mit dem landwirthschaftlichen Betriebe häufig verbundenen technischen Gewerben der Fall ist, so daß man die stationäre Maschine zum Ausdreschen des Getreides, zum Schroten, Häcksel- und Wurzelschneiden, Dämpfen des Viehfutters (mittelst des abgehenden Dampfes, der auch zur Heizung von Localen, Dörrstuben 2c. verwendet werden kann, ein nicht zu unterschätzender Vortheil!) zum Wasserpumpen, Holzsägen 2c. im Bereiche des Hofes verwerthen kann, dort ist sie unbedingt vorzuziehen.

Es ist in Betracht zu nehmen, daß die Wirkung in die Ferne dabei keineswegs ausgeschlossen ist. Auf jenen schottischen Farmen, welche mittelst eines Röhrennetzes ihr ganzes Gebiet durch flüssige Düngung befruchten, vollbringt eine stehende Centraldampfmaschine die Vertheilung ohne jede Schwierigkeit bis auf weite Strecken hin; außerdem ist in besondere Erwägung zu ziehen, daß wir gegenwärtig in der Drahtseiltransmission ein vortreffliches Mittel besitzen, um ohne große Kosten und Reibungsverluste eine Kraft in früher ungeahnter Weise auf weiteste Entfernungen hin zu leiten. Die Nachtheile der stationären Dampfmaschinen lassen sich in Folgendem zusammenfassen: Sie verlangen ein größeres Anlagecapital durch die nothwendige Fundamentirung, Kesselmauerung, Errichtung von Schornstein und Schutzbauten, durch die Anlage der Transmissionen; sie bedrohen bei dem vorkommenden Unglück einer Kesselexplosion vermöge stärkerer Wirkung eine größere Zahl von Objecten; sie lassen die Verwerthung der Dampfkraft, trotz weitführender Zwischenmaschinen, doch keineswegs überall dort zu, wo sie mit Vortheil anzuwenden wäre. Der letztere Grund ist aber namentlich für die landwirthschaftliche Benutzung entscheidend.

In Betracht mag auch kommen der Zweifel, ob die von dem Pächter aufgestellte stationäre Dampfmaschine als ein festes Stück des Inventars zu betrachten sei, daher nach Ablauf der Pachtzeit an den Besitzer des Gutes überzugehen hat oder nicht. In England, wo die landwirthschaftliche Benutzung der Dampfmaschinen weiter vorgeschritten ist, als sonst irgendwo, hat dieser Fall — der in neu abzufassenden Pachtcontracten allerdings vorgesehen werden muß — schon Anlaß zu vielen Streitigkeiten gegeben, welche, wie nicht verhehlt werden mag, auf Grund des Wortlauts der hergebrachten Vereinbarungen gewöhnlich zu Ungunsten des Pächters entschieden worden sind.

Die beweglichen Dampfmaschinen, die auf einem Fahrgestell ruhenden Locomobilen, sind unter den gegenwärtigen Verhältnissen die für den agricolen Betrieb im Allgemeinen jedenfalls vortheilhaftesten. Für ihn, sagt Perels, muß der Motor ein transportabler sein, wenn seine Vorzüge aufs Vollständigste ausgenutzt werden, wenn eine möglichst universelle Verwerthung desselben stattfinden soll. Das Heben des Wassers zum Zwecke der Berieselung, das Pflügen mittelst Dampfkraft, der Betrieb der Dreschmaschine, der Maschinen zur Herrichtung des Futters und manche andere Arbeiten bedingen die Verwendung des Motors an verschiedenen Orten, verlangen demnach eine leichte Transportabilität, wenn er überhaupt mit Vortheil benutzt werden soll. — Bei der Anwendung der Locomobile wird die Anlage von Fundamentirungen und eines kostspieligen gangbaren Zeuges erspart, da sie überall hin gebracht und daher meistens unmittelbar wirken kann. Sie involvirt auch eine weitere Ersparniß an dem Gebäude-Inventarium dadurch, daß mit ihr alles Getreide auf dem Felde gedroschen und marktfähig hergerichtet werden kann. Die transportable Maschine erspart daher auch wesentlich an Transportarbeiten; sie kann verliehen, in Miethe gegeben werden, und dadurch einen großen Theil ihrer Spesen hereinbringen; sie ermöglicht die Bildung von Dreschgenossenschaften, die Betheiligung Vieler an dem Fortschritt. Es braucht nicht erwähnt zu werden, daß durch ihren Gebrauch sich der ganze Betrieb freier gestaltet; wo man sie braucht, da erscheint sie, sie läßt sich für eine weit größere Anzahl von Verrichtungen verwerthen, als die stationäre Maschine; die Locomobile preßt den Torf im entlegenen Moor, formt die Drainröhren im Ziegelschlag, betreibt die Brettmühle im Forste und läßt sich zur gründlichen Tiefcultur des Ackerbodens verwenden. Solchen bedeutenden Vorzügen, die nur der praktische Landwirth zu würdigen vermag, gegenüber treten die Nachtheile zurück; sie sind: Größerer Bedarf an Heizmaterial und Aufsicht; beschränkte Kraftäußerung — Locomobilen über 16 Pferdekraft sind nicht mehr vortheilhaft — Feuergefährlichkeit, trotz Anwendung der heute leider fast ausnahmslos noch unzulänglichen Funkenfänger — weshalb in manchen Staaten die Locomobilen sich nur bis zu einem bestimmten Entfernungsmaße den Gebäulichkeiten nähern dürfen, eine schwere Beschränkung — ferner rasche Abnützung — eine Locomobile wird selten länger als 12 — 15 Jahre diensttauglich sein, endlich häufige Reparaturen und ein bedeutender Aufwand an Unterhaltungskosten. — Die Kön. Ackerbaugesellschaft in England hat seinerzeit in der Streitfrage das folgende Urtheil gefällt: Wo die Wirthschaftsgebäude inmitten des Gutscomplexes liegen und wo die Lage sonst günstig ist, sind feststehende Dampfmaschinen den transportabeln vorzuziehen, dennoch ist die Gesellschaft der Meinung, daß bei dem gegenwärtigen Zustande der Landwirthschaft die Einführung der transportabeln Dampfmaschinen ein großer Gewinn gewesen ist und dies noch lange bleiben wird, indem sie viele Landwirthe, die nicht in der Lage sind, größere Motoren anzuschaffen, in den Stand setzt, Dampfkraft zu benutzen; allein vielleicht noch mehr aus dem Grunde, weil sie ein Mittel ist, die Anwendung der Dampfkraft in der Landwirthschaft zum Allgemeingut zu machen und deren Einführung in vollendetster Form vorzubereiten.

In der neueren Zeit ist mehrfach versucht worden, andere bewegende Kräfte an die Stelle des Dampfes zu bringen. Zuerst war es der Electromagnetismus, auf welchen man Hoffnungen setzte, die sich jedoch trotz einiger gelungener Versuche im Kleinen, trügerisch erwiesen. Der Schwede Ericson benutzte zuerst den Druck der durch Erwärmung sich ausdehnenden Luft zur Leistung mechanischer Arbeit mittelst eines sinnreich construirten Aufnahmewerks, welches er Calorische Maschine oder Heißluftmaschine nannte. Dieselbe,

Fig. 42, besteht in ihrer neuesten Construction aus zwei ineinander geschachtelten, liegenden Cylindern, von welchen der eine zugleich als Kolben wirkt und die Bewegung mittelst eines Systemes von Bläuelstangen auf ein Schwungrad über-

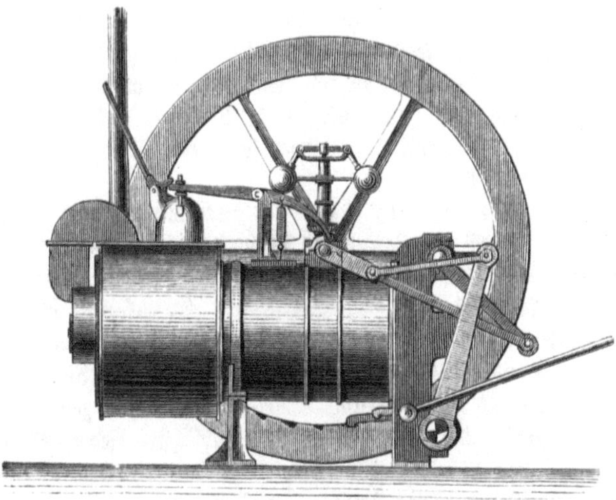

Fig. 42. Heißluftmaschine.

trägt, das sie weiter leitet. (Abbildung und Beschreibung einer Heißluftmaschine mit senkrechtem Cylinder s. in „Naturkräfte III. „Die Wärme", S. 16). Anfänglich wurden diesem Motor große Erwartungen entgegengebracht, auch die Landwirthschaft hatte begonnen, ihn sich zu eigen zu machen; allein leider erfüllten sich jene nicht, da mit der Heißluftmaschine eine größere Leistung als von zwei bis höchstens drei Pferdekraft für den constanten Betrieb nicht zu erzielen war. Der nämliche Makel haftet auch an der Gaskraftmaschine und an der Petroleumkraftmaschine, welche beide gleichfalls nur wenig leisten, daneben aber auch sonst für landwirthschaftliche Zwecke nicht völlig geeignet erscheinen. Nichtsdestoweniger würde ebenso, wie dem Gewerbe, so auch der Agricultur ein kleinerer Motor mit billigem Betriebe außerordentlich werthvoll und nützlich sein, da Güter von geringerem Flächenmaße gewöhnlich sich nicht in der Lage befinden, kräftigere Motoren aufzustellen, daher genöthigt sind, sich der thierischen Kräfte zu bedienen, während die eigentlichen Kleingüter sich durch genossenschaftliche Verbände helfen können, was den Mittelbesitzungen meistens schon der zerstreuten Lage wegen versagt ist.

Das Messen der bewegenden Kraft und ihrer Wirkung ist für den Landwirth deshalb wichtig, weil es ihm den sichersten Grad der Beurtheilung des Arbeitsaufwandes und der Leistung einer Maschine bietet. Es geschieht mittelst der Kraftmesser oder Dynamometer, deren Construction meistens auf einer stählernen Feder beruht, während die durch die Kraft bewirkte Veränderung derselben sich auf irgend eine Art markirt. Bei dem weitaus gebräuchlichsten Feder-Dynamometer von Regnier geschieht dies mittelst Zeigers auf einer metallenen Gradscheibe; verbessert wurde dasselbe von Burg durch Hinzufügung eines Uhrwerks behufs selbstthätiger Niederschrift der Federkraftgrenzen, deren Mittel dann zu ziehen ist, auf gradirten Papierstreifen; dieser Dynamograph ist der meist angewendete bei Pflug- und Zugproben. In Frankreich ist das Morin'sche Rotations-, in Großbritannien das Amos-Bentall'sche Spiralfeder-Dynamometer bei der Beurtheilung der landwirthschaftlichen Maschinen üblich. Jedenfalls ist dafür immer ein solches vorzuziehen, welches mittelst automatischer Aufzeichnung ein möglichst sicheres Protokoll seiner Schwankungen den Preisrichtern in die Hand giebt. Zur Messung der Kraft von stärkeren Motoren werden Bremsdynamometer angewendet, welche, wie der sogenannte

Prony'sche Zaum, durch Einspannen einer laufenden Welle ꝛc. zwischen Bremshebel wirken, die mit Gewichten belastet, das Maß der stattfindenden Reibung und damit auch der verbrauchten Kraft angeben. Andere Arten von Dynamometern kommen für den landwirthschaftlichen Gebrauch nicht leicht vor. Auch die Waage ist ein Instrument zum Messen einer Kraftwirkung, derjenigen des Gewichts oder der Schwere. Sie gehört zu den unentbehrlichsten Hausutensilien einer ordentlichen Landwirthschaft; wo sie nicht zu finden, da darf man getrost annehmen, daß der Wirth noch ein Mann aus der alten Schule ist, der sich nicht Rechenschaft zu geben versteht über das Wie und Warum seiner Handlungen, über Ursache und Wirkungen der ihm täglich vor Augen kommenden Erscheinungen seines Gewerbes. Wer die Waage nicht handhabt, der weiß nicht, wie viel er säet und wie viel er erntet; er erfährt nicht die Höhe der Gaben und die Einwirkung der Futterstoffe auf seine Thiere, nicht die Zunahme der letzteren, er bleibt über Vieles im Dunkel, was ihn ein Blick auf die Gewichtsschale klar gelehrt hätte. „Ohne genaue Controle und Berechnung, sagt J. Kühn mit Bezug auf die Mästung der Thiere, ohne eine zweckmäßige Wahl und Zusammensetzung der Futterstoffe, ohne Pünktlichkeit und Ordnung, ohne Einsicht und Ueberlegung kann der Betrieb der Mast zu einer sehr geringen Futterverwerthung und zu erheblichen Verlusten führen. Wo aber das Auge des Herrn überall wacht, wo Waage und Rechenstift fleißig zur Hand sind, da gewährt häufig die Mast die höchste Futterverwerthung und wird zum nutzbringendsten Zweige der Viehhaltung." Sonach ist vor Allem die Viehwaage unerläßliches Inventurstück einer ländlichen Wirthschaft. Vorzugsweise werden heutzutage sogenannte Brückenwaagen, die man nach der Gewichtsverjüngung auch Centesimal-, Duodecimal- und Decimalwaagen nennt, für den landwirthschaftlichen Gebrauch benutzt; recht vortheilhaft sind jene großen in den Boden eingelassenen, auf welchen die volle Last eines Wagens ohne Umstände gewogen werden kann, nachdem das Gewicht des Vehikels selbst durch vorheriges Abwägen bekannt war. Die Viehwaage, Fig. 43, soll so

Fig. 43. Viehwaage.

eingerichtet sein, daß kleinere und größere Thiere bequemen Zugang und hinreichenden Platz auf der Brücke finden, zugleich aber dieselbe nicht verlassen oder Schaden nehmen können; deshalb umgiebt man sie mit einem festen Geländer, das verschließbaren Zu- und Abgang hat. Ein derartiges Instrument läßt sich natürlich auch für alle anderen, ihm nicht zu sperrigen, Wägungen verwenden, die nur bis zum Maximalbetrage der Belastung schwer sind. Die Viehwaagen sollten für die Kleinbesitzer von jeder Gemeinde angeschafft und ihnen zum Gebrauche überlassen werden. Auf größeren Gütern muß oft eine ganze Reihe von Waagen zur Verfügung sein, zumal dort, wo technische Gewerbe, Molkerei u. s. w. betrieben werden, weil die für stärkere Belastung berechneten gewöhnlich für eine schwächere unempfindlich sind, während es bei manchen Wägungen genau auf das Gramm ankommt. In letzterem Falle bedient man sich lieber der Schalwaage, während man für gewisse Producte wiederum die Schnellwaage oder die Tafelwaage vorzieht.

Die Uebertragungsmaschinen — Zwischenmaschinen, Transmissionswerke, gangbares Zeug — haben die Aufgabe, die von der Kraftmaschine aufgenommene bewegende Kraft dorthin überzuführen, wo sie vermittelst der Arbeitsmaschine zur nutzbaren Verwendung gelangt. Zu ihnen gehören die Gestänge oder Wellen, die je nach ihrer Länge mit Kuppelungen oder Universalgelenken verbunden sind; die Zahnräder, Schraubenräder und Schnecken, welche die Bewegung übertragen, vervielfältigen, umändern; die Seilscheiben sowie die Rollen mit Riemen, die Frictionsscheiben, die Kettenräder, Zahnstangen, Kurbeln, Bläuelstangen, Krummzapfen und Excenters, kurz alle diejenigen Theile eines Mechanismus, die den obgenannten Zweck auf eine oder andere Art erreichen. Wenn die Dampfmaschine die bewegende Kraft, so vermittelt die Betriebswelle oder die Riemscheibe mit dem Riemen deren Weiterleitung, bildet also die Uebertragungsmaschine; bei der Mühle ist das Kammrad und seine Zwischenräder, bei dem Göpel das Räderwerk sammt Leitwelle oder Riemen, bei der Kelter die Spindel das Zwischenwerk. Die Construction eines solchen muß derart beschaffen sein, daß durch Reibung und Widerstand so wenig, als möglich, von der Kraft absorbirt und daß nebenbei die etwa erforderliche Umänderung der Richtung prompt besorgt wird.

Zu den wichtigsten Errungenschaften, deren sich die landwirthschaftliche Mechanik in der Neuzeit erfreut, gehört die Kraftübertragung durch die Drahtseiltransmission. Sie erfolgt mittelst aus Stahldrähten geflochtener Seile, welche über Seilrollen laufen, und bietet den eminenten Vortheil dar, daß bei gerader Richtung der Leitung ein minderer Kraftverlust durch Reibung entsteht, als bei jeder anderen Fortpflanzung; derselbe erhöht sich allerdings wesentlich bei Winkelstellungen. Die Drahtseiltransmission besitzt ferner den großen Vorzug, daß sie auf längere Entfernungen, bis zu

1000 Metern und darüber, je nach Maßgabe der bewegenden Kraft, mit Nutzen geführt werden kann, was insbesondere für die Wirkung von stationären Kraftmaschinen von Bedeutung ist, allein auch bei den transportabeln in's Gewicht fällt. Es lassen sich z. B. durch ihre Anwendung, wie dies namentlich Horsky in Kolin gezeigt hat, Erdbewegungen auf größere Strecken hin mittelst der Locomobile in einfacher und sicherer Weise ausführen, zumal, da das Drahtseil auch als Fördermaschine benutzt werden kann, indem ihm die Last angehängt wird, wobei an den in bestimmten Entfernungen zur erforderlichen Spannung nothwendigen Tragrollen ingenieuse Auswechselungsvorrichtungen angebracht sind, welche die ununterbrochene Beförderung der Last ermöglichen. Auch in vieler anderen Hinsicht ist der Drahtseilbetrieb von Nutzen; er gestattet eine sichernde Entfernung der transportablen Dampfmaschinen in Oertlichkeiten, wo dies Bedingung ist und ermöglicht auf die ungezwungenste Weise den gleichzeitigen Betrieb verschiedenartiger Maschinen. Außerdem ist das Drahtseil bezüglich seiner Spannung den Witterungseinflüssen weniger unterworfen als der Lederriemen, der sonst den vorzugsweisen Kraftübermittler bei landwirthschaftlichen Maschinen bildet. Perels sagt in dieser Beziehung: In neuester Zeit gestattet ein vortrefflich bewährtes Mittel der Bewegungsübertragung auf große Entfernungen, die Drahtseiltransmission, den Betrieb mit ganz unerheblichen Kraftverlusten, wodurch insbesondere die Fälle, in denen die stationäre Dampfmaschine Anwendung finden kann, sich beträchtlich vermehren. Die Drahtseiltransmission ist eine der segensreichsten Erfindungen, die bei der Landwirthschaft in gleicher Weise wie bei der Forstwirthschaft und dem Bergwerksbetrieb mit dem größten Vortheile angewendet werden kann und sehr viele Mißstände, welche mit den früheren Bewegungsübertragungen und Betriebsmethoden verbunden waren, auf das

Einfachste und Erfolgreichste beseitigt. — Vor noch nicht vielen Jahren war es nur mit bedeutenden Schwierigkeiten und Kraftverlusten möglich, von der Dampfmaschine der Brennerei oder anderer technischen Anlagen aus eine Dreschmaschine, eine Häckselmaschine ꝛc. zu betreiben, wenn nicht letztere unmittelbar in oder dicht neben dem Maschinengebäude aufgestellt waren. Durch die Drahtseiltransmission ist man in den Stand gesetzt, die Dreschmaschine an ihrem geeignetsten Platze, in oder neben der Scheune, zu belassen, und den Betrieb, selbst wenn derselbe durch verschiedene, sich schneidende Ebenen geführt wird, von dem entfernt stehenden Motor auf sie zu übertragen. Die Erfindung der Seiltransmission hat wesentlich fördernd gewirkt auf die Benutzung der Dampfkraft zum Betriebe von landwirthschaftlichen Maschinen; namentlich hat dieselbe zur Ausnutzung der bereits zu anderen Zwecken in der Wirthschaft vorhandenen stationären Dampfmaschinen erfolgreich beigetragen.

Als Zwischenmaschinentheile müssen auch alle jene Vorrichtungen aufgefaßt werden, welche die Regulirung des Ganges eines Mechanismus zur Aufgabe haben, so daß derselbe in der für die Leistung erforderlichen Geschwindigkeit und Stetigkeit erfolgt. Hierher gehören die Steuerungsregulatoren der Dampfmaschinen, die Schützen bei den Wasserrädern, sowie die verschiedenen Hemmungswerke zum Aufhalten einer allzuraschen Bewegung. Das einfachste der letzteren ist der Hemmschuh, welcher beim Bergabfahren unter ein Wagenrad gelegt wird, oder das Schleifzeug, die Radbremse, die sich zu gleichem Zweck an die beiden Hinterräder anschrauben läßt, damit die vermehrte Reibung den langsameren Gang erziele. Zur Aufsammlung der Kraft und zur Vermittelung gleichmäßiger Bewegung dienen die Schwungräder, welche namentlich bei landwirthschaftlichen Maschinen einen häufig angewendeten, unentbehrlichen Bestandtheil bilden.

Die **Arbeitsmaschinen**, welche die eigentliche Leistung der Kraft durch die Vermittlung ihrer Anwendung auf den zu besiegenden Widerstand ausführen, lassen sich in zwei große Abtheilungen scheiden: in Transport= oder Fördermaschinen, welche Gegenstände von einem Platze zum andern schaffen, und in Bearbeitungsmaschinen, welche Gegenständen eine andere Gestaltung geben. Die Transportmaschinen erstrecken ihre Arbeit auf das Heben und Befördern fester Körper, und auf die Hebung des Wassers; es sind darunter einbegriffen die einfachsten, wie die complicirtesten Apparate, vom Schiebkarren an bis zur Locomotive. Zum Heben von Lasten dient der gewöhnliche Hebel, die Hebelade, der sogenannte Waldteufel, und die Baumrodemaschine, welche letztere in ihrer verbreitetsten Construction aus einer Zange besteht, die mittelst eines Schneckengetriebes in die Höhe gewunden wird, nachdem sie die blos gelegte Wurzel eines Baumes gepackt hat; sie ist auf Menschenkraft eingerichtet und kann natürlich nicht mehr leisten, als diese. Aus dem Seil auf der Rolle, welches als Heu= oder Getreide=Aufzug dient, entwickelt sich der constanter und sicherer wirkende Flaschenzug; aus dem Radhebel oder Schmierbock die Wagenwinde, bei welcher eine Zahnstange oder eine Schraubenspindel durch ein Zahn= oder Schneckenrad mittelst Kurbel gehoben wird. Zum Transport von Lasten dient zunächst die unmittelbare menschliche oder thierische Kraft; in uncivilisirten Ländern ist diese oft die einzige, deren man sich bedienen kann; das Kameel ist daher das Schiff der Wüste genannt worden und in Centralafrika muß eine größere Expedition von Trägern zu Hunderten begleitet sein, um alle Lebensbedürfnisse mitzuschleppen; aus den Cordilleren=Minen Perus und Chiles tragen Indianer oder Lama's die Erze meilenweit bergab zu den Schmelzhütten und in den europäischen Hochgebirgen sind viele Pässe nur dem Saumroß zugängig. Aber auch der Landwirth der Hoch=

cultur ist genöthigt, die primitivste aller Förderungen anzuwenden beim Zubringen in der Ernte und bei vielen anderen Vornahmen. Um z. B. den geschnittenen Raps nicht während des Transportes allzusehr zu erschüttern und zugleich um keine Körner der leicht aufspringenden dürren Schoten zu verlieren, packt man ihn in Tragtücher, oder in mit Leinwand verkleidete Tragbahren; der Käse wird aus der Sennhütte auf der Hucke nur zu Thal getragen, weil man dafür hält, eine andere Förderung rüttele ihn zu sehr zusammen; noch sind nicht alle Speicher mit Aufzügen versehen und Tausende von Hectolitern Getreide müssen unter Verkennung dessen, was wirklich nützliche Kraftverwendung ist, auf menschlichen Schultern in sie wandern; was der Mensch aber auch in dieser Beziehung leisten kann, ist außerordentlich; nirgends sieht man das besser, als bei den Leistungen der Lastträger im Orient.

Die verschiedenen Transportgeräthe lassen sich eintheilen in: 1. Handtransportgeräthe, wozu außer den Bahren und ähnlichen Tragevorrichtungen vorzugsweise die Schiebkarren gehören; 2. Gespannfuhrwerke, und zwar a. mit Rädern: Wagen und Karren; b. ohne Räder: Schlitten und Schleifen; 3. Dampftransportgeräthe. Da diese alle sich auf dem festen Boden bewegen, so kann eine vierte Rubrik nicht übergangen werden: 4. Wassertransportgeräthe, wie Schiffe, Fähren, Flöße. Auch die letztere Abtheilung hat ihre Bedeutung für die Verfrachtung landwirthschaftlicher Producte, namentlich diejenigen des Waldes, welche oft in keiner anderen Weise nutzbar zu machen sind, als durch die Weiterschaffung auf dem Rücken der Wasserläufe.

Der Schiebkarren — auch Schub- und Stoßkarren, Radberge, Schiebbock genannt — ist ein unentbehrliches Geräth für Erdbewegungen, wird aber neuerdings allmählich von den zweiräderigen Laufkarren, die ein Mann zieht während Einer schiebt, verdrängt, welche mehr fassen und weniger ermüden. Ferner hat in der Landwirthschaft der Schiebkarren zu dienen zum Ausführen des Düngers aus dem Stall, zum Strohtransport, zu Beifahren von Wurzelwerk u. dgl. in die Futterräume, zum Bringen von Kohlen, Kleinholz, zur Abfuhr von Schutt und Unkraut, zur Hülfe bei Bauarbeiten u. s. w. Da alle diese Verrichtungen besondere Bedingungen voraussetzen, so soll die Construction der Schiebkarren sich diesen fügen; ein solcher für Strohfuhren muß anders eingerichtet sein, wie für Dünger u. s. w. Nächst der Form ist ein Hauptforderniß die Vertheilung der Last, deren Schwerpunkt stets näher bei dem Stützpunkt der Radachse als beim Angriffspunkte liegen muß, so daß der Arbeiter nur das geringste Kraftmaß zum theilweisen Tragen aufzuwenden braucht; endlich muß der Schiebkarren bequem zu laden und zu entleeren sein. Leider wird gewöhnlich gegen diese Regeln sehr gefehlt und es befinden sich, namentlich auf dem Lande, wahre Ungethüme von Kraftvergeudung als Schiebkarren nur zu häufig im Gebrauche. In Belgien hat man, um den schwankenden Gang welchen das eine Laufrad dem Handgeräth aufprägt, hintanzuhalten, mit Glück versucht, deren zwei auf die Radachse zu bringen; dies bewährt sich insbesondere dort, wo Laufbahnen gelegt sind, wie öfters bei Erdarbeiten. Am Niederrheiu und in Westphalen ist seit ältesten Zeiten ein Schiebbock mit drei Rädern, das Dreirad genannt, üblich, welcher ein sehr günstiges Kraftverhältniß aufweist.

Gespannfuhrwerk mit zwei Rädern heißen Karren (es giebt hier und da auch dreiräderige Karren mit einem vorauslaufenden kleinen Lenkrade), solche mit vier Rädern Wagen. Beide werden durch Pferde, Maulthiere, Esel oder Ochsen bewegt, entweder einzeln oder paarweise — in Rußland auch drei und vier Stück nebeneinander — vorgespannt und gehen bei ersteren in der Gabel, bei letzteren längs der

Deichsel, indem sie das angehängte Gefährt durch Ziehen vermittelst der Zugvorrichtungen fortbewegen. Die Gespannfuhrwerke sind im Betriebe der Landwirthschaft unentbehrliche Hülfsmittel zum Einbringen der Producte, zur Ausfuhr des Düngers, zum Transport der verkäuflichen Erzeugnisse, zu Erdbewegungen und anderen täglich nothwendigen Förderungen. Sie werden auch niemals ganz zu entbehren sein, selbst wenn der Betrieb möglichst auf Dampfkraft eingerichtet ist, wie dies auf größeren Gütern in England und Frankreich schon mehrfach der Fall. Denn immer wird eine Reihe von Verwendungen bleiben, für deren zweckmäßige Ausführung die letztere nicht geeignet ist. Ob der Landwirth sich für zweiräderiges oder vierräderiges Fuhrwerk zum allgemeinen Gebrauch entscheiden soll, das hängt zum großen Theile ab von der Lage seines Gutes, von den zu Gebot stehenden Gespannthieren, von der Beschaffenheit der Mehrzahl der Transporte, endlich von Landesart und Sitte. Für die Karren sprechen folgende Vortheile, die sich besonders geltend machen, wenn dieselben nur einspännig gefahren werden, worauf sie berechnet sind: Größere Leistung des Zugthiers, leichtere Fortbewegung der nur eine einzige Achse beschwerenden Last; leichtere Hemmung beim Bergabfahren; größere Sicherheit der Führung und des Gespanns, welches letztere mindere Freiheit der Bewegung hat, als vor dem Wagen; bessere Ausnutzung der Kraft des einzelnen Zugthiers; einfachere und sicherere Construction des Transportgeräths; verminderte Reibung bei nur einem Räderpaar; größere Brauchbarkeit zu Erd- und Düngerfuhren; endlich mindere Abnutzung der Straßen, ein zwar behaupteter, immerhin aber etwas problematischer Vorzug. Die Wagen dagegen haben für sich: die Möglichkeit einer das Zugthier nicht durch Druck beschwerenden Ladung, die Verwendung schwächerer Thiere im Gespanne; die mindere Abnutzung der Zugthiere; die leichtere Ueberwindung von Hindernissen des Weges; die größere Ladungsfähigkeit; die minderen Reparaturen im Verhältniß zu den fortgeschafften Lasten; die geringe Gefahr des Umwerfens bei hochgethürmter Belastung; die größere Leichtigkeit des Aufladens von sperrigen Gegenständen; die schnellere Beförderung von Massen; endlich die mindere Abnutzung der Straßen durch vierräderige, breitfelgige Räderfuhrwerke. Nach Allem halten sich Vorzüge und Nachtheile der beiden Beförderungsmittel so ziemlich die Wage. Im Allgemeinen darf angenommen werden, daß das Fuhrwerk der Karren insbesondere für Gegenden mit bergigem oder hügeligem Terrain geeignet ist, welche einen besonders kräftigen Schlag von Arbeitsthieren besitzen, wobei vorzugsweise auf Pferde oder Maulthiere Rücksicht zu nehmen ist, da Ochsen sich für die Verwendung zu diesem Zwecke weniger eignen. Auch die Größe der Gutscomplexe kommt bei der Wahl in Betracht, die mittleren und kleinen werden sich eher für den Karren entscheiden, als die großen. Das Zweckmäßigste wird immer sein, wenn beide Vehikel neben einander verwendet werden können, wie dies häufig schon der Fall ist; die Karren für den Transport von Erde, Mergel, Dünger, Kohlen, Wurzelwerk, die Wagen für die Fuhren der Heu- und Getreideernte, für Hölzer, Stroh, Fässer, Wolle u. dgl. sowie in denjenigen Fällen, welche eine gewisse Raschheit der Bringung erheischen.

Von den räderlosen Transportgeräthen kommen im landwirthschaftlichen Betriebe die Schlitten mit Vortheil bei vorhandener Schneebahn zur Verwendung, welche letztere gewissenmaßen eine Schiene bildet, die durch Verminderung der Adhäsion die Zugkraft bedeutend erleichtert, während Räderfuhrwerke auf der glatten Unterlage die rotirende Reibung zum Theil mit einer gleitenden vertauschen, also größere Kraftanstrengung erfordern würden. Schon oben ist angedeutet worden, daß der Schnee die Bringung der Lasten aus Gebirgsregionen wesentlich begünstigt, er mag auch mit Vortheil benutzt werden zur Herstellung von Winterbahnen mit entsprechendem Gefäll bei Erdarbeiten. Die Schleife ist ein schlittenähnliches Geräth, das in verschiedenen Formen in Benutzung ist; zwei im spitzen Winkel zusammengezapfte Hebel bilden die Pflugschleife, auf welcher der Pflugkörper ruht, während das Vordergestell als Fördermaschine dient; sie wird ersetzt durch einen breiten Schuh, in den das Schar gestellt wird, oder durch einen niederen Kufenschlitten. Zum Zusammenbringen der Heuschwaden auf Haufen dient die aus einem senkrechten Rahmen bestehende Heuschleife, vor welche zwei Pferde, je eines an jedem Ende, so angespannt sind, daß sie den Schwaden in die Mitte nehmen. Als Erdschleife ist das Muldbrett zu betrachten, eine egyptische Erfindung, welches aber auch gleichzeitig als Arbeitsmaschine wirkt; es hat sich in Europa unter mancherlei Modificationen ziemlich verbreitet, jedoch immer noch nicht so, wie seine werthvolle Leistung verdient. Das Egyptische Muldbrett (Kassabieh) Fig. 44 (an Ort und Stelle gezeichnet) ist ein viereckiger, starker Kasten aus Holz, vorn offen und mit einer eisernen Schneide vor dem Boden versehen, hinten mit zwei Sterzen zur Führung. Mittelst direct angebrachten Strängen wird ein Zugthier davor gehängt. Es dient zur Abhebung von kleineren Bodenerhöhungen, deren Erde sich in seinem Kasten sammelt, sie wird dorthin verfahren, wo sich Vertiefungen befinden und daselbst durch Umstürzen des Geräths entleert; auf diese Weise kann mit leichter Mühe die unregelmäßige Oberfläche eines Ackers nach und nach ausgeglichen werden. Auch der

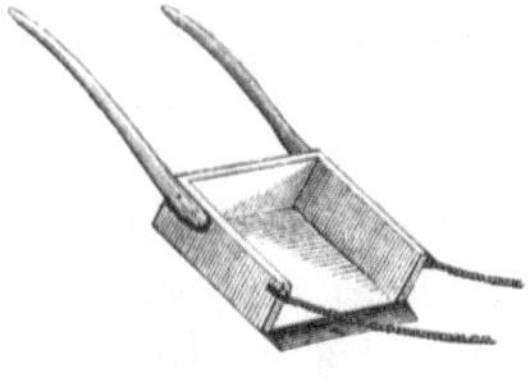

Fig. 44. Muldbrett.

schon oben beschriebene Pferderechen ist ursprünglich ein räderloses Transportgeräth gewesen, das zum Zusammenbringen des Heus und der verstreuten Getreidehalme gedient hat; nachdem er neuerdings mit zwei Rädern versehen worden ist, rangirt er von rechtswegen unter die Karren.

Um die Transportkosten zu vermindern, haben, wie schon erwähnt, einzelne Großgüter den Versuch gemacht, die Kraft des Dampfes an Stelle der thierischen zu setzen. Das ist bis jetzt aber nur ganz selten geschehen und scheint sich zu diesem Zwecke noch nicht völlig bewährt zu haben. Anders ist es mit den landwirthschaftlichen Eisenbahnen, welche unter bestimmten Verhältnissen bedeutende Vortheile verheißen. Gewöhnlich werden dieselben nur zu gewissen Zwecken, wie z. B. größeren Erdbewegungen, zum Transport von Productions- und Brennmaterial für technische Gewerbe u. s. w. temporär angelegt; minder häufig kommt vor, daß ein ganzer Gutscomplex mit einem System von Schienensträngen durchzogen ist, auf welchem alle Beförderungen im Großen vor sich gehen. Am häufigsten in Anwendung ist das System der transportablen Eisenbahnen, die aus mit Reif- oder Bandeisen beschlagenen Holzschienen bestehen, welche nach Bedarf in jeder erforderlichen Richtung sehr bald aufgestellt und wieder abgetragen werden können. Die Waggons zum Befahren derselben können von Menschen geschoben oder von Thieren gezogen werden; seltener wendet man wohl kleine Locomotiven zu deren Bewegung an. Dagegen haben sich, insbesondere seit Einführung der Dampfbodencultur, die Automobilen oder Straßenlocomotiven als ein Förderungsmittel erwiesen, welchem eine Zukunft nicht abzusprechen ist. Unter einer Straßenlocomotive oder Zugmaschine, Fig. 45, ist zu begreifen eine auf Rädern stehende Dampfmaschine, welche sich selbst bewegt und Lasten ziehen kann, gleich einer Eisenbahn-Locomotive, aber nicht wie diese auf Schienen, sondern auf jeder gewöhnlichen Straße und sogar auf dem Felde. In der Construction solcher selbstthätiger Locomobilen hat man es sehr weit gebracht, so daß sie schon vielfach Verwendung finden. Eine der neuesten ist die abgebildete von Fowler

Fig. 45. Zugmaschine von Fowler.

in Leeds, die sowohl unabhängig für sich, als auch insbesondere für die Dampf-Bodencultur verwendet wird und hier vortreffliche Dienste leistet. Gewöhnlich hat die Zugmaschine drei Räder; zwei Fahrräder mit besonders breiten Kränzen, der Adhäsion halber, und ein vorn in der Mitte laufendes Steuerrad, mittelst dessen der Maschinenführer lenkt und wendet. Das Letztere ist in bewundernswürdigem Grade erreicht, die kolossale Maschine dreht sich in schärfster Curve ohne jeden Anstand; sie überwindet sogar sammt angehängtem Lastzug von mehreren Waggons ziemlich bedeutende Steigungen. Der Gebrauch der Straßenlocomotiven ist, außer zur Bearbeitung des Bodens mittelst Dampf — zu diesem Zwecke sieht man sie in England und Amerika unbeanstandet von Ort zu Ort reisen, den gesammten übrigen Apparat hinter sich nachschleppend — insbesondere eingeführt zur Bringung von Kohlen von den Minen zu den Lagerplätzen oder Schiffen, zu größeren Erdbewegungen, zum Transporte besonders schwerer Gegenstände u. s. w. Vortrefflich eignen sie sich vermöge ihrer breiten Radfelgen zu Straßenwalzen; es ist ein Irrthum, wenn man ihnen die Beschädigung macadamisirter Straßen vorwirft, höchstens können sie vermöge ihres Gewichtes eine solche bei schlechtem Pflaster veranlassen. Dagegen hat ihrer allgemeineren Benutzung, namentlich auf dem Continent, im Wege gestanden, daß die Pferdegespanne der gewöhnlichen Straßenfuhrwerke vor dem feuerschnaubenden, pustenden Concurrenten leicht scheuten und Unheil anrichteten; die Erfahrung hat aber ergeben, daß sie sich doch ziemlich rasch daran gewöhnen, wie ja auch heutzutage schon die Ackerpferde längs der Eisenbahnen meistens an die Erscheinung und den schrillen Pfiff der Locomotiven völlig gewöhnt sind, während sie früher regelmäßig davor auszureißen versuchten und dann kaum zu bändigen waren.

Die Wasserhebung auf kleinere Höhe geschieht täglich auf die einfachste Weise, so durch die Wurfschaufel, womit der Gärtner das in den Rigolen zugeleitete Wasser mit geschicktem Schwung über die bepflanzten Beete schleudert, oder mittelst des Eimers an der Stange des am andern Ende belasteten Schwengelbaumes aus den auf dem Lande noch vielfach üblichen Ziehbrunnen. Hierher ist auch zu stellen eine Maschine, welche allerdings nur der Aehnlichkeit ihrer Wirkung halber diesen Platz ausfüllt, die Centrifugalmaschine oder Centrifuge, Fig. 46, die vermöge der Schwungkraft aus einem Gemische das Flüssige vom Festen scheidet und zu diesem Zwecke vielfach benutzt wird. Gewöhnlich besteht sie aus einem Metallcylinder, dessen Wand siebartig durchlöchert oder auch aus einem Drahtnetz gefertigt ist; er muß sich mit großer Geschwindigkeit um eine senkrechte Achse drehen und ist eingeschachtelt in einen zweiten größeren Cylinder, so daß zwischen beiden Mänteln ein genügender Zwischenraum bleibt. Bei der Rotation wird sämmtliche in dem in der inneren Trommel befindlichen Gemische enthaltene Flüssigkeit durch die Oeff-

Fig. 46. Centrifuge.

nungen des Siebraums geschleudert, worauf sie sich zwischen den beiden Mänteln sammelt und abfließt, während die festen Theile in der Schleudertrommel zurückbleiben. Dergleichen Schleudermaschinen finden zunächst Anwendung bei der Rübenzuckerfabrication zum Ausschleudern des Saftes aus dem Rübenbrei und heißen dann Saftcentrifugen, sodann zur Trennung des Rohzuckers von dem noch darin enthaltenen Syrup, Zuckercentrifugen. Diese Schleudern haben die außerordentliche Umdrehungsgeschwindigkeit von 1000 bis 1200 Umdrehungen in der Minute, natürlich werden sie durch Dampf (oder Wasserkraft) betrieben. Binnen 15 Minuten kann eine Saftcentrifuge 100 Kilo Rübenbrei verarbeiten, so daß daraus der gesammte Zuckersaft gewonnen wird, während die ausgebläsenen Treber in der Schleudertrommel zurückbleiben, aus der sie von Zeit zu Zeit entfernt werden müssen. Ein anderer Gebrauch der Centrifugalkraft ist wesentlich für die Bienenzucht; das mühsame Scheiden von Honig und Wachs wird durch Anwendung der Honigschleudermaschine, einer Erfindung des österreichischen Feldzeugmeisters Baron Gorizutti in Graz, zur leichten Arbeit und erfolgt dadurch so vollständig und säuberlich, wie auf sonst keine andere Weise. Die Honigschleudermaschine wird mit der Hand gedreht, ist sehr einfach construirt und wenig kostspielig. Endlich werden die Centrifugen auch in der Textilindustrie zum raschen Trocknen von nassen Stoffen benutzt; dies hat übergeführt zu ihrer Verwendung zum Trocknen der Wäsche überhaupt, wofür sie sich trefflich bewährt haben. Eine andere Anwendung der Centrifugalkraft auf die landwirthschaftliche Praxis findet bekanntlich statt bei den sogenannten Centrifugalpumpen, welche in ihrer vorzüglichsten Construction das Wesen einer kleinen Turbine haben, die durch rasche Umdrehung das zwischen ihre Schaufeln tretende Wasser in die Abflußröhre befördert, während Ventile ein Zurücktreten desselben verhindern.

Zu Zwecken der Ent- und Bewässerung erfolgt die Hebung des Wassers auf kleinere Höhen vielfach durch Schöpfräder, Schlagräder, Becherwerke, Schöpfturbinen, Schöpfschnecken und Kettenpumpen. Das Schöpfrad wird vom Wasser bewegt und vereinigt Kraft- und Fördermaschine in einer Construction; entweder sind neben einem als Motor dienenden, gewöhnlichen unterschlächtigen Wasserrade Schöpfbecher zur Aufnahme und zum Ausgusse des Wassers angebracht, oder letztere erfolgen durch die kastenförmigen Schaufelabtheilungen des Radkranzes selbst, wie bei dem Bayonner Zellen-Schöpfrad, welches eine der besten Vorrichtungen dieser Art ist; es fördert, je nach Maßgabe des Wasserlaufes, in dem es sich dreht, von 5,5 bis 4,5 C.-M. Wasser in der Minute auf 2—3 M. Höhe bei einem Aufwande von 2,5 bis 5,5 Pferdekraft. Eine eigenthümliche Art der Schöpfräder sind die Wurfräder, welche bei besonders rascher Umdrehung das von den flachen Schaufeln erfaßte Wasser innerhalb eines Canals emporschleudern; bei denselben ist die Kraftmaschine, welche meist von Wind oder Wasser bewegt wird, eine abgesonderte; sie sind namentlich in Holland üblich. Die chinesischen Schlagräder sind horizontate Holzgestelle von großem Durchmesser, kreisförmig und mit soliden Speichen versehen, deren Kopf ein breites, excentrisch schräg gerichtetes, senkrechtes Brett trägt, welches unten im stumpfen Winkel gleichschenkelig zugeschnitten ist; bei der durch eine ruhige Strömung breiter Flüsse bewirkten Umdrehung des ganzen Rades tauchen diese Ruderbretter in die Oberfläche des Wassers und peitschen dasselbe auf eine bestimmte Höhe empor, woselbst ein Abflußgerinne es aufnimmt und weiterführt. Die Chinesen sind auch die Erfinder der sogenannten Kettenpumpen, deren einfachste Art sie zur Hebung des Wassers aus den Canälen für ihre Reissümpfe verwenden; in einem aus Bohlen hergestellten schräg liegenden Canal, der bis unter den Wasserspiegel reicht, läuft ein Paternosterwerk von stehenden, den Gerinndurchschnitt ausfüllenden Brettern an einem Tau über zwei Rollen und fördert, durch ein von Menschen bewegtes Tretwerk betrieben, einen Wasserstrom aus der Tiefe bis zu der Höhe von 2—3 M. Dieselbe Einrichtung in vervollkommneter Weise haben die eisernen Kettenpumpen mit senkrechter Bewegung, welche sich zur Hebung des Wassers in kleineren Mengen, sowie auch namentlich als Jauchenpumpen bewährt haben. Der Schöpfschnecken, welche das Wasser nach dem Principe der archimedischen Schraube heben, ist schon oben gedacht.

Die Wasserhebung auf größere Höhen geschieht mittelst Centrifugal und Rotationspumpen, verschiedenartig construirten Saug — und Druckpumpen, und zuweilen auch noch durch andere, ungewöhnlichere Vorrichtungen. Die Centrifugalpumpen, deren Princip vorher kurz erklärt ist, sind unstreitig die nützlichsten Maschinen, welche zur Wasserhebung für landwirthschaftliche Zwecke benutzt werden können. Erst seit der Londoner Weltausstellung sind sie allgemeiner bekannt geworden. Die dort zum erstenmale öffentlich aufgetretene Centrifugalpumpe von Appold, deren Construction die am meisten verbreitete geblieben ist, lieferte mit einem thatsächlichen Nutzeffect von 68 Procent und bei 538 Umdrehungen in der Minute 5000 Liter Wasser auf die Höhe von 5 M., eine Leistung, welche aber heutzutage bei weitem übertroffen wird. Für kleinere Kraftmaschinen, bis zu 20 Pferdekraft, sagt Perels, empfiehlt sich stets die Centrifugalpumpe, bei stärkeren Motoren die doppelt wirkende Saug- und Druckpumpe. Die erstere findet von Jahr zu Jahr immer allgemeinere Anwendung; ihre Vorzüge sind in der That derart beträchtlich, daß sie fast für alle Verhältnisse, wo die hinlängliche Betriebskraft zur Verfügung steht, empfohlen werden kann. Sie eignet sich namentlich für die Fälle, wo große Quantitäten Wasser auf verhältnißmäßig geringe Höhen zu heben sind. Für die Wiesenbewässerung wird meist die Centrifugalpumpe der geeignetste Apparat sein, wenn eine Hebung des Wassers nothwendig ist; in gleicher Weise ist sie verwendbar zur Trockenlegung von Ländereien, Teichen, Torfstichen, Baugruben u. s. w. — Zum landwirthschaftlichen Betriebe der Centrifugalpumpe wird gewöhnlich die Locomobile und zwar eine solche von 8—12 Pferdekraft angewendet; Perels giebt an, daß eine Locomobile von 8 Pferdekraft mit einer Centrifugalpumpe von 66 Nutzeffect in der Minute 2,4 Cubikmeter Wasser auf 10 Meter Förderhöhe heben kann. Der Betrieb mit stationären Maschinen ist übrigens ebenfalls nicht selten und empfiehlt sich namentlich dort, wo jahraus jahrein das gleiche Wasserquantum zu beschaffen ist. Längs den Ufern des Nil sieht der Reisende zu seiner großen Verwunderung zahlreiche hohe Schlote in die Luft steigen; die meisten darunter sind solche von feststehenden Dampfmaschinen, die das Wasser aus dem Strome zur Bewässerung, namentlich der Zuckerrohr- und Baumwolleplantagen, mittelst Centrifugalpumpen und Steigerohren heben; die letzteren sind auf einem schwimmmenden Gerüste practicabel angebracht, so daß die Niveauveränderung des Stromes auf ihre Leistung ohne Einfluß bleibt. Auch in Amerika und Indien kommen solche stationäre Anlagen vielfach vor, insbesondern zu größeren auf längere Zeitdauer vertheilten Trockenlegungen. Neuerdings hat man dies Beispiel auch in Deutschland wiederholt nachgeahmt; insbesondere weist Perels mit Recht hin auf die in großartigem Maßstabe auf diese Weise durchgeführte Entwässerungsanlage für die Gemeinden Oppenheim und Dienheim in Rheinhessen. — Von der eigentlichen Centrifugalpumpe unterscheiden sich die sogenannten Rotationspumpen dadurch, daß bei ihnen das Wasser durch rotirende Kolben, nicht durch die Centrifugalkraft gehoben wird; sie bedürfen einer geringeren Umdrehungsgeschwindigkeit wie die ersteren, nutzen sich daher auch weniger ab. Gewöhnlich werden sie mit den Centrifugalpumpen verwechselt, wie dies bei der Repsold'schen Rotationspumpe, der bekanntesten ihrer Art, der Fall zu sein pflegt. —

Die gewöhnliche Pumpe wird zur Hebung von Flüssigkeiten in einer außerordentlichen Mannichfaltigkeit von Constructionen angewendet, die jedoch immer auf die beiden Systeme der Saugpumpen und der Druckpumpen zurückzuführen sind, welche sich zweckmäßig mit einander vereinigen lassen. Es kann hier nicht die Rede sein von den zahlreichen Arten der verschiedenen Pumpen für den Haus- und industriellen Gebrauch, sondern es sollen nur einige Beispiele besonderer landwirthschaftlicher Nutzanwendungen hervorgehoben werden. Zur Beschaffung von größeren Quantitäten Wasser, sei es für den Bedarf landwirthschaftlich technischer Gewerbe

Fig. 47. Rotirende Pumpe.

oder für mittlere Bewässerungen, etwa des Parks oder Gartens, wird sich immer eine Centrifugal- oder rotirende

Pumpe, Fig. 47, empfehlen; dieselbe kann transportabel eingerichtet, unten mit Schlauch und Saugekorb, oben mit Ausgußrohr versehen, das Ganze auf ein Gestell gesetzt und mittelst Riemscheibe durch einen stärkeren Motor betrieben werden. Für Entwässerungen in größerem Maßstabe, namentlich für solche, welche mit stationären Kraftmaschinen betrieben werden, wie die Trockenlegungen großer Wasserflächen — es sei an diejenige des Harlemer Meeres, des Fucino-Sees in Italien, der Ferraresischen Sümpfe, die projectirte der Zuydersee in Holland erinnert — eignen sich vorzugsweise combinirte Saug- und Druckwerke, deren Stetigkeit die raschere Leistung der Centrifugalpumpen aufwiegt, und welche gleichzeitig eine bedeutend geringere Abnutzung, wie diese haben, also mindere Störungen des Betriebs veranlassen. Mit dergleichen Pumpen werden auch in England und Schottland die großartigen Systeme der flüssigen Düngung, welche ganze Gutscomplexe von dem Centrale aus mit den nöthigen Befruchtungsstoffen versehen, durchgeführt, ein Verfahren, welches allerdings auf längere Dauer kaum vortheilhaft erscheinen darf, weil dabei die physikalischen Bedingungen zur Herstellung einer dem Pflanzenwachsthum unentbehrlichen Ackergahre nicht erreicht werden. Eines der nothwendigsten Utensilien für eine ordentlich instruirte Wirthschaft ist die Jauchenpumpe. Unzähligemale ist es ausgesprochen worden, daß dort, wo die flüssigen Ausscheidungen der Stallthiere, vereint mit dem Abwasser der Düngerstätten, in braunen Bächlein durch die Straßen fließen, wie man es in den Dörfern leider noch überall sehen kann, von einem Fortschritte und von einem wirklichen Reinertrage nicht die Rede sein kann. Die Jauche bildet ein ergänzendes Ingrediens des Stalldüngers, dessen derselbe zu seiner vollkommenen Wirkung nicht entbehren kann. Sie muß daher in ordentlich angelegten Gruben gesammelt und immer wieder mit jenem vereinigt werden. Dies geschieht am zweckmäßigsten durch die Aufstellung von Jauchepumpen, welche als Saug- und Druckwerke nicht blos die Beförderung der werthvollen Flüssigkeit in das Jauchefaß, zur Verführung auf den Acker, sondern auch ein tägliches Ueberspritzen des Stallmistes damit gestatten, eine unerläßliche Bedingung von dessen zweckgerechter Behandlung. Wo verschiedene Düngerstätten vorhanden oder Composthaufen angelegt sind, verlohnt sich die Benutzung von transportablen Jauchenpumpen mit Gummischlauch und Saugekorb; in Ermangelung genügenden Abwassers vom Dünger ist die Ueberspritzung desselben auch mit Wasser zu empfehlen, um die Gährung zu verlangsamen, die Entweichung von gasartigen Nährstoffen zu verhüten und die wünschenswerthe Homogenität zu erzielen. Seiner Zeit haben die Norton'schen Stoßbrunnen — auch Abyssinische Pumpen genannt, weil die Engländer sich ihrer im Kriege gegen Abyssinien mit Vortheil bedient haben — großes Aufsehen gemacht; heutzutage ist man von ihrer Ueberschätzung zurückgekommen. Eine Norton-Pumpe, Fig. 48, besteht aus einem ganz einfachen Pumpenstiefel mit Saugekolben, dessen niedergehende Zuführungsröhre am Ende mit einem Bohrmeisel versehen ist, und mittelst eines Fallblocks in den Boden eingerammt wird. Erreicht sie darin die wasserführende Schichte, so bildet die Kolbenwirkung, indem sie anfangs mit Erdtheilen gemengtes Schlammwasser auswirft, nach und nach eine Höhlung im Boden, in welcher sich reines Wasser ansammelt, das durch Seitenlöcher in die Pumpenröhre eintritt und so zu Tage gefördert wird. In geeignetem Erdreich, wo das Grundwasser nahe der Oberfläche steht und das Einrammen durch die Formation nicht behindert wird, leisten solche Stoßbrunnen die binnen kürzester Frist in Function treten können, allerdings Ersprießliches; leider sind sie nicht allenthalben anzuwenden, verschlämmen auch leicht mit der Zeit, wonach sie jedoch dichtbei wieder von Frischem eingeschlagen werden können. Von besonderem Vortheile sind sie dort, wo die Oertlichkeit ihre Anwendung begünstigt, für die Beschaffung des Wassers zum

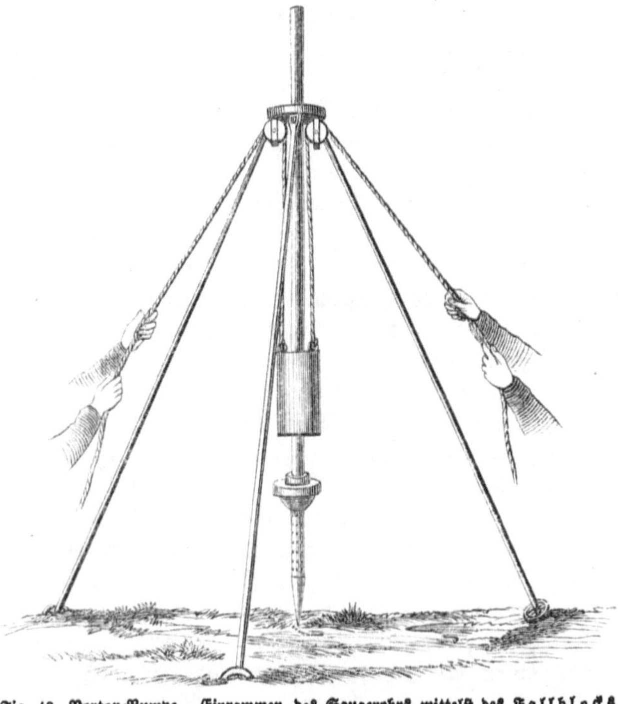

Fig. 48. Norton-Pumpe. Einrammen des Saugerohrs mittelst des Fallblocks.

Bedarf der Locomobile bei dem Dampfdreschen im Felde, ebenso für den gleichen Zweck bei der Dampfbodencultur; es können dadurch leicht die kostspieligen und lästigen Wasserzufuhren vermieden werden.

Zu den Pumpen gehört auch die Feuerspritze, welche gewöhnlich mittelst Schwengel durch Menschenkraft betrieben wird; es giebt aber auch in großen Städten Dampfspritzen, deren Mächtigkeit eine sehr bedeutende ist. Die Feuerspritze soll, was noch viel zu wenig beachtet wird, unerläßliches Requisit jedes größeren Wirthschaftshofes sein; namentlich darf sie nicht fehlen, wo mit transportablen Dampfmaschinen gearbeitet wird. Wenn auch die Schlote derselben gegenwärtig meistens mit Funkenfängern versehen sind, so ist doch deren Construction wie gesagt noch so unzuverlässig, daß eine stete Gefahr vorhanden ist. Daher ist auch „Feuer auf dem Dreschplatze" ein gewöhnliches Vorkommniß, welches die Abneigung der Versicherungsgesellschaften gegen die Dampfarbeit und die hohen Prämien, die sie bei deren Anwendungen fordern, erklärt. Wo mit der Locomobile in der Nähe von leicht entzündlichen Objecten, wie Scheunen, Getreidefeimen, Heuschobern, Holzplätzen rc. gearbeitet wird, da soll immer eine erprobte Feuerspritze zur Hand sein, um einem verderblichen Zufall begegnen zu können. Daß einem solchen die Dreschmaschine zum Opfer fällt, ist häufig genug vorgekommen; wenn auch dieselbe versichert war, so giebt es doch keinen Ersatz für die verschobene Arbeit bis zur Anschaffung einer neuen. Bei einer derartigen Gefahr bewähren sich die etwa auch zum Dreschen, wie zur Dampfbodencultur verwendeten Zugmaschinen ganz vortrefflich. Mittelst ihrer läßt sich die, gewöhnlich dicht bei den brennenden Materialien stehende Dreschmaschine, ins Schlepptau genommen, rasch außer aller Gefahr bringen, während bekanntlich die Gespanne sich stets weigern, sich dem Feuer zu nähern.

Um aus Wassersammlungen der Tiefe die Flüssigkeit auf einem längeren Wege bis zur Höhe zu bringen, wendet man zuweilen den hydraulischen Widder oder Stoßheber an, welcher ein ganz beachtenswerthes Mittel zur ziemlich kostenlosen Förderung bietet, jedoch wenig benutzt wird. In Frankreich und in England kann man indessen gelungene Ausführungen dieses Systems zur Genüge sehen. Der Apparat, Fig. 49, besteht aus einer von dem Sammelbassin in einen

Fig. 49. Hydraulischer Widder.

Windkessel führenden Leitungsrohre, aus welchem eine Steigröhre unter dem combinirten Drucke des Wassers und der Luft ersteres zum Abflusse bringt. Die Wirkung ist eine constante und für kleinere Flüssigkeitsmengen ganz annehmbare, Störungen kommen bei richtiger Construction des Apparats selten vor. Der hydraulische Widder bewährt sich insbesondere zur Versorgung von auf der Höhe gelegenen Besitzungen mit Trinkwasser; nach Perels eignet sich der Apparat nicht für Anlagen von Ent- und Bewässerungen, mag dagegen in beschränktem Maße bei der Landwirthschaft benutzt werden um zum Befeuchten kleiner Gartenparthieen oder zu Wasserleitungen für Viehtränken geringere Mengen aus tiefer gelegenen Reservoirs zu heben.

Die landwirthschaftlichen Bearbeitungsmaschinen, welche dazu bestimmt sind, durch Formveränderung Gegenstände unmittelbar oder mittelbar dem Endzwecke der

Cultur nutzbar zu machen, lassen sich in zwei große Classen stellen: Maschinen zur Veränderung des Bodens und Maschinen zur Veränderung der Producte. Je nach der bewegenden Kraft theilen sie sich wieder in Handwerkzeuge, Spanngeräthe und auf stärkere Motoren berechnete Maschinen.

Die Bodenbearbeitungsmaschinen dienen zur Umbrechung, Lockerung, Wendung und Mischung der Bodenschichte, in welcher die Pflanzen ihre Wohnstätte aufschlagen und ihre Arbeit hat den Zweck, den letzteren möglichst alle jene Bedingungen zu bieten, welche von Seite des Bodens Einfluß nehmen auf ihre günstige Entwickelung im Sinne des Ertrags. Die Herrichtung der Ackerkrume und theilweise auch des Untergrunds heißt Urbarmachung, sobald es sich um den Bruch eines Neulands handelt, das bisher als Acker noch nicht der Cultur gedient hatte, und Bodenbestellung bei jener Bearbeitung, deren nächstes Ziel die Saat ist. Der Gärtner, der Weinbauer, in vielen Gegenden auch der Kleinwirth überhaupt noch bedient sich zur Bodenauflockerung der Handwerkzeuge, des Spatens und der Haue. Die Spatencultur, welche wenn sie im Großen betrieben, auch Feldgärtnerei genannt wird, ist die vollkommenste Methode der Bodenbearbeitung, weil man dabei jedem Fleck Erde die gleiche, ins Einzelne gehende Sorgfalt widmen kann, was bei der Anwendung selbst der vollkommensten Spanngeräthe nicht immer möglich ist; sie verträgt sich aber wegen der ausschließlichen Verwendung der Menschenkraft, ihrer Langsamkeit und Kostspieligkeit nicht mit den Absichten eines intensiven Betriebs. Sie wird daher vom Landwirthe nur ausnahmsweise geübt, im Felde etwa zur Herrichtung eines Hopfengartens oder Möhrenackers oder zum Umbruch kleinwinkeliger Vorenden, welche der Pflug nicht fassen konnte, weit öfter in der Baumschule, im Garten, im Weinberg. Letzterer bedarf einer Tiefcultur, befindet sich nebenbei auch häufig in abhängiger Lage, die den Gebrauch von Spanngeräthen nicht zuläßt, er soll daher mit dem Karst oder der Weinbergshaue bearbeitet, bei der Anlage sogar 0,5 bis 1 m. tief rigolt werden. Bei Urbarmachung von Waldland, zum Umbruch langjähriger Luzernefelder muß nicht selten die Rodhaue zur Anwendung kommen. Das flache Blatt des Grabspatens wird oft mit Vortheil durch das gespaltene der Grabgabel ersetzt, welche leichter in den Boden eindringt und ihn mehr zerkrümelt, ebenso wie in schwierigem Erdreich der zweizinkige Karst an Stelle der breitklingigen Haue tritt. Zur Bearbeitung des Bodens während der Vegetationszeit dienen die Handhacken, zum Ebenen desselben nach der Umgrabung die Rechen u. s. w. Im Allgemeinen darf den Handwerkzeugen zur Bodenbearbeitung noch vorgeworfen werden, daß sie meistens zu schwer und wenig handlich sind, daher den Arbeiter unnöthig ermüden. Die Engländer, mehr noch die Amerikaner, haben es verstanden, durch die Anwendung von Stahl und zähen Hölzern diesem Fehler zu begegnen, allein die ungewohnte Form solcher vervollkommneten Handgeräthe wehrt ihnen noch vielfältig den Eingang bei der ländlichen Bevölkerung.

Unter den Spanngeräthen zur Bodenbearbeitung steht an der Spitze „das Ding, das Wenige schätzen", der Hebel aller Cultur und das Sinnbild des Friedens, der Pflug. Wie schon oben erwähnt, ist sein Gebrauch Jahrtausende alt; aus den wohl erhaltenen Wandgemälden egyptischer Gräber wissen wir, daß er dereinst von Menschen gezogen wurde; noch heute ist dies im Orient, ja selbst in Südeuropa bräuchlich; der südtirolische Aratrino ist ein Handpflug für die Weinberge, der von zwei Personen bewegt wird. Ueberall sonst, wo die Bodencultur einigermaßen fortgeschritten ist, wird der Pflug durch ein Gespann Pferde, Maulthiere, Ochsen, Büffel — in Egypten sieht man manchmal ein Kameel und einen Esel nebeneinander davor — gezogen und von einem Führer geleitet. Das Instrument zerfällt in drei Haupttheile: den Pflugkörper, welcher die eigentliche Arbeit verrichtet; das Gestell oder den Pflugbaum, der die Theile zusammenhält, zur Anbringung des Gespanns und der Führung dient; und endlich die Vorrichtung zur Stellung und Fortbewegung. Der Pflugkörper besteht aus folgenden Theilen: dem Schar, einem rechtwinklichen oder zungenförmigen oder meiselartigen Eisen mit geschärfter Schneide, welches die Aufgabe hat, einen Erdstreifen horizontal abzulösen, nachdem ihn das vorausgehende Sech, ein schräg senkrechtes Messer, in dieser Richtung von der Landseite losgeschnitten hat; durch die Fortbewegung gleitet der so abgetrennte Erdstreifen über auf das Streichbrett, das ihn entweder ganz oder in gewissem Winkel umwendet und zur Seite legt, oder auch ihn zerkrümelt und in gartenmäßiger Lockerung seitwärts der Furche aufschüttet. Dies sind die wichtigsten Theile des Pflugs; sie werden zusammengehalten durch die Sohle, die Griessäule und das Molterbrett; der gesammte Pflugkörper ist befestigt am Pflugbaum oder Grindel. Dieser nimmt an seinem hinteren Ende die Sterzen, Handhaben zur Führung, auf, an seinem Vordertheil oder Kopfe ist die Stellung angebracht, welche es ermöglicht, die Furche breiter oder schmäler, tiefer oder seichter zu nehmen, ebenso befindet sich hier, oft mit dem Stellungsregulator vereinigt, ein Stützpunkt behufs sicheren Ganges, das Vordergestell. Fehlt jede Unterstützung des Pfluges, so heißt er Schwingpflug, besteht dieselbe nur in einem den Grindelkopf tragenden Schuh Stelzpflug, besteht sie aus einem oder zwei Rädern am Grindel Radpflug, liegt derselbe auf einem besonderen Vordergestell Karrenpflug. Die zahlreichen Formen der Pflugwerkzeuge lassen sich nach der Classification des Verfassers, welche u. A. auch bei der von ihm zusammengestellten historischen Pflugsammlung der Wiener Weltausstellung durchgeführt war, unter folgendes Schema bringen: A. Haken; Pflugwerkzeuge ohne Streichbrett, welche den Boden blos aufwühlen, nicht wenden; älteste noch vielfach übliche Form des Geräths. 1. Ruhrhaken, welche den Boden blos aufreißen oder ruhren; a. mit Unterstützung des Grindels durch α. ein vollkommenes Vordergestell — Pflugkarren — mit zwei Rädern; β. zwei am Grindel angebrachte Räder ungleichen Durchmessers, weil das eine auf dem noch ungebrochenen Lande laufen muß; γ. ein Laufrad; δ. eine Schuhstelze im Kopfe des Grindels. aa. Einscharig, wenn nur mit einem Schar; bb. mehrscharig, wenn mit mehreren Scharen zur gleichzeitigen Ziehung von einigen Furchen nebeneinander. (Die nämlichen Unterabtheilungen gelten auch für alle wirklichen Pflüge.) 2. Krümelhaken, bei denen dem Schar ein Abweisebrett hinzugefügt ist, an welchem die losgebrochene Erde zersprüht. B. Pflüge, charakterisirt durch Vorhandensein eines Streichbretts. I. Krümler (Schütt-oder Krümelpflüge), bei welchen gewöhnlich Schar und Streichbrett in einem Theile vereinigt sind; sie zerkrümeln das losgetrennte Erdreich wie es ähnlich der Spaten thut, jedoch ohne es zu wenden. AA. Beetpflüge, welche die Furchen in entgegengesetzter Richtung aneinander legen, somit durch Doppelfurchen geschiedene Ackerbeete bilden; BB. Glattpflüge, welche die Furchen in der nämlichen Richtung aneinander legen, daher das Feld glatt, ohne Beete hinlegen. aa. Einscharige, bb. Wechselpflüge α. die am Ende der Furche nur das Streichbrett wechseln, oder β. welche den ganzen Pflugkörper auf die andere Seite stellen, damit er in der gleichen Richtung zurückpflügen kann; cc. Mehrscharige, mit mehreren Pflugkörpern in demselben Gestell; dd. Doppeltstreichbrettpflüge, mit zwei unmittelbar hinter dem Schar in spitzem Winkel zusammenstoßenden Streichbrettern, welche eine Doppelfurche eröffnen und somit Kämme auf der Ackeroberfläche bilden, weshalb sie auch Häufler heißen; ee. Mehrkörperige Häufler. (Die Unterabtheilungen dieser Gruppe gelten auch für die Pflüge insgemein.) II. Wendepflüge, deren Streichbrett den vom Schar und Sech losgeschnittenen Erdstreifen völlig oder in einem Winkel umwendet; 1. Steilwender, bei welchen derselben vermöge der sich der Senkrechten nähernden steilen Windung des Streichbretts gedreht und überworfen wird; 2. Flachwender, die durch die Länge des glatten oder gewundenen Streichbretts den Erdstreifen zur Wendung bringen.

Die Vervollkommnung des Pflugs, der seit den Römerzeiten fast allenthalben dieselbe Form beibehalten hatte, wurde, abgesehen von einzelnen früheren Versuchen, erst in der Mitte des 18. Jahrhunderts von England und Flandern aus energisch betrieben, und stammen die besten Wendepflüge, die wir kennen, und welchen zahllose andere Constructionen nachgebaut worden sind, aus jenen Ländern. Als Prototyp eines verbesserten Pfluges der Neuzeit mag der englische Howard-Pflug, Fig. 50, gelten, ein Flachwender ganz aus Eisen, mit sehr langem Streichbrett, Beetpflug für ein Zweigespann, der im Wenden des Erdstreifens das Mögliche leistet. Leider können es derlei Pflügen wegen ihrer Schwere und Kostspieligkeit auf dem Continente zu keiner nennenswerthen Verbreitung bringen; hier zieht man immer noch die Pflüge mit Holzgestell vor und der Landmann sträubt sich, für das Geräth, von dessen zweckmäßiger Form und Anwendung ein großer Theil des Erfolgs seiner Wirthschaft abhängt, theuerer zu bezahlen, als mit den altgewohnten landesüblichen Preisen. Eine außergewöhnliche Verbreitung hat der erst im Jahre 1831 erfundene böhmische Ruchadlo gefunden, ein Krümelpflug, welcher in nicht zu schwerem Boden vortreffliche Arbeit liefert, indem er die Ackerkrume in gartenmäßiger Weise lockert; er ist gegenwärtig in zahllosen Nachbildungen das am meisten verwendete von allen Pfluginstrumenten. Neuerdings hat man auf eine schon vor einem Jahrhundert vorgeschlagene

Fig. 50. Howard-Pflug.

Construction von Doppelpflügen, welche mit zwei Pflugkörpern hinter einem Gespanne arbeiten, zurückgegriffen und Vortheil dabei gefunden, weil dabei ein Zugthier und ein Führer gespart wird. Die Doppelstreichbrett- oder Häufel-Pflüge dienen vorzugsweise zum Anhäufeln der Reihensaaten, um dieselben mit frischer unausgenützter Erde zu versehen, ihnen festeren Stand zu geben und zugleich die Zeilen zu reinigen; sie dienen aber auch der Bestellung, wenn die Saat auf Kämme geschieht, und zur Ernte der Wurzelgewächse. Da die Bodenbearbeitung die Grundlage des Erfolgs des Ackerbaues ist, so behält das alte Sprichwort recht: Zeige mir deinen Pflug, und ich will dir sagen, welch' ein Landwirth du bist. Es muß daher die Verbesserung der Bodencultur immer mit der Einführung eines Pflugwerkzeugs beginnen, welches den verschiedenen Anforderungen des Zweckes entspricht. Da dieser aber örtlich begrenzt ist, so hat es auch noch nicht gelingen wollen, einen für alle Verhältnisse gleich gut passenden Universalpflug zu construiren.

Das durch Wissenschaft und Praxis angezeigte Bedürfniß einer tieferen und energischeren Bearbeitung des Bodens, als sie mit dem von Gespannen bewegten gewöhnlichen Pfluge geschehen kann, hat seit der Verallgemeinerung der Dampfkraft als Motor zu dem Wunsche geführt, sie auch für die erste aller Arbeiten benutzen zu können. Nach mancherlei Versuchen ohne Erfolg in dieser Richtung gelang es zwei britischen Schullehrern im Verein mit einem Dorfschmiede die richtige Idee zu erfassen, welche von dem Ingenieur John Fowler aufgegriffen, weitergebildet und endlich zu einem so hohen Maße der Brauchbarkeit gebracht wurde, daß heutzutage die Dampf-Bodencultur sicheren Fuß gefaßt hat und voraussichtlich von Jahr zu Jahr mehr Terrain gewinnen wird. Von den verschiedenen Systemen des Dampfpflugs, welche seit seinem ersten Auftreten im Jahre 1851 durchgeprüft und größtentheils wieder verworfen worden sind, verdient gegenwärtig nur noch Eines allgemeinere Beachtung, das sogenannte Zweimaschinensystem, das sich durch Sicherheit und Leistung weitaus vor dem früher üblichen Rundherum=(Round-about-) System mit Ankerwagen und nur einer Kraftmaschine auszeichnet. Der jetzige Fowler'sche Dampfculturapparat, Fig. 51, besteht aus zwei Automobilen oder Straßenlocomotiven, welche einander gegenüber stehen, und mittelst Trommel und Drahtseil ein Pfluginstrument hin und herziehen; während des Ganges desselben rückt die betreffende Dampfmaschine jedesmal selbstthätig um die Breite des Umbruchs vor. Der Pflug selbst besteht aus einem ungewöhnlich starken eisernen Gestell, welches eine Anzahl von Scharen, 3 bis 5, trägt und zwar auf jeder Seite, so nämlich, daß am Ende der Furche die in Thätigkeit gewesene Scharreihe durch Hebeldruck sich aushebt, während eine gleiche in entgegen stehender Richtung sich in den Boden senkt und ihre Furchen neben die vorigen legt. Ein Führer, welcher auf dem Pfluge — der wegen seines wechselnden Eingreifens Balancepflug genannt wird — sitzt, regiert den Gang vermöge eines Steuerrades, so daß eine Abweichung nicht stattfinden kann. Die neueste Construction des Dampfpflugs von Greig und Eyth, Fig. 52, hat das Balance=System aufgegeben und wirkt mit den nämlichen Scharen, acht an der Zahl, hin und zurück, indem am Ende jedes Furchengangs durch eine Verschiebung des Gestells im Bogen um je eines seiner in Drehscheiben laufenden Außenräder die Richtung der Schare umgekehrt wird, so daß dieselben den neuen Furchenzug dicht neben den vorhergegangenen legen. Zu dem Ende ist auch die Form des nach jeder Seite gleich gestalteten Ruchadloschars gewählt, das sich zum Wechseln behufs Glattpflügens trefflich eignet, auch für die Cultur der Zuckerrüben, die den Dampfpflug auf dem Continent bis jetzt am meisten in Anspruch genommen hat, eine besonders bevorzugte ist. — Zur Bewegung des

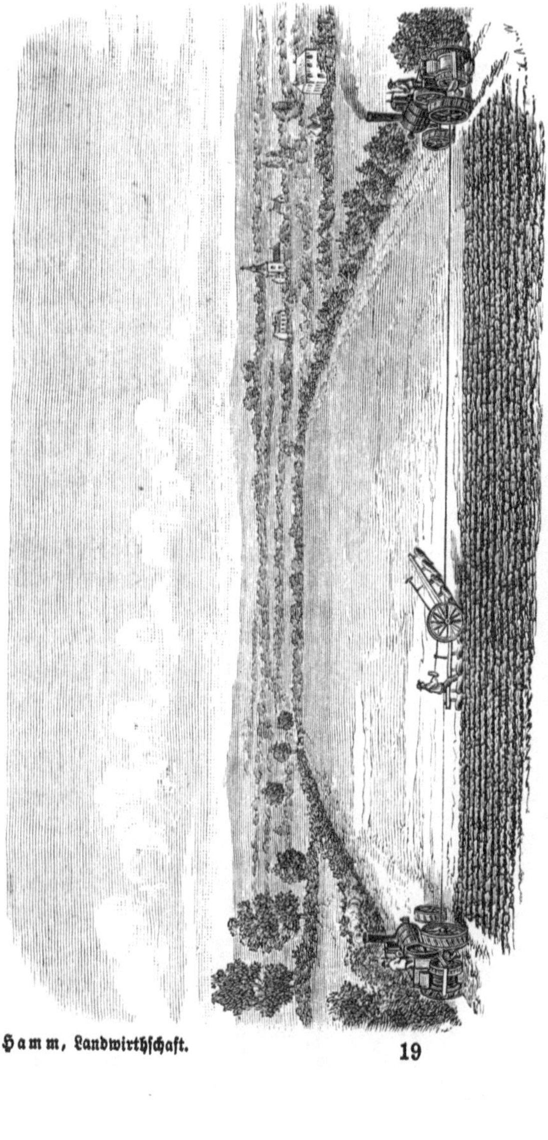

Fig. 51. Dampfculturapparat von Fowler.

Dampfpfluges bedarf es zweier Zugmaschinen von 12 bis 15 Pferdekraft. Dadurch wird die Anschaffung des Apparats allerdings eine sehr kostspielige, so daß nur Großgrundbesitzer an dieselbe denken können, wenngleich trotz alledem

Fig. 52. Dampfpflug von Greig und Eyth.

die Arbeit sich lohnend bezahlt. In Großbritannien, neuerdings auch in Deutschland, haben sich daher Dampfpflug-Genossenschaften gebildet, deren Mitglieder sich die Vortheile der Apparate mit verhältnißmäßig geringen Einlagen verschaffen und an dem resultirenden Gewinn participiren. Auch giebt es dort schon zahlreiche Vermiether, welche die Dampfculturapparate mit der Bedienung nach einem pro Furchentiefe und Hectar berechneten Miethpreise zur Benutzung ausleihen, wobei beide Theile gute Geschäfte machen. Wenn auch bei einer gewissenhaften Vergleichung sich die Kosten der Bodenbearbeitung mittelst Dampf höher herausstellen, als diejenigen durch Spanngeräthe, so will dies doch nichts sagen gegenüber dem Erfolge der beiden Methoden. Die letzteren vermögen nämlich niemals und unter keinen Umständen den Boden so tief und gründlich umzubrechen, wie der Dampfpflug, welcher außerdem in jenen Lagen, wo unter der Ackerkrume eine Schichte von Ortstein — Kieselerde mit Eisenoxydhydrat zu einer festen Masse zusammengebacken — oder eine von der Pflugsohle geschliffene verhärtete Schichte — Pan — liegt, durch kein anderes Geräth ersetzt werden kann. Der Ertrag auf dem mittelst Dampf cultivirten Land ist ein so bedeutend höherer, daß der Aufwand dadurch völlig aufgewogen wird, abgesehen davon, daß durch die mächtige Leistung viele bisher als Oedstellen brach liegende Ländereien der Cultur zugeführt werden können. Ebenso gut, wie den Pflug, bewegt die Dampfkraft auch den mehrscharigen Grubber, die Egge, die Walze, sogar die Säemaschine; es sind Versuche zu verzeichnen, welche sämmtliche Bestellungsarbeiten durch sie ausgeführt werden ließen. Allerdings eignet sich die Dampfcultur nur für bestimmte Verhältnisse; sie verlangt große und möglichst ebene Flächen, um vollkommen nutzbar zu sein, jedoch stellt ein gewelltes Terrain ihrer Anwendung keineswegs ein Hinderniß entgegen. Sowie gründlicher, arbeitet der Dampfpflug auch rascher, ist weniger an die Bodenfeuchtigkeit gebunden, als der gewöhnliche Pflug und vermeidet die Eindrücke von den Füßen der Gespanne, welche stets ein ungleichmäßiges Aufgehen und Wachsthum der Saat zur Folge haben. Diesen großen Vorzügen gegenüber stehen als Nachtheile die bedeutenden Anschaffungskosten und die nur von gründlich gebildeten Arbeitern zu besorgende Leitung, sowie Ueberwachung der Apparate, welche jedoch von den Vortheilen weitaus paralysirt werden. Jedenfalls darf man heute schon behaupten, daß der Dampfbodencultur die Zukunft gehört, und daß durch sie eine ganz neue Aera des Ackerbaus eintreten wird. Denn es darf als zweifellos angenommen werden, daß ihr gegenwärtiger Stand nur ein provisorischer ist, aus dem sich allmälich ein reformirtes System entwickeln muß, welches allen Ansprüchen der Landwirthschaft Rechnung trägt. Die Hoffnung derselben ist immer noch auf einen, zwar oft versuchten, aber bis jetzt niemals entsprechenden, direct wirkenden, Kraft und Arbeit vereinigenden Apparat gestellt.

Den Pflügen zuzuzählen sind auch jene Geräthe, welche als Grubber, Hackpflüge, Pferdehacken, Exstirpatoren, Cultivatoren, Reihenschaufler, Kratzigel u. s. w. entweder zu einer rascheren Lockerung des Bodens, oder zur Lüftung und Reinigung desselben zwischen den Reihen der Gewächse dienen. Man kann sie unter dem Namen Pferdehacken zusammenfassen. Unter ihnen sind die Grubber oder Exstirpatoren vorzugsweise als Ersatz des eigentlichen Pfluges im Gebrauch; sie bestehen aus einer Reihe von 3, 5, 7 oder 9 Scharen in einem kräftigen Gestell und reißen den Boden in größerer Breite oberflächlich auf oder durchwühlen ihn, ohne zu wenden. Zur raschen Lüftung des Erdreichs oder zur Vorbereitung für die Saat sind sie daher an Stelle des Pflugs mit großem Vortheile zu benutzen. Als eines der besten Muster dieser Spanngeräthe kann gelten der Traiprain Grubber, Fig. 53,

Fig. 53. Traiprain Grubber.

aus Schottland, ganz von Schmiedeeisen mit 9 nach vorn gerichteten meiselförmigen Scharen, die in einem Gestell, das gehoben und gesenkt werden kann, zwischen zwei Laufrädern stehen, während am Grindel zwei kleinere Führungsräder angebracht sind. Die eigentlichen Hackpflüge — gewöhnlich Pferdehacken schlichtweg genannt, wenn sie mehrere, Cultivatoren oder Reihenschaufler, sobald sie nur je eine Reihe zwischen den Gewächsen vornehmen, sind an die Drillcultur oder Reihensaat gebunden, mit welcher vereinigt sie eine besondere Behandlungsart der Nutzpflanzen ermöglichen, die Pferdehackenwirthschaft genannt wird. Diese legt ein Hauptgewicht auf die wiederholte Bearbeitung der Pflanzen in den Reihen während der Vegetationsperiode, durch die denselben stets neue Nahrung zugeführt, zugleich aber auch der Acker von Unkraut rein gehalten wird. Es sind die sinnreichst construirten Pferdehacken in Verwendung, welche zwischen den Pflanzen ohne diese zu beschädigen, mit bewundernswerther Sicherheit und Erfolg arbeiten, so namentlich die Garrett'sche, die bekannteste von allen. Die Reihenschaufler bestehen gewöhnlich aus 3 Scharen oder Messern, von welchen eines vorausgeht, während die andern folgen; werden sie auch noch mit einer kleinen Egge oder Walze verbunden, so erhalten sie die Namen Furchenegge, Kratzigel, Paßauf u. s. w. Die Anzahl ihrer Constructionen ist außerordentlich groß. Auch die schon oben erwähnten Haufelpflüge würden unter diese Kategorie zu stellen sein, wenn sie einzig dem Zwecke der Reihenbearbeitung dienten.

Der Pflug legt die Ackerkrume nicht in der fein zertheilten, ebenen Weise nieder, wie sie für die vortheilhafte Aufnahme der Saat erforderlich ist; sie bedarf nach demselben noch der gleichen Bearbeitung im Großen, die der Gärtner seinen umgegrabenen Beeten mit dem Rechen giebt. Diese zweite wichtige Arbeit der Bestellung verrichtet die Egge, ein Instrument, das gewöhnlich aus einem mit Zinken bewaffneten Rahmen besteht, welche die gebliebenen Schollen zerkleinern, Unebenheiten ausgleichen, die Oberfläche gleichmäßig herrichten und fein zertheilen. Auch die Egge ist ein Spanngeräth, vor welches nur Pferde gehören, da ein etwas rascher Zug ihre Wirkung erhöht. Sie wird aus Holz, aus diesem und Eisen, oder aus letzterem allein angefertigt. Bei ihrer Construction ist darauf Bedacht zu nehmen, daß jeder Zinken seinen eigenen Weg geht, ohne mit dem eines anderen zusammenzutreffen, während doch die Striche so eng bei einander zu liegen kommen, daß keine Bodenstrecke ungetroffen bleibt. Man verwendet die Egge in verschiedenerlei Constructionen, die sich theils durch die Gliederung der Rahmen, theils durch die Zahl der letzteren von einander unterscheiden; statt der ziehenden Bewegung wird auch die rotirende beliebt, so daß das Geräth mehr einer Stachelwalze gleicht; die amerikanische Rundegge nimmt, vermöge eines angebrachten Gegengewichts, eine kreisrunde Flachbewegung an; manchmal bilden mit Reisig durchflochtene Gestelle die zu leichteren Verrichtungen geeignete Dornegge. Eine der besten Eggeformen ist die englische Zickzackegge, Fig. 54, ganz von Schmiedeeisen und

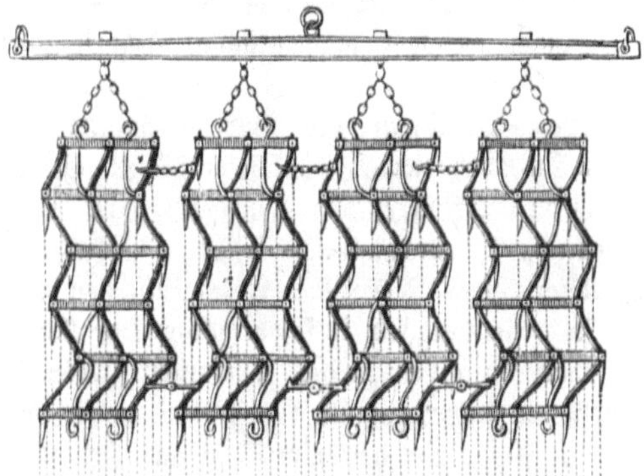

Fig. 54. Englische Zickzack-Egge.

aus mehreren mit Ketten lose verbundenen schmalen Zinkenrahmen bestehend, welche an dem sogenannten Wegebaume hängen, der als Ackerwaage zur Anbringung des Zuges dient; auf diese Weise schließen sich die einzelnen Abtheilungen der gegliederten Egge den Unebenheiten des Bodens leichter an und erzielen durch ihre schlängelnde Bewegung zugleich eine bessere Wirkung. Auf die richtige Bauart der Egge wird leider in den meisten Gegenden noch minderes Gewicht gelegt, als auf diejenige des Pflugs, und doch ist sie kaum ein weniger wichtiges Instrument; namentlich ist ihre Wirkung zur Klarmachung des Ackers für die Saat, sowie zur Bedeckung der letzteren durch keine andere zu ersetzen. Wo ganz feine Samen untergebracht werden oder die Wiesen gekämmt, von Moos und Geniste befreit werden sollen, da benutzt man entweder die Dornegge oder besondere Wieseneggen, die mit kettenmäßig gegliederten Stachelringen die Narben zerreißen. Zum bloßen Glätten des Ackers dreht man die gewöhnliche Egge um, die Zinken nach oben; besser benutzt man dazu eine besondere Ackerschleife, einen mit Flechtwerk geschlossenen leichten Rahmen, namentlich in Belgien überall im Gebrauche.

Das dritte Werkzeug zur Bodenveränderung ist die Walze, ein Cylinder, der, sich um seine Längenachse drehend, über den Boden durch Gespanne fortbewegt wird, ihn niederdrückt, befestigt, die vorhandenen Schollen zertrümmert und ihn gleichmäßig ebnet. Ueber das Verhältniß der Arbeit der Walze zur Bodenfeuchtigkeit ist schon früher das Nothwendige mitgetheilt worden; außer zu den genannten Zwecken dient sie noch zur besseren Unterbringung der Samen nach [oder anstatt der Egge, zum Andrücken der vom Frost aus dem Boden gehobenen Pflanzen im zeitigen Frühjahre, zum Ueberwalzen aufgelaufener Saaten um dieselben zu kräftigen, zum Vertilgen von schädlichen Thieren, z. B. Mäusen, zur Befestigung des Rasens und der Wege, zum Niederdrücken der Gründüngerpflanzen in der Richtung des Pfluges u. s. w. Man unterscheidet: Glatte Walzen, entweder aus einem, oder aus zwei und drei Cylindern mit derselben Achse bestehend; letztere sind immer vorzuziehen, weil sie nicht blos besser anzufertigen, sondern auch viel beweglicher sind, besonders beim Kehren am Ende des Zuges. Die englische Theilwalze, Fig. 55, ist eines der vorzüglichsten Geräthe seiner

Fig. 55. Theilwalze.

Art; sie besteht aus drei gußeisernen Cylindern welche frei auf einer gemeinsamen Achse laufen; das Gestell ist auf ein Pferd in der Scheere und so eingerichtet, daß es nach Erforderniß beschwert werden kann. Man vertheilt auch zuweilen die Cylinder neben und hinter einander mit gesonderten Wellen in je einem Gestell. Statt der völlig runden wählt man öfters auch Walzen, die sich mehr der prismatischen Form nähern, cannelirt oder mit scharfen Kanten behufs vermeintlich verstärkter Wirkung versehen sind. Je größer der Durchmesser der Walze, um so leichter bewegt sie sich; daher wendet man gern die tonnenartig gebauten Trommelwalzen an; ein treffliches Instrument erhält man, sobald man die Kränze zweier alten Wagenräder mit dreikantigen Längsleisten verbindet und auf diese Weise eine Gitterwalze bildet. Man hat convexe Walzen, welche in der Mitte am dicksten sind, zum Auswalzen von Vertiefungen, concave, um die noch häufig üblichen gewölbten Schmalbeete zu besorgen. Eine besondere Classe bilden die Ringwalzen, welche mittelst einer Anzahl von nebeneinander gereihten Scheiben auf gemeinschaftlicher Achse gebildet werden und als höchst wirksam bekannt sind; zu ihnen gehört der Schollenbrecher, ein massiv schweres Instrument mit gezackten Ringkränzen, die Benennung verräth seinen Zweck, den er trefflich erfüllt. Auch der Kammpresser, eine Ringwalze mit großem Durchmesser zum Pressen des frisch geackerten Bodens in erhöhte Reihen oder Kämme, in England und Frankreich gebräuchlich, stellt sich hierher. Endlich werden noch Stachelwalzen, mit radial abstehenden Zinken beschlagen, zur Bewältigung von besonders widerspenstigem Boden geführt; es ist sogar vorgeschlagen worden, solche von besonderer Construction und Schwere zum Umbrechen des Ackers an Stelle des Pfluges zu benutzen. Die Walze wird aus Holz, aus Stein, aus Eisen angefertigt; letzteres ist das haltbarste und constanteste, daher beste Material, das dem Stein, der immer massiv angewendet werden muß, stets voran steht, während Holz die größere Billigkeit für sich hat. Leider sind auch die hölzernen Walzen unter den Kleinwirthen noch lange nicht genug verbreitet.

Die Erzeugung der Bodenproducte bedarf einer Reihe von vorausgehenden Vorbereitungen, deren großentheils schon früher gedacht worden ist, und deren Ausführung man in der Neuzeit bestrebt ist thunlichst der Maschine zuzuwenden. Zu derartigen Vorbereitungsmaschinen gehören von rechtswegen auch Pflug, Egge und Walze nebst ihren Verwandten, allein sie verändern die Gestalt des Bodens und das ist nicht der Zweck der unter diese Rubrik zu stellenden Mechanismen. Diese verleiben ihm hingegen nur Befruchtungsstoffe oder die Saat ein. In erster Linie sind also hier zu nennen die Düngerstreumaschinen, welche dem Menschen eine höchst lästige und sogar gesundheitschädliche Arbeit abnehmen, indem sie die gleichmäßige Verstreuung von pulverförmigen concentrirten Düngestoffen, wie Guano, Knochenmehl, Superphosphat,

Kalisalze, Kalk und Gyps besorgen. Dies geschieht gemeinlich durch ein Löffelwerk, dessen Schaufeln die durch einen Rührapparat zugeführten Düngepulver ergreifen und über ein Vertheilungsbrett auf die Bodenoberfläche gelangen lassen; die Bewegung wird vermittelt durch die Laufräder der steuerbaren, durch ein Gespann gezogenen Maschine. Im Wesen ist dieselbe ähnlich der Säemaschine, welche mit gleicher Einrichtung die Saat auf den zubereiteten Acker streut. Jahrtausende hindurch hat dies die Hand des Menschen gethan, mit kunstgeübtem Wurfe vertheilte der Säemann die goldenen Körner, bis von der Mitte des 17. Jahrhunderts an mechanische Apparate zu diesem Zwecke in Gebrauch kamen, die übrigens in China und Ostindien, wenngleich in primitivster Form, seit ältesten Zeiten schon eingeführt waren. Jede Saat erfolgt entweder breitwürfig, das ist regellos vertheilt mit möglichster Gleichmäßigkeit des Körnerfalls, oder in Reihen, bei der sogenannten Drillcultur, endlich in einzelnen Horsten regelrechten Abstandes, Dibbelsystem Die Zahl der Säemaschinen-Constructionen ist eine beträchtliche, sie lassen sich auf folgende Methoden zurückführen: 1. die Samen befinden sich in Kapseln und werden durch die Rotation derselben durch auf dem Umfang angebrachte Löcher von entsprechender Größe ausgeworfen, vorzugsweise nur bei kugelförmigen Sämereien, z. B. Raps, Rübsen, Senf u. dgl. anwendbar; 2. die Samen werden mittelst Bürsten oder ähnlicher Vorrichtungen durch ihrer Größe entsprechende Oeffnungen hindurch gedrückt; 3. sie werden von Vertiefungen rotirender Walzen oder Räder aufgenommen und über einer Ausgußöffnung entleert; 4. die Samen werden von hin- und hergeschobenen Brettchen in bemessene Vertiefungen gebracht und dergestalt entleert; endlich 5. ein System von Löffeln oder Schaufeln ergreift die Samen und befördert sie durch Rotation in unterhalb angebrachte Trichter, welche sie mittelst Saatscharen in den Boden leiten.

Das letztere System ist gegenwärtig das am allgemeinsten verbreitete. Es wird am besten repräsentirt durch die Drillmaschine, Fig. 56, englischer Construction, wie sie jetzt

Fig. 56. Drillmaschine.

allenthalben verbreitet ist, wo die Hochcultur platzgegriffen hat. Ihr Wesen besteht in einer Anzahl von auf derselben Achse stehenden senkrechten Scheiben, welche seitwärts an ihrem Umfange mit horizontalen kleinen Löffeln garnirt sind, die aus dem vom Samenkasten zugeleiteten Vorrath bei der Umdrehung eine Anzahl von Körnern schöpfen und dieselben in unterhalb befindliche, mehrzählige und lose hängende Schütteltrichter gelangen lassen, welche hinter zweiflügelichen, die Erde in der gehörigen Tiefe öffnen den Saatscharen ausmünden, so daß die Samen also von der Maschine zugleich untergebracht werden. Es lassen sich mit solchen Maschinen alle Sämereien und zwar mit beträchtlicher Ersparniß an Saatgut ausstreuen. Die Drillcultur oder Reihensaat mittelst der Maschine wurde früher höchstens für einzelne Handelsfrüchte angewendet, Großbritannien hat sie zuerst auch auf das Getreide übertragen und mit solchem Vortheile, daß gegenwärtig diesem Beispiele folgt, wer nur irgend Sinn hat für landwirthschaftlichen Fortschritt. Denn die Drillcultur sichert nicht nur eine Samenersparung, sondern sie bringt auch kräftigere Bestockung der einzelnen Pflanzen zu Wege, daher stärkeres Stroh, Verhütung des Lagerns, reichere Aehren, besseren Ertrag. Sie verhindert meistens das Auswintern, gestattet die Bearbeitung während des Wachsthums, erleichtert die Ernte und liefert das ausgebildetste Product. Wo daher ihrer Einführung widerstrebt wird, dort ist noch der Schlendrian zu Hause. Die Drillmaschine ist selbst von Kleinwirthen leicht zu beschaffen und zu benutzen, sobald sich eine Anzahl zu dem Zweck genossenschaftlich vereinigt. Es giebt auch breitwürfige Säemaschinen, welche den Wurf der Hand — er erheischt Geschicklichkeit und große Uebung, um Gleichmäßigkeit zu erreichen — nachahmen, allein dieselben haben keinen rechten Zweck mehr und scheinen allmälich aus der Praxis zu verschwinden. Dagegen dürften die Dibbelmaschinen eine Zukunft haben; sie legen den Samen nicht in Reihen, sondern häufchenweise oder in Horsten mit gewissen Abständen nieder, was wenn richtig vollzogen, allerdings das Ideal einer geeigneten Saateinlegung ist. Der Gärtner übt sie, der Landwirth hat von ihm gelernt und bedient sich da und dort des Dibbelstocks oder Dibbelbretts zum Anfertigen der Löcher im klargemachten Boden, worin er einige Körner mit der Hand wirft und zudrückt. Die Dibbelcultur bedarf notorisch des mindesten Aufwands an Saatgut und wirft die höchsten Ernten ab, leider aber steht deren Ertrag nicht immer in günstigem Verhältnisse zu der aufgewendeten Arbeit. Die Säemaschinen werden stets durch thierische Kraft bewegt; es giebt Hand- und Gespann-Säemaschinen, erstere vorzugsweise für den Garten und auf dem Acker für kleinere Sämereien; ein treffliches Werkzeug dieser Art ist die auf einem Schiebkarrengestell ruhende Kleesäemaschine von 4 m. Breite mit rotirenden Bürsten und Saatstellscheiben.

Gewinnungsmaschinen kann man solche nennen, welche die dem Boden entwachsenen Producte demselben entnehmen und sammeln, oder auch jene, die ein erstes Product durch Bearbeitung zu einer marktfähigen Waare machen. In diese Reihe gehören demnach zunächst die verschiedenen Geräthe und Apparate zum Abbringen der Ernte. Das älteste Werkzeug zu diesem Zwecke war die Sichel, ein halbkreisförmig gebogenes Hiebmesser, aus welchem zunächst die Hausichte mit längerem Handgriff zu wirksamerem Schwunge entstand, endlich die Sense, deren Wurf den Effect des Hebels und des Pendels vereinigt. Diese Erntegeräthe sind seit ältesten Zeiten sich in ihrer Form ziemlich gleich geblieben und haben nur im Materiale Verbesserungen erfahren; charakteristisch ist aber, daß die Form bei den einzelnen Völkern weit von einander abweicht, ohne anderen Grund als die nationale Voreingenommenheit; eine Galerie der Sicheln und Sensenblätter ist daher ein interessantes Object für ethnographisches Studium. Der Erntemaschinen, welche in der Neuzeit die Handwerkzeuge immer mehr ersetzen, ist schon oben ausführlich gedacht worden; Mähemaschinen, Pferderechen und Heuwendemaschinen sind bezeichnende Apparate der Hochcultur, welche ihre allgemeine Verbreitung erst mit der Zeit, aber ganz sicher, erreichen werden. Es ist mehrfach versucht worden, mit den Getreide-Erntemaschinen auch einen Apparat zu verbinden, welcher zugleich die abgeschnittene Halmfrucht in Garben sammeln und binden soll; die bezüglichen Ausführungen haben sich aber bis jetzt noch nicht genügend bewährt. Mehr Aussicht auf Erfolg würde eine der Mähemaschine unmittelbar folgende Garbenbindemaschine haben, für menschenarme Gegenden, in die sich der Getreidebau doch immer mehr und mehr zurückzieht, eine allerdings wichtige Erfindung. Es mag hierbei daran erinnert werden, daß schon vor mehr als vierzig Jahren Cooper in allem Ernste eine amerikanische Maschine beschrieben hat, welche vorn das Getreide abschnitt, hinten aber das fertige Brot ablieferte; sie war Mähe-, Dresch-, Mahl-, Teigknet-Maschine und Backofen zugleich und als Curiosum sehenswürdig; natürlich ist sie auch nur als Solches vorgeführt worden. Den ältesten Erntemaschinen der Gallier entsprechen die heutigen sogenannten Kleekämme, Kasten, deren offene Vorderseite mit scharfen Zinken bewaffnet ist, welche blos die Köpfe des Samenklees abreißen, während sie den Rest der Pflanze zur nachherigen Futterwerbung stehen lassen. — Zu den Gewinnungsmaschinen könnten auch gezählt werden die hier und dort, besonders in Amerika, übliche Melkmaschine, ein Pumpwerk um die Milch dem Euter der Kühe, statt mit dem Striche der Hand, zu entnehmen; die verschiedenen Butter- und Käsefabrikations-Apparate; die Oelmühlen und selbst die Dreschmaschinen; letztere stellen sich jedoch geeigneter in eine eigenthümliche Abtheilung, diejenige der

Sonderungsmaschinen. Man reiht unter sie alle Mechanismen, welche den Zweck haben, die gewonnenen Rohproducte so zu bearbeiten, daß das Werthlose oder minder Werthvolle von dem werthvolleren Theile so geschieden wird, wie es der weitere Verbrauch oder der Markt verlangt. Ein derartiger Apparat, einer der wichtigsten für die Landwirthschaft, ist die Dreschmaschine, welche die Körner von dem Stroh scheidet und aus den Aehren oder Hülsen bringt. In ältester Vorzeit geschah dies wohl durch das Schlagen mittelst biegsamer Ruthen; man hat solche unter den Pfahlbauresten gefunden; bei östlichen Völkerschaften ist der Brauch heute noch üblich. Dann wendete man die Füße der Hausthiere zum Austreten der Körner auf festem Platze an, auch dies ist heute vielfach im Gebrauch; selbst in hochcultivirten Ländern, z. B.

in Sachsen, wird zuweilen noch der Hafer auf der Tenne ausgeritten. Die Erfindung des Dreschflegels ist jünger; im alten Griechenland geschah das Ausdreschen — wie heute noch in der Levante, mitlelst der Dreschschleife, dem egyptischen Noreg, dem römischen tribulum oder der trahea, deren Kufen mit eingeschlagenen scharfen Feuersteinen besetzt war; der Flegel flagellum, wahrscheinlich nur die schon erwähnte Ruthe, diente blos zum Entkörnen der Hülsenfrüchte; seine gegenwärtige, weit verbreitete Gestalt, empfing er wahrscheinlich aus Ostasien, wo in derselben dies einfache Handwerkzeug seit Jahrtausenden im Gebrauch ist. Die ältesten Maschinen zum Auskernen der Cerealien sind die südeuropäischen Dreschstampfen, Fallwerke nach Art der Oelmühlen, durch Wasser getrieben; die Anfänge der heutigen vervollkommneten Constructionen fallen in die Mitte des 18. Jahrhunderts; in allgemeinere Aufnahme gelangten die Dreschmaschinen in Großbritannien seit dem Jahre 1825; auf dem Continente erst nach 1851. Die Vortheile dieser Mechanismen, welche eine höchst anstrengende, unausgiebige Menschenarbeit beseitigen, sind so groß und einleuchtend, daß sich neben der Häckselmaschine keine andere Maschine unter den Landwirthen so rasch und weit verbreitet hat, als die Dreschmaschine. Wenn derselben hier und da noch von Kurzsichtigen der Einwand entgegen gestellt wird, daß durch ihre Anwendung viele Landarbeiter eine Winterbeschäftigung verlören, so steht dieser auf gleichem Niveau mit der Klage der Beeinträchtigung der Kutscher durch die Eisenbahnen! Die Landwirthschaft der Neuzeit hat einen ganz anderen Charakter angenommen, wie früher; sie ist aus ihrer Beschränkung herausgetreten und nimmt Theil an dem Handel und Verkehre der Welt. Jemehr aber die Verhältnisse den Landwirth nöthigen, zugleich speculativer Kaufmann zu sein, um so energischer muß er alle Hemmungen von sich abstreifen, die ihm dies nicht gestatten: Arbeitsnoth und Arbeiterzwang stehen an ihrer Spitze; nirgends mehr machen sie sich geltend, als in der Periode der Ernte und des Ausdrusches. Sie zu bekämpfen giebt es aber kein gründlicheres Mittel, als die Anwendung von Maschinenkräften. —

Die Dreschmaschine hat die Aufgabe, die Samen oder Körner der verschiedenen Fruchtgattungen vollkommen rein aus den Aehren oder Hülsen zu bringen, ohne sie dabei im Mindesten zu beschädigen; dieses Ziel muß sie in möglichst raschem Zeitraum mit dem geringsten Kostenaufwand erreichen, deshalb dauerhaft und zweckmäßig gebaut, leicht zu bedienen sein; zuweilen fügt man auch noch die Bedingung hinzu, daß sie das Stroh der ihr übergebenen Früchte schone, diese ist aber ganz unwesentlich; im Orient verlangt man im Gegentheile von den Dreschmaschinen, daß sie das Stroh so viel als möglich zerkleinern, damit es ohne weitere Zubereitung als Häcksel verfüttert werden könne. Die gegenwärtige Construction der Dreschmaschine befolgt im Allgemeinen nur noch zwei Systeme: das der Stifte und das der Schlagleisten. — Das — amerikanische — Stiftensystem läßt die Aehren sammt dem Stroh passiren zwischen radial abstehenden eisernen Stiften einer sich rasch umdrehenden Trommel und eines diese umgebenden Mantels — Korb, Brustwerk — ; auf diese Weise werden die Körner durch die dicht aneinander vorüber gehenden Stifte aus den Aehren gestreift und gequetscht, sie fallen durch den gegitterten Korb in den unteren Theil der Maschine, während das Stroh durch die Schwungkraft der Trommel aus derselben hinaus befördert wird. Dasselbe wird der Länge nach, die Aehren zuerst, eingelegt, und zwar arg zerknickt und weich gemacht, jedoch nicht zerrissen, so daß es zu jedem Gebrauche als Wirrstroh geeignet ist. Die Stiftendreschmaschine eignet sich vorzugsweise für schwächere bewegende Kräfte, am meisten für die menschlichen. Denn in den Gegenden des Kleinbetriebs ist die Handdreschmaschine vorläufig noch sehr beliebt; vor 50 Jahren war sie dies auch noch in England, wo sie jetzt gänzlich verschwunden ist. Sie gewährt allerdings eine vortheilhaftere Anwendung der menschlichen Arbeit, als der Dreschflegel; sie drischt rascher und reiner aus als dieser, ermüdet aber die Arbeiter mehr, und die Menschenkraft zu sparen ist ja der nächste Zweck der Maschine. Einstweilen darf man sich die Verbreitung der Handdreschmaschinen gefallen lassen schon aus dem Grunde, weil sie in neun von zehn Fällen überleiten zur Verwendung von thierischen Motoren an Göpeldreschmaschinen. Und auf diesem Wege, durch eigenes Lehrgeld und Erfahrung wird der Landmann gewisser zum Fortschritt geführt, als durch jede Belehrung.

Das Schlagleistensystem der Dreschmaschinen, das am meisten verbreitete, hat die folgende Construction: Eine mit radial vorspringenden Leisten garnirte Trommel wirkt gegen einen entsprechenden Mantel — Dreschkorb —, dessen Leisten auf der Oberfläche gerauht sind, die Reibung der Aehren zwischen beiden bewirkt die Entkörnung, während die rasche Rotation der Trommel eine Beschädigung der Körner nicht zuläßt. Die Anordnung ist demnach im Ganzen dieselbe, wie bei dem Stiftensysteme, auch die ferneren Aufgaben der einzelnen Maschinentheile bleiben die nämlichen. Die Schlagleistentrommel wurde früher auch bei der Handdreschmaschine angewendet, die letztere kam zuerst in Gebrauch nach der Hensman'schen Construction mit gezackten Schlagleisten. Gegenwärtig wird die Mehrzahl der von stärkeren Motoren bewegten Dreschmaschinen mit den letzteren versehen; nur die Göpelmaschinen für ein Pferd und deren zwei recrutiren sich noch stark aus dem Stiftensysteme. Die Göpeldreschmaschine ist auf dem Continente die verbreitetste, während ihr in Großbritannien die Dampfkraft den Rang abgelaufen hat. Erstere bietet den schätzbaren Vortheil, daß mit ihr die Kraft der

Gespanne zu einer Zeit verwerthet werden kann, wo diese ohnedies unbeschäftigt im Stalle stehen würden, sie arbeitet daher am billigsten, insbesondere, wenn auch die Kosten für Anschaffung, Abnutzung, Amortisation und die Zinsen in Betracht gezogen werden. Die Bedienung einer derartigen Maschine erheischt keine besondere Intelligenz, die Motoren bleiben nicht einen Theil des Jahres hindurch unbenutzt stehen, die Leistung ist befriedigend; sie kann durch Wechselgespanne, mit Benutzung längerer Arbeitsfristen, verstärkt werden, wenn es gilt; die vorkommenden Reparaturen bedürfen selten eines Apparats, über welchen ein tüchtiger Schmied nicht gebietet. So ist denn der gute Rath zu geben: Wem es als Bewirthschafter eines Mittelgutes nicht darauf ankommt, mit seinem Getreide zu speculiren, sondern vielmehr durch Verkäufe iu Abständen den Durchschnittspreis zu erzielen, wer möglichst unabhängig und billig arbeiten will und zugleich nicht in der Lage ist, ein größeres Kapital für den Ankauf eines Inventarstücks anzulegen, der greife nach der Göpeldreschmaschine und, wenn die Construction gut, so wird er sich wohl dabei befinden.

Der Göpel, welcher die Dreschmaschine bewegen soll und jede andere nicht an allzuviele Kraft Anspruch machende Arbeitsmaschine bewegen kann, gehört zu den Uebertragungs- oder Zwischenmaschinen, wie schon berührt worden ist, findet hier aber seine eingehendere Besprechung, weil man ihn im Betriebe der Landwirthschaft fast immer nur in Verbindung mit der Dreschmaschine nennt, ebenso, wie die transportable Dampfmaschine. Was wir unter Göpel verstehen, ist nicht mehr die einfache Maschine der Mechanik, sondern ein zusammengesetztes Werk, welches durch Zahnräder, Frictionsrollen, Riemscheiben, Gestänge mit Kuppelungen, Drahtseile, Riemen &c. die Kraft umwandelt und überträgt, wobei allerdings ein bedeutendes Maß derselben verloren geht. Je geringer dieser mindestens 50 Procent betragende Kraftverlust, um so vorzüglicher ist die Construction des Göpels, welche demnach dieses Ziel vor Allem erstreben muß. Er hat folgenden Erfordernissen Rechnung zu tragen: Möglichkeit leichter und schneller Aufstellung ohne besonders zeitraubende und kostspieligere Vorkehrungen; leichter Gang, so daß die daran gespannten Thiere nicht übermäßig angestrengt werden; genügende Geschwindigkeit in Rücksicht auf die Kraftübertragung sowie größtmögliches Maß derselben oder mindester Verlust; einfache, solide, also dauerhafte Bauart; Billigkeit der Anschaffung und Unterhaltung. Im Allgemeinen werden diejenigen Göpel vorzuziehen sein, welche vorzugsweise mit horizontalen Stirnrädern arbeiten, und bei welchen das eigentliche Betriebsrad einen hinreichend großen Durchmesser besitzt. Einer der vorzüglichsten dieser Art, für vier Zugthiere berechnet, ist der Hornsby'sche Göpel, Fig. 57, dessen Abbildung eine nähere Beschreibung nicht bedarf, und welcher insbesondere auch, seiner starken Transmission wegen, für den Betrieb mit Ochsen geeignet ist, welche überhaupt im Göpel ruhiger und stetiger als Pferde gehen, wenn gleich diese des rascheren Schrittes halber gewöhnlich den Vorzug verdienen. Er steht mit der Dreschmaschine durch ein mittelst Cardan'scher Klauen oder Kuppelungen gegliedertes Gestänge in Verbindung; in die Leitschuhe an der stehenden Betriebswelle werden hölzerne Zugbäume eingefügt, an welche die Gespanne gehängt werden, die ihn auf der horizontal hergerichteten Göpelbahn umkreisen. Bei dem offenen Räderwerk einer solchen Zwischenmaschine kommen nicht selten Unglücksfälle vor, indem Arbeiter durch einen Zufall in dasselbe gerathen und öfters schwer beschädigt werden; insbesondere geschieht dies auch durch die Kuppelungen, welche leicht die Röcke der beschäftigten Weiber ergreifen; es ist daher geboten, durch Verschalung mit Brettern dergleichen Ereignisse hintanzuhalten. Zum Theil geschieht dies, wenn

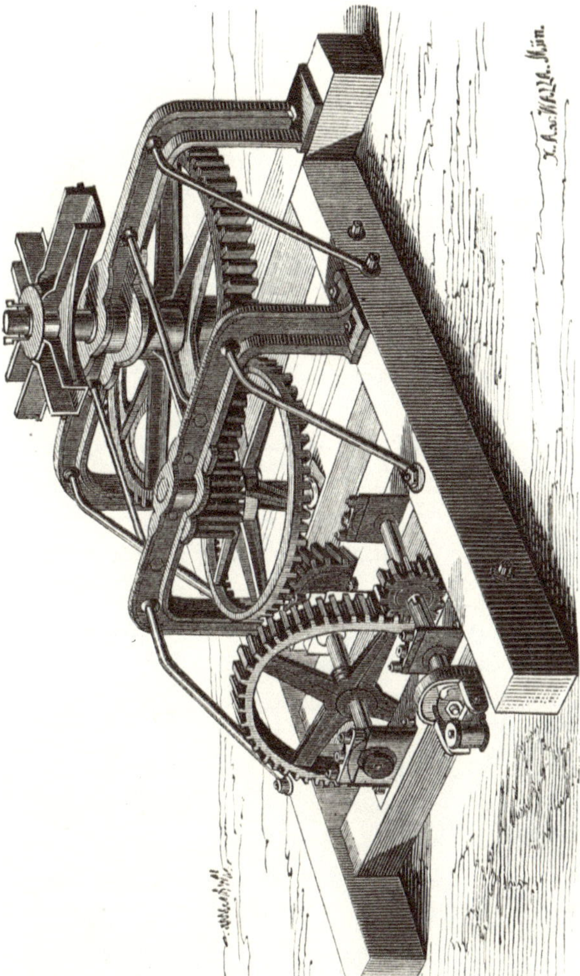

Fig. 57. Hornsby'scher Göpel.

das gesammte Räderwerk durch einen Mantel geschützt ist, wie bei dem vielverbreiteten Cylindergöpel, Fig. 58,

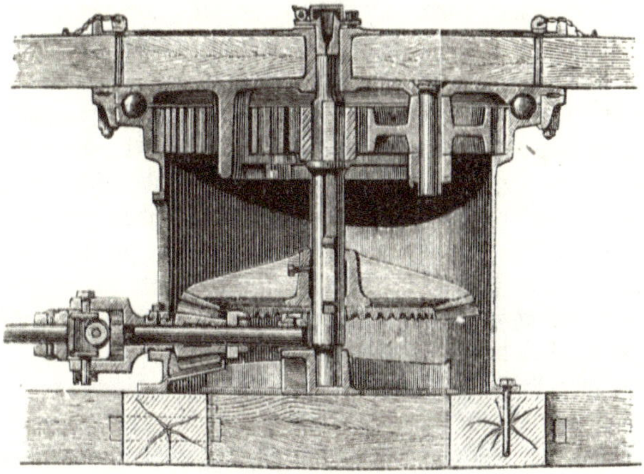

Fig. 58. Cylindergöpel Durchschnitt.

einer sehr sinnreichen Construction, die leider durch Zusammendrängung der einzelnen Theile auf ein geringstes Maß bedeutenden Kraftverlust veranlaßt, welcher von der Wirkung des Motors nur höchstens 33 Procent auf die Arbeitsmaschine zu übertragen gestattet. Häufig werden die Göpel so gebaut, daß noch eine besondere Transmission zwischen ihnen und dem Angriffspunkt die Uebersetzung bewirkt, es wird auf diese Weise die Zugkraft einigermaßen entlastet, allein auch die Wirkung geschwächt, so daß ein besonderer Vortheil daraus nicht resultirt. Die Göpel werden übrigens in der verschiedensten Weise construirt, die Hauptabweichungen bestehen in der Uebertragung, welche mittelst Stangen oder Riemen erfolgt. Auf die letzteren ist der bekannte französische Göpel von Pinet eingerichtet, der auf hoher Säule eine liegende

Riemscheibe trägt, so daß die Zugthiere bei dem Umgang unter dem Riemen passiren müssen, wozu sie der Anlernung bedürfen.

Wasserkraft wird, wie früher bemerkt, nur gelegentlich für stationäre Dreschmaschinen in Angriff genommen. Diese sind jedoch weniger beliebt, daher seltener im Gebrauch, als die transportabeln. In der That bieten diese den großen Vorzug, daß man mit ihnen das Getreide im Felde ausdreschen kann, also an Transportkosten und Gebäudeaufwand für Scheunen erspart, oder doch, wo die letzteren schon vorhanden sind, die Maschinen auf verschiedenen Tennen zu verwenden vermag. Eine Ursache der Beliebtheit der Handdreschmaschinen beruht auf ihrer Transportabilität, auch viele Göpeldreschmaschinen sind darauf eingerichtet. Die bevorzugten derartigen Maschinen sind aber unzweifelhaft diejenigen, welche mittelst Dampfkraft betrieben werden. Die Dampfdreschmaschine ist einer der vollkommensten landwirthschaftlichen Apparate, welcher in der Leistung fast nichts zu wünschen übrig läßt, daher für den Großgrundbesitz unentbehrlich geworden ist. Allein auch die intelligenteren kleinen Landwirthe haben sich seine Vortheile eigen zu machen gewußt durch Bildung von Dampfdreschgenossenschaften; nicht minder wird das Dampfdreschen durch Unternehmer als Geschäft betrieben, entweder gegen Baarzahlung, oder gegen eine Quote vom Reindrusch. Der bevorzugte Motor der Dampfmaschine ist die Locomobile, Fig. 59, die auf Räder gesetzte, fahrbare Dampfmaschine, welche sich von der Automobile dadurch unterscheidet, daß sie sich nicht selber fortbewegt, sondern durch Zugthiere gezogen werden muß, wenn sie ihren Ort wechseln soll. Bei dem Bau der Locomobilen für landwirthschaftlichen Gebrauch sucht man so viel als thunlich Einfachheit mit Sicherheit zu vereinigen. Als Kessel werden diejenigen mit Sieder röhren ganz allgemein verwendet, seltener ist dies der

Fall mit den empfehlenswerthen rückgängigen Feuerzügen, welche bei gleichem Effect die Reinigung erleichtern. Der Kessel der Locomobile wird gewöhnlich mit einem schlechten Wärmeleiter — Luft, Filz, Holz — umgeben; neuerdings soll sich Kork zur Einhüllung als praktisch erwiesen haben; nichtsdestoweniger ist der Wärmeverlust ein bedeutender. Kessel und Armatur liegen auf einem festen Wagengestell, auf

Fig. 59. Locomobile.

dessen Construction besondere Sorgfalt verwendet werden muß. Ob eiserne oder hölzerne Räder — erstere sind die billigeren — vorzuziehen sind, hängt von dem Stande der Wege ab, die man mit der Locomobile zu befahren hat. Zu dem Betriebe der Dreschmaschine wird sie bei der Aufstellung im freien Felde leicht dadurch versichert, daß man die Räder etwas eingräbt, außerdem werden dieselben mit viereckig verschränkten Bremskreuzen fest gelegt. Die Uebertragung der Kraft erfolgt von dem als Rolle fungirenden Schwungrade aus durch Riemen, bei deren Anschaffung man nicht knausern, sondern sie stets aus dem besten Kernleder nehmen soll; alle Surrogate desselben haben sich bis heute nicht hinreichend bewährt. Die Feuerung der Locomobilen erfolgt gemeinlich mit Steinkohlen oder Coaks; sie lassen sich aber auch auf Holz oder Torf, und selbst auf Stroh einrichten, wie dies letztere in der That bei denjenigen geschieht, die für die weiten Flächen des südöstlichen Europa's bestimmt sind, wo das Stroh sonst keinen anderen Werth hat, denn als Brennmaterial.

In der neueren Zeit macht man häufig einen — nicht ganz gerechtfertigten — Unterschied zwischen Locomobilen und transportabeln Dampfmaschinen; unter letzteren versteht man solche Vereinigungen von, meistens vertikalen, Kesseln mit Dampfmaschinen, welche nicht auf Rädern stehen, aber auch nicht fundamentirt zu werden brauchen, daher überallhin transportirt und ohne Weiteres aufgestellt werden können. Eine solche räderlose Locomobile, Fig. 60, nach der Construction von Paxman, besteht aus einem senkrechten Kessel, in dessen Mitte ein zweiter Cylinder die Feuerbüchse einschließt, durch welche zugleich die Sieberöhren circuliren. Die Dampfmaschine mit der gesammten Armatur ist seitwärts angebracht; sie setzt ein in horitontal abstehenden Lagerböcken laufendes vertikales Schwungrad in Bewegung. Die Construction solcher Maschinen ist äußerst verschiedenartig, ihr Gebrauch nimmt immer mehr überhand, und verdrängt einigermaßen denjenigen der eigentlichen Locomobilen; die räderlosen Maschinen sind billiger, dauerhafter, beanspruchen weniger Brennmaterial, nutzen sich minder ab, und können überall, auch in Gebäuden aufgestellt, daher vielseitiger verwendet werden, als die Rädermaschinen. Zum Transport lassen sie sich auf eine Schleife oder einen niedrigen Rollwagen bringen, ohne viele Umstände. Sie vereinigen die Vorzüge der feststehenden Dampfmaschinen mit den fahrbaren; der Landwirth, welcher sich zur Einführung der Dampfkraft entschließt, wird daher ernstlich in Erwägung zu ziehen haben, für welche Art er sich entscheiden will, und dann nicht selten in der Lage sein, sich für die räderlose Locomobile zu erklären.

Eine vollkommene Dampfdreschmaschine, Fig. 61. neuester Bauart, etwa nach der Construction von Clayton und Shuttleworth, wie die abgebildete, besteht aus drei

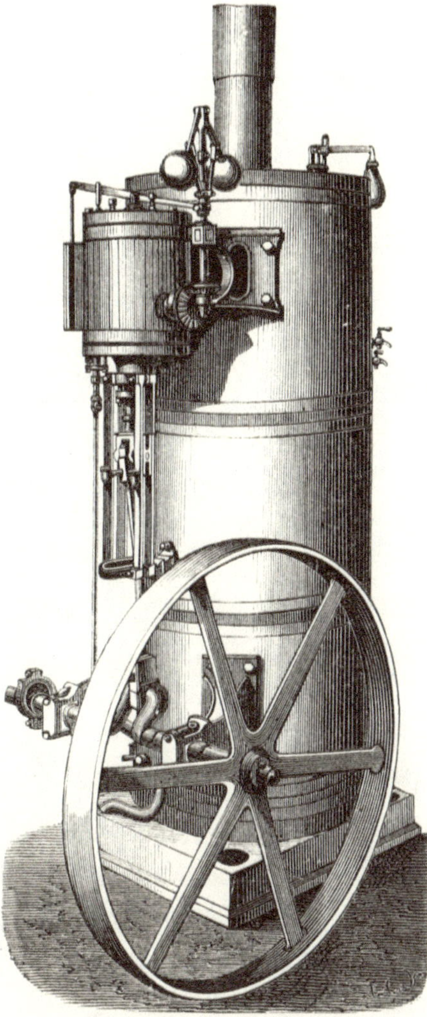

Fig. 60. Räderlose Locomobile.

Fig. 61. Dampfdreschmaschine.

Theilen: der Locomobile, der Dreschmaschine und dem Stacker oder Fortschaffungsapparat. Die Dreschvorrichtungen sind in ein hölzernes — nach der empfehlenswerthen Neuerung von Robey auch in ein eisernes — Gestell eingefügt, welches auf vier festen Rädern steht und überall hin verfahren werden kann. Sie bestehen im Wesentlichen aus der Dreschtrommel mit dem entsprechenden Dreschkorbe, in welchen das Getreide aber nicht der Länge, sondern der Quere oder Breite nach eingelegt wird; alle großen Dreschmaschinen heißen daher Breitdreschmaschinen — aber auch Fertigmach= (finishing) Maschinen, weil sie die Körner marktfähig in die vorgehängten Säcke liefern. Zu dem Ende werden die ausgedroschenen Körner durch dieselbe Bewegung vermöge eines schräg laufenden Becherwerks auf eine im Innern angebrachte Putzmaschine gehoben und in derselben mittelst Windflügel und Sieben sowohl von allem Unrath gereinigt, als auch in schwere, mittlere und leichtere Frucht geschieden. Zuweilen ist noch ein besonderer Entgrannungsapparat angebracht, um die an den Gerstenkörnern gebliebenen Grannenspitzen, welche beim Malzen hinderlich sind, abzuschlagen. Das Stroh wird im hinteren Theile von dem Strohschüttler übernommen, der aus einer Anzahl von Hebeln besteht, welche durch ihr Spiel der Hin= und Herbewegung bei gleichzeitiger Emporhebung dasselbe außerhalb der Maschine befördern. Soll es hier ohne weitere Benutzung von Menschenkraft auf Feimen — Strohschober, Tristen — gebracht werden, so wird mit der Dreschmaschine ein Stacker verbunden, ein auf Rädern ruhendes Gestell mit einer über Rollen laufenden endlosen Bahn, welche das Stroh aufnimmt, und, da sie mittelst eines Zahnbogens beliebig hoch und tief gestellt werden kann, in jede erforderliche Höhe befördert. Weil bei dem Einlegen auf der Platform der Dreschmaschine öfters Unglücksfälle vorgekommen sind, indem die Arbeiter mit Hand oder Fuß in die mit außerordenlicher Geschwindigkeit und Wucht rotirende Dreschtrommel geriethen, so hat man neuerdings auf Anregung der Ackerbaugesellschaft in England Sicherheitsvorrichtungen angebracht, durch welche ein derartiger Zufall ganz unmöglich wird. In dieser Weise und Zusammensetzung ist die Dampfdreschmaschine einer der vollkommensten Mechanismen, welche wir besitzen, leistungsfähig bis zum höchsten Grade in Menge und Güte, nicht viele Menschenkräfte zur Beihülfe in Anspruch nehmend und bei solidem Bau auf eine längere Reihe von Jahren — 10 bis 15 — ohne größere Reparaturen recht gut zu benutzen, je nach der ihr zugemutheten Anstrengung. Keine andere landwirthschaftliche Maschine eignet sich so gut zum genossenschaftlichen Betrieb, wie die zahlreich existirenden Dampfdreschverbände bezeugen; ebenso bietet sie wie gesagt dem damit von einer Gemarkung zur anderen ziehenden Vermiether ein sicheres Geschäft. Wenn sie vorzugsweise bis jetzt nur von dem Großbesitz benutzt worden ist, so geht sie auf den letztangedeuteten Wegen doch von Jahr zu Jahr mehr auch in die Verwendung der Kleinwirthe über. In der Construction der Fertigmach-Dreschmaschinen sind bis jetzt die Briten unerreichte Meister.

An die Dreschmaschiuen reihen sich die Apparate zur Gewinnung der Samen von besonderen Nutzpflanzengattungen, wie z. B. die Maisentkörnungsmaschinen oder Kukuruz-Rebler, die Kleesamen-Enthülser 2c. Erstere bestehen gewöhnlich aus gerippten oder mit kurzen stumpfen Zapfen beschlagenen Walzen, welche die Maiskörner aus den Kolben sprengen; bei den letzteren ist das gewöhnliche Princip entweder dasjenige der Kaffeemühle oder das eines reibeisenartig aufgehauenen Blechcylinders. Der Mais muß, bevor er entkörnt wird, völlig ausgetrocknet sein, weshalb er eine Zeit lang in den Kolben aufgehängt dem Luftzuge ausgesetzt wird; wo seine Cultur im Großen betrieben, errichtet man zu diesem Zweck eigene Gebäude, Harfen genannt. Der Kleesamen geht am besten aus den Kappen bei trockener Kälte, man bedient sich zum Ausdrusch desselben auch der Handdreschmaschinen, mit der Vorsicht, daß man das Gitter des Dreschkorbs mittelst eines darumgeschlagenen Sackes schließt.

Zu den Sonderungsmaschinen sind auch zu zählen die Reinigungsmaschinen, welche den durch das Dreschen gewonnenen Samen von fremden Bestandtheilen: Unkrautsamen, Spreu, Sand, Steinen, Staub ꝛc. reinigen und ihn für die Saat, wie für den Markt herrichten. Man kann dieselben in zwei große Abtheilungen bringen: eigentliche Getreidereinigungsmaschinen oder Putzmühlen, und Samensondermaschinen, Trieurs. Die Getreidereinigungsmaschine, Fig. 62, auch Windfege, Kornklapper genannt, bläst zunächst mittelst eines energisch wirkenden Windflügels den Staub, das Geniste und die leichten Verunreinigungen von den Körnern, dann aber auch diese selbst eine Strecke weit, wobei die schwersten, dem Naturgesetz nach, am ersten niederfallen, die leichtesten am weitesten fliegen. Denselben Vorgang erreichte früher das seit dem tiefsten Alterthume übliche Worfeln mit der Schaufel, das auch heute noch mancher strenggläubige Bauersmann festhält, behauptend, es liefere die vorzüglichste Saatfrucht. In der Maschine ist es nicht schwer, die von dem Ventilator bewegten Körner in drei Sorten, je nach den Entfernungen ihres Flugs, aufzufangen und zu sondern; außerdem überliefert man sie aber auch noch einem System von Schüttelsieben, deren sachgemäße Anwendung alle Unkraut-

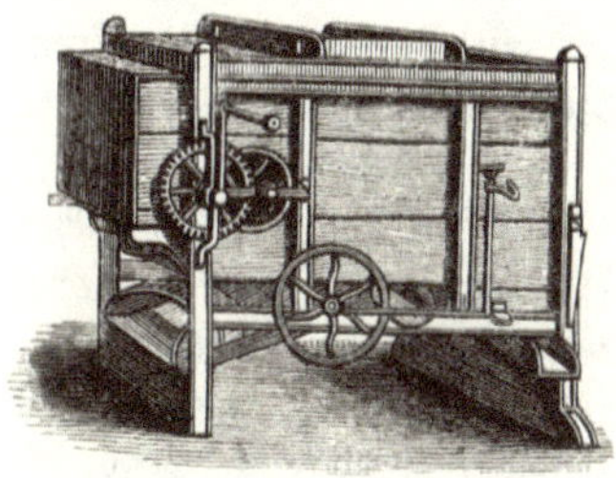
Fig. 62. Getreidereinigungsmaschine.

samen und andere Unreinigkeiten entfernt. Die sogenannten Trieurs dienen nur dazu, entweder durch siebartig gelochte Cylinder oder auf schrägen Schüttelflächen mit entsprechenden Vertiefungen die fremden und die beschädigten Samen aus dem Saatgut zu entfernen, solches demnach thunlichst rein herzustellen. Dies ist aber eines der ersten Erfordernisse tüchtiger Wirthschaft; ohne reines Saatgut kein reiner Ertrag, dagegen fortwährend zunehmende Verunkrautung, endlich Verarmung der Felder. — Eine eigentliche Reinigungsmaschine ist der Apparat zum Waschen des Wurzelwerks und der Kartoffeln, ehe sie zur Fütterung oder technischen Verwendung gelangen. Es sind Kartoffelsortirmaschinen im Gebrauch, welche die großen von den kleinen Knollen, wovon letztere zur Saat den geschnittenen Stücken vorgezogen werden, sondern. Auf dem gleichen Princip basirt die Rapstrommel, ein langer, schräg liegender Cylinder mit Siebmantel zur Trennung des ausgedroschenen Rapses, Rübsens, Senfs u. s. w. von den Schoten.

Eine letzte Reihe von wichtigen landwirthschaftlichen Hülfsmitteln bilden die Zerkleinerungsmaschinen oder Futterzubereitungsmaschinen, deren Zweck in dem letzteren Namen ausgesprochen ist. Das Stroh, obgleich dem Heu oder Dürrklee an Nahrungswerth weit nachstehend, ist doch ein sehr gesuchtes, ja unentbehrliches Futtermittel; wird es aber so gereicht, wie es ist, so geht viel davon verloren, indem die Thiere es unter die Füße treten; außerdem ist das kurz geschnittene Stroh oder Häcksel besser mit anderen Futterstoffen zu vermischen, wird dadurch den Thieren angenehmer, auch wohl durch bessere Aufschließung leichter verdaulich. Insbesondere hat man von jeher bei den Pferden nicht ohne Häckselfütterung auszukommen geglaubt. In früheren Zeiten war das Strohschneiden auf der alten Strohlade oder Häckselbank eine Art Kunst, die ihren Mann ernährte, der nicht selten darauf reiste, sein wundersames Geräth auf dem Kopf, über den Rücken gehängt. Heute ist diese Kraft und Geschicklichkeit erfordernde Kunstfertigkeit brotlos geworden durch die allgemeine Verbreitung der **Häckselmaschine**, Fig. 63, welche allenthalben an die Stelle des alten Strohstuhls getreten ist. Es giebt zahlreiche verschiedenartige Constructionen derselben; als die vorzüglichsten dürfen gelten diejenigen mit zwei convex gekrümmten Messern in dem Schwungrad, das die Betriebskraft vermittelt, während ein mit Zinken garnirtes Walzenpaar das in die Lade regelrecht eingelegte Stroh unter den Schnitt führt. Durch ein System von Zahn- oder Schneckenrädern kann die Länge des Häcksels in verschiedenen Graden regulirt werden; für Pferde liebt man dasselbe bekanntlich sehr kurz, ohne daß ein rechter Grund dafür vorhanden wäre. — Ein anderer Zerkleinerungsapparat ist die **Wurzelschneidmaschine**, dazu bestimmt, Runkelrüben, Turnips oder Wasserrüben, Rutabaga's, Möhren und Kartoffeln dem Vieh maulgerecht zu machen.

Fig. 63. Häckselmaschine.

Die Form der Schnitte ist eine wechselnde, die Maschinen erzielen Scheiben, Streifen, Würfel, je nachdem man annimmt, daß damit den Kauwerkzeugen am besten gedient sei. Eine Zeit lang glaubte man mit der Verwandlung des Wurzelwerks in einen Brei das Ideal von dessen Verfütterung erreicht zu haben, und construirte zu diesem Zwecke besondere Mußmaschinen; allein man ist bald davon zurückgekommen, weil solches Futter zuviel von seinem Safte, der die Nährsalze enthält, verliert, und weil durch Beschränkung der Kauthätigkeit auch die für die vollständige Verdauung nothwendige Bespeichelung abgeschwächt wird. Eine zu starke Zerkleinerung des Wurzelfutters ist nicht rathsam, es genügt, wenn dem Kleinvieh schwächere Stücke dargeboten werden, als den Großthieren, die Streifenform in Fingerstärke ist die allseitig zu bevorzugende. — Es sind Mechanismen in Verwendung, welche ein sonst ungenießbares Futter so herrichten, daß es von dem Vieh gern genommen und nutzbar verwerthet wird; hierher gehören die in England üblichen Ginsterquetschen, welche mittelst cannelirter Walzen den stacheligen Stechginster, Ulex europaeus, ein Unkraut der Haide, zerknirschen und weich machen, so daß er als Futter dienen kann; als solches hat er den gleichen Werth mit der besten Luzerne. — Ein anderer vielverwendeter Futterbereitungsapparat ist der Oelkuchenbrecher, welcher die als Rückstände der Oelfabrikation verbleibenden Preßkuchen mittelst gezackten Walzen in kleine Brocken und Mehl zerkleinert. Die Oelkuchen sind ein höchst werthvolles Kraftfutter, das mit seinem Gehalt an Fett und an Proteinstoffen sich ebenso wirksam für die Production gehaltvoller Milch, als für den Ansatz von Fett und Fleisch bei den Mastthieren erweist. Das Oelkuchenmehl wird auch, seines hohen Stickstoffgehaltes wegen, als Beidünger verwendet; jedenfalls ist es aber vortheilhafter, wenn es vorher den Leib der Thiere passirt. Die Schwierigkeit der Zerkleinerung der harten Oelkuchen machen dort, wo dieselben in den Futteretat ständig aufgenommen sind, die Einführung der betreffenden Maschine zur Nothwendigkeit. — Endlich gehören in diese Classe auch die Maschinen zur Zerkleinerung der Getreidekörner und Hülsenfrüchte, die Schrotmühlen und Kornquetschen. Erstere sind Mühlapparate, welche nicht staubfeines Mehl, sondern blos mit den Kleien oder Hülsen vermischtes Schrot liefern, welches bezüglich seines Nahrungswerthes an der Spitze aller Kraftfutter steht. Man kann bekanntlich jede Mehlmühle durch Stellung der Steine zum Schrotmahlen verwenden, und wo eine solche mit stärkerer Kraft betrieben, vorhanden ist, wird sie dem Bedarf vollkommen Genüge leisten. Wo aber dies nicht der Fall und der letztere ein geringerer ist, da verlohnt sich zuweilen die Aufstellung einer mit Göpel oder Hand betriebenen derartigen Vorrichtung. Die am meisten verbreitete Handschrotmühle, Fig. 64, wirkt mit zwei gegeneinander laufenden glatten oder gerippten Stahlwalzen, welche die Körner hinreichend zerkleinern, ohne sie in Mehl zu verwandeln. Für ganz junge Thiere ist das Schrot als Futter vorzuziehen, für die ausgewachsenen, mit vollständigem Gebisse versehen, wird es rathsamer sein, die Körner blos zu quetschen, damit der Kauproceß und die Einspeichelung nicht aufgehoben werden. Auch die Kornquetschen arbeiten meistens mit Walzen, es giebt aber auch noch andere beliebte Constructionen ihrer und der Schrotmühlen, so mit excentrischen Mahlscheiben, mit Schwungradrollen, deren breiter Kranz gegen eine kleine Stahlwalze wirkt, mit conischen Läufern in geripptem Mantel u. s. w. In England wird Getreide, auch der Hafer an die Pferde, fast nur in geschrotetem oder gequetschtem Zustande verfüttert, weil man, und mit Recht, dafür hält, daß auf solche Weise die Ausnutzung des Futters die vollständigste sei. Wo Göpel oder stärkere

Motoren zur Verfügung stehen, wird die Verbindung der Schrotmühle mit denselben immer den Vorzug gegenüber ihrem Handbetriebe verdienen; es ist schon darauf hingewiesen

Fig. 64. Handschrotmühle.

worden, daß die Benutzung der Kraft des Windes sich für dieselbe besonders vortheilhaft erweist.

Es könnte noch eine Anzahl von Maschinen aufgeführt werden, welche, wie Drainröhrenpressen, Ziegelmaschinen, Oelmühlen, Gypsstampfen u. s. w. der Landwirthschaft nahe stehen und gern in ihr verwendet werden; ein näheres Eingehen auf dieselben darf aber um so eher abgelehnt werden, als sie doch eigentlich keine rein landwirthschaftlichen Maschinen sind, so wenig wie die vielen großartigen Apparate, welche den mit der Agricultur häufig verbundenen technischen Gewerben dienen. —